重庆市高水平高职学校和专业群建设系列教材

水工建筑材料

主　编　李　薇　陈大胜　杨　茜
副主编　苏林鹏　杨小明　朱　强　杨　超　雷伟丽　范柔岍
主　审　范丽超

中国水利水电出版社
www.waterpub.com.cn
·北京·

内 容 提 要

本书是重庆市双高院校建设项目规划教材、重庆水利电力职业技术学院课程改革系列教材之一,根据高职高专教育水工建筑材料课程标准和最新行业规范要求编写完成。全书共分 4 个模块,分别为水工建筑材料概述、胶凝材料、常用建筑材料、有机材料等,共包含 12 个项目,包括绪论、建筑材料的基本性质、气硬性胶凝材料、水硬性胶凝材料(水泥)、有机胶凝材料、混凝土、建筑砂浆、砌体材料、金属材料、木材、土工合成材料、水利工程及环境改造新材料等。

本书可作为高等职业技术学院、高等专科学校水利水电建筑工程、建筑工程、市政工程、水利工程施工、水务管理、农田水利工程等专业的教材,也可作为水利建筑等行业岗位培训、技能鉴定的教材,亦可供土木建筑类其他专业及相关工程技术人员阅读参考。

图书在版编目(CIP)数据

水工建筑材料 / 李薇,陈大胜,杨茜主编. -- 北京:
中国水利水电出版社,2024.3
ISBN 978-7-5226-1947-7

Ⅰ. ①水… Ⅱ. ①李… ②陈… ③杨… Ⅲ. ①水工建筑物－建筑材料－高等职业教育－教材 Ⅳ. ①TV6

中国国家版本馆CIP数据核字(2023)第228445号

书　　名	**水工建筑材料** SHUIGONG JIANZHU CAILIAO
作　　者	主编 李　薇　陈大胜　杨　茜 副主编 苏林鹏　杨小明　朱　强　杨　超　雷伟丽　范柔妍 主审 范丽超
出版发行	中国水利水电出版社 (北京市海淀区玉渊潭南路1号D座　100038) 网址:www.waterpub.com.cn E-mail:sales@mwr.gov.cn 电话:(010)68545888(营销中心)
经　　售	北京科水图书销售有限公司 电话:(010)68545874、63202643 全国各地新华书店和相关出版物销售网点
排　　版	中国水利水电出版社微机排版中心
印　　刷	清淞永业(天津)印刷有限公司
规　　格	184mm×260mm　16开本　17.75印张　432千字
版　　次	2024年3月第1版　2024年3月第1次印刷
印　　数	0001—3000册
定　　价	**58.00元**

前　言

本书是依据 2022 年新修订实施的《中华人民共和国职业教育法》，贯彻《国务院关于印发国家职业教育改革实施方案的通知》（国发〔2019〕4 号）及中共中央办公厅、国务院办公厅《关于推动现代职业教育高质量发展的意见》文件精神，结合我国水利行业发展总体规划要求及行业、产业发展现状，为适应现代高职教育深化教育教学改革，完善职业教育教材的编写及使用与更新，培养应用型、技能型人才需求而编写的。

本书为高职高专水利水电工程管理、水利工程、水利水电建筑工程、工程监理等专业的通用教材和教学用书，也可作为水利、建筑等行业岗位培训、技能鉴定的教材和工程技术人员的参考书。本书按照水利行业材料检测生产实际和岗位需求设计开发课程，开发模块化、系统化的实训课程体系。为引导学生理论联系实际，培养学生分析问题、解决问题的能力，主要章节均有案例分析；为使学生在学习时目标明确，每个项目开头均有学习目标指引；为塑造学生正确的世界观、人生观、价值观，本书深入挖掘了行业相关课程思政素材。同时本书将职业技能等级证书标准和行业新技术、新标准、新规范、典型生产案例纳入教学内容。全书分 4 个模块，12 个项目。模块一介绍了水工建筑材料的基本知识，模块二介绍了胶凝材料的性质、检测及应用，模块三介绍了常用建筑材料的性质、应用及检测技术、方法，模块四介绍了有机材料的应用以及新材料的发展。

本书编写人员及编写分工如下：重庆水利电力职业技术学院李薇编写项目一、项目七，重庆水利电力职业技术学院杨茜编写项目二、项目五，重庆水利电力职业技术学院雷伟丽编写项目三，重庆水利电力职业技术学院范柔岍编写项目四，重庆市渝西水利电力勘测设计院有限公司杨超和重庆水利电力职业技术学院杨小明编写项目六，重庆市渝西水利电力勘测设计院有限公司陈大胜和重庆水利电力职业技术学院郭维君编写项目八、项目九，重庆水利电力职业技术学院胡萍编写项目十、项目十一，重庆市渝西水利电力勘测设计院有限公司苏林鹏编写项目十二，长江工程职业技术学院朱强编写试验部分。本书由李薇、陈大胜、杨茜担任主编，负责全书统稿及框架设计；由苏林鹏、杨小明、朱强、杨超、雷伟丽、范柔妍担任副主编；由范丽超担任主审。

　　本书在编写过程中，得到了各院校的专家、教授以及出版社的支持、帮助，同时，参考了不少相关文献，对提供帮助的同仁及参考文献的作者，在此一并致以诚挚的谢意！

　　由于建筑工程材料品种繁多，新材料发展快，且各行业技术标准不完全一致，又由于编者水平有限，书中难免存在错漏和不足之处，恳切希望广大读者批评指正。

编者

2023 年 9 月

资 源 索 引 表

类型	序号	名　　称	页码
视频	4.12	硅酸盐系特种水泥	45
课件	4.13	水泥标准稠度用水量和凝结时间测定	50
视频	4.14	水泥标准稠度用水量和凝结时间测定	51
课件	5.1	沥青材料	59
视频	5.2	沥青材料	59
课件	5.3	石油沥青的技术性质	61
视频	5.4	石油沥青的技术性质	61
课件	6.1	混凝土的定义、分类与特点	84
视频	6.2	混凝土的定义、分类与特点	84
课件	6.3	混凝土的组成材料砂子	86
视频	6.4	混凝土的组成材料砂子	86
课件	6.5	其他混凝土组成材料	92
视频	6.6	其他混凝土组成材料	92
课件	6.7	混凝土拌合物的技术性质	97
视频	6.8	混凝土拌合物的技术性质	97
课件	6.9	混凝土的力学性质（一）	102
视频	6.10	混凝土的力学性质（一）	102
课件	6.11	混凝土的力学性质（二）	102
视频	6.12	混凝土的力学性质（二）	102
课件	6.13	混凝土的耐久性	108
视频	6.14	混凝土的耐久性	108
课件	6.15	混凝土的外加剂	111
视频	6.16	混凝土的外加剂	111
课件	6.17	混凝土配合比设计	122
视频	6.18	混凝土配合比设计	122
课件	7.1	砌筑砂浆	150
视频	7.2	砌筑砂浆	150
课件	7.3	砌筑砂浆的配合比	153
视频	7.4	砌筑砂浆的配合比	153
课件	8.1	建筑石材	165

类型	序号	名　称	页码
视频	8.2	建筑石材	166
课件	8.3	砌体材料	169
视频	8.4	砌体材料	169
课件	9.1	金属材料　建筑钢材分类	184
视频	9.2	金属材料　建筑钢材分类	184
课件	9.3	金属材料　钢材的拉伸性能	186
视频	9.4	金属材料　钢材的拉伸性能	187
课件	9.5	钢材的其他力学性能和钢材的工艺性能	188
视频	9.6	钢材的其他力学性能和钢材的工艺性能	188
课件	9.7	钢材的可焊性	190
视频	9.8	钢材的可焊性	190

目 录

水工建筑材料概述

项目一 绪 论

【学习目标】

①熟练掌握水工建筑材料的分类；②掌握水工建筑材料的技术标准；③了解水利工程建筑材料的发展。

【能力目标】

①能够对建筑材料进行分类；②能够查阅相应的水工建筑材料检测标准。

"水工建筑材料"是水利工程建筑类专业的一门重要专业基础课，课程全面系统地介绍建筑工程施工和设计所涉及的建筑材料性质与应用的基本知识，为今后继续学习其他专业课，如"钢筋混凝土结构""钢结构""水利工程施工技术""水利工程计量与计价"等课程打下基础，同时也使学生接受建筑材料检测的基本技能训练。

建筑材料的种类繁多，各类材料的知识既有联系又有很强的独立性。因此要注重理论学习和实践认识相联系。在理论学习方面，要重点掌握材料的组成、技术性质和特征、外界因素对材料性质的影响和建筑材料选用的原则，各种材料都应遵循这一主线来学习。

同时，"水工建筑材料"是一门应用技术课程，特别要注意实践和认知环节的学习，随时到工地或实验室穿插进行材料的认知实习，并完成课程所要求的建筑材料试验，高质量完成该门课程的学习。试验课是本课程的重要教学环节，通过试验课学习，可加深对理论知识的理解，掌握材料基本性能的试验方法和质量评定方法，培养实践技能。在试验过程中，要了解试验条件对试验结果的影响，对试验结果作出正确的分析和判断。

【思政小贴士】

都江堰（图1-1），位于四川省都江堰市（原灌县）境内，是岷江上的大型引水枢纽工程。秦朝蜀郡守李冰总结前人治水经验，组织岷江两岸人民修建了都江堰。是当今世界年代久远、唯一留存、以无坝引水为特征的宏大水利工程，建堰2250多年来经久不衰，发挥着巨大的经济效益和社会效益。都江堰是世界文化遗产、世界自然遗产的重要组成部分、世界灌溉工程遗产、全国重点文物保护单位、国家级风景名胜区、国家 AAAAA 级旅游景区。

图 1-1　都江堰俯瞰

古代都江堰以竹笼、木桩和卵石为主要建筑材料。以竹编笼内填卵石，用来建造鱼嘴、飞沙堰、内外金刚堤和人字堤等工程。每年岁修需更换竹笼 1 万多条。为了减少每年岁修工程量，历代水工和劳动人民不断谋求工程结构的改造，尤以鱼嘴（图 1-2）为重点。元代曾以石料修砌鱼嘴，并在其顶端铸铁龟；明代修砌鱼嘴，前置铁牛分水；清代复用砌石鱼嘴。这些工程均因基础不稳，未能持久。1936 年改以竹笼为基础，前端与两侧护以木桩，其上修筑砌石鱼嘴，工程延续时间较长，直至 1974 年修外江闸时改建成钢筋混凝土结构。

图 1-2　都江堰鱼嘴

都江堰展现了我国古代劳动人民的智慧，李冰父子不畏困难艰险，带领当地人民因势疏导，科学地将水分流，将沙分离，保证了下游成都平原的灌溉和防洪任务。这一工程完美体现了治水科学理念、人类思想哲学情怀、文明开发的统一。

任务一 建筑材料的沿革与发展

目前，我国已经是世界上最大的建筑材料生产国和消费国。主要建材产品水泥、钢材、平板玻璃、卫生陶瓷等产量多年位居世界第一位。随着北京奥运场馆、上海世博会场馆及杭州湾跨海大桥、三峡水利枢纽等工程设施的建设，我国自主研发了一批具有世界先进水平的新型建筑材料，标志着我国正由建材生产大国向建材强国迈进。在我国，一般建筑工程的材料费占总投资的 $50\%\sim60\%$，特殊工程这一比例还要提高。对于中国这样一个发展中国家，对建筑材料特性的深入了解和认识，最大限度地发挥其效能，进而达到最大的经济效益，无疑具有非常重要的意义。

随着人类文明及科学技术的不断进步，建筑材料也在不断进步与更新换代，新型建筑材料的发明和应用，都会促进建筑形式、规模和施工技术的进步。18、19 世纪，钢材、水泥、混凝土相继问世，为现代土木工程建筑奠定了基础。进入 20 世纪后，随着材料科学的发展，建筑材料的品种不断增多，材料的性能和质量也不断改善和提高，以有机材料为主的化学建材异军突起。

建筑材料用量大，资源和能源消耗巨大，其生产、使用和产生的建筑垃圾对环境的影响日益突出。随着社会的发展，更有效地利用地球有限的资源，全面改善和扩大人类工作和生存空间，建筑材料在原材料、生产工艺、性能及产品形式诸方面均将面临可持续发展和人类文明进步的严酷挑战。为满足未来建筑的更安全、舒适、美观、耐久，以及节能环保、智能化的需求，建筑材料也应向轻质、高强、耐久、多功能、智能化方向发展，并最大限度节约资源、降低能源消耗和环境污染，开发研制高性能的绿色建材。建筑设计理论不断进步和施工技术的革新不但受到建筑材料发展的制约，同时也受到其发展的推动。大跨度预应力结构、薄壳结构、悬索结构、空间网架结构、节能建筑、绿色建筑的出现无疑都与新材料的产生密切相关。

任务二 水利工程材料的定义及分类

一、水利工程建筑材料的定义

《中国大百科全书》中对"水工建筑材料"的定义为：可用于修建水工建筑物的各种材料的总称。水利工程由于自身与水接触的特殊性，受到水压力、水流冲刷、冻融以及干湿循环等环境作用，更容易出现渗水、材料老化、钢材锈蚀等耐久性问题，因此对于材料的要求更严格。

课件 1.1

本书中水利工程建筑材料主要包括以下两类：

（1）构成水工建筑物本身的材料，如土石坝中的天然土、砂石料，混凝土坝中的水泥、砂、石及水，还有掺和料及外加剂等。

（2）非水利工程构建材料，如施工过程中用到的钢材、模板、脚手架，抢险过程中用到的土工材料等。

二、水利工程建筑材料的分类

视频 1.2

建筑材料种类繁多，随着材料科学和材料工业的不断发展，新型建筑材料不断涌现。为了研究、应用和阐述的方便，可从不同角度对其进行分类。如按其在建筑物中所处部位，可将其分为基础、主体、屋面、地面等材料；按其使用功能可将其分为结构（梁、板、柱、墙体）材料、围护材料、保温隔热材料、防水材料、装饰装修材料、吸声隔声材料等。本书是按材料的化学成分和组成特点进行分类的，即将材料分为无机材料、有机材料和由这两类材料复合而形成的复合材料，见表 1-1。

表 1-1　　　　　　　　　　建筑材料的分类表

无机材料	金属材料	黑色金属：钢、铁、碳素钢、合金钢 有色金属：铝、锌、铜及其合金
	非金属材料	石材（天然石材、人造石材） 烧结制品（烧结砖、陶瓷面砖） 熔融制品（玻璃、岩棉、矿棉） 胶凝材料（石灰、石膏、水玻璃、水泥） 混凝土，砂浆 硅酸盐制品（砌块、蒸养砖）
有机材料	植物材料	木材、竹材及制品
	高分子材料	沥青、型料、有机涂料、合成橡胶、胶粘剂
复合材料	金属非金属复合材料	钢纤维混凝土、铝塑板、涂塑钢板
	无机有机复合材料	沥青混凝土、型料颗粒保温砂浆、聚合物混凝土

三、水利工程建筑材料的发展

1. 基于建筑功能需求的建筑材料开发

建筑物的使用功能是随着社会的发展、人民生活水平的不断提高而不断丰富的，从其最基本的安全、适用，发展到当今的轻质高强、抗震、高耐久性、无毒环保、节能等诸多新的功能要求，使建筑材料的研究从被动的以研究应用为主向开发新功能、多功能材料的方向转变。

2. 合成高分子建筑材料广泛应用

石油化工工业的发展和高分子材料本身优良的工程特性促进了高分子建筑材料的发展和应用。塑料水管、塑钢、铝塑门窗、树脂砂浆、胶粘剂、蜂窝保温板、高分子有机涂料、新型高分子防水材料将广泛应用于建筑物，为建筑物提供了许多新的功能和更高的耐久性。

3. 用复合材料生产高性能的建材制品

单一材料的性能往往是有限的，不足以满足现代建筑对材料提出的多方面的功能要求。如现代窗玻璃的功能要求应是采光、分隔、保温隔热、隔声、防结露、装饰等。但传统的单层窗玻璃除采光、分隔外，其他功能均不尽如人意。近年来广泛采用的中空玻璃，由玻璃、金属、橡胶、惰性气体等多种材料复合，发挥各种材料的性能优势，使其综合性能明显改善。据预测，低辐射玻璃、中空玻璃、钢木组合门窗、铝塑门窗和用复合材料制作的建筑用梁、桁架及高性能混凝土的应用范围将不断扩大。

4. 充分利用工业废渣及廉价原料生产建筑材料

建筑材料的大量使用，促使人们不断探索和开发新型建筑材料，以保证经济与社会的可持续发展。粉煤灰、矿渣、煤矸石、页岩、磷石膏、热带木材和各种非金属矿都是很有应用前景的建筑材料原料。由此开发的新型胶凝材料、烧结砖、砌块、复合板材将会为建材工业带来新的发展契机。

任务三 建筑材料技术标准

与建筑材料的生产和选用有关的标准主要有产品标准和工程建设标准两类。产品标准是为保证建筑材料产品的适用性，对产品必须达到的某些或全部要求所制定的标准，其中包括：品种、规格、技术性能、试验方法、检验规则、包装、储藏、运输等内容。工程建设标准是对工程建设中的勘察、规划、设计、施工、安装、验收等需要协调统一的事项所制定的标准。

本课程内容主要依据的是国内标准，它主要分为国家标准和行业标准。国家标准由国家质量监督检验检疫总局发布或由各行业主管部门和国家质量监督检验检疫总局联合发布，作为国家级的标准，各有关行业都必须执行。国家标准代号由标准名称、标准发布机构的组织代号、标准号和标准颁布时间四部分组成。如《通用硅酸盐水泥》（GB 175—2023）为国家标准，标准名称为通用硅酸盐水泥，标准发布机构的组织代号为 GB（国家标准），标准号为 175，颁布时间为 2023 年。行业标准由我国各行业主管部门批准，在特定行业内执行，其分为建筑材料（JC）、建筑工程（JGJ）、石油工业（SY）、冶金工业（YB）等，其标准代号组成与国家标准相同。除此以外，还有地方标准和企业标准。建筑材料的技术标准分类详见表 1-2。

表 1-2　　　　　　　建筑材料的技术标准分类

标准种类	代号	表示内容	表 示 方 法
国家标准	GB	国家强制性标准	由标准名称、部门代号、标准编号、颁布年份组成 例如：《通用硅酸盐水泥》（GB 175—2023）所表示的是： 通用硅酸盐水泥——材料名称； GB——标准等级为国家标准； 175——该产品的二级类目顺序号； 2023——标准颁布年份为 2023 年
	GB/T	国家推荐性标准	
行业标准	JC	建材行业标准	
	JG	建设部行业标准	
	YB	冶金行业标准	
	JT	交通行业标准	
	SL	水利行业标准	
	SD	水电行业标准	
地方标准	DB	地方强制性标准	
	DB/T	地方推荐性标准	
企业标准	QB	企业制定并经批准的标准	

常用的国际标准有以下几类：

美国材料与试验协会标准（ASTM）等，属于国际团体和公司标准。

联邦德国工业标准（DIN）、欧洲标准（EN）等，属区域性国家标准。

国际标准化组织标准（ISO）等，属于国际性标准化组织的标准。

项目二　建筑材料的基本性质

【学习目标】

①熟练掌握土木工程材料的基本力学性质；②掌握土木工程材料的基本物理性质，耐久性的基本概念；③了解土木工程材料的基本组成、结构和构造。

【能力目标】

①能够进行材料的密度等性质检测；②能够完成规范的检测报告。

【思政小贴士】

红旗渠（图2-1），位于河南省安阳市，是20世纪60年代林县（今林州市）人民在极其艰难的条件下，从太行山腰修建的引漳入林的水利工程，被人称之为"人工天河"。红旗渠全长1500km，参与修建人数近10万人，耗时近10年，是"新中国奇迹"。工程共削平了1250座山头，架设151座渡槽，开凿211个隧洞，修建各种建筑物12408座，挖砌土石达2225万 m³。

图2-1　红旗渠

在红旗渠修建的10年中，涌现出许多英雄人物。红旗渠总设计师吴祖太在接到设计红旗渠的任务后，不畏艰险，翻山越岭，进行实地勘测。其间他遭遇了母亲病故和妻子救人牺牲的巨大变故，仍没有停下手中的工作，坚持奋斗在红旗渠建设的第一线。1960年3月28日下午，吴祖太听说王家庄隧洞洞顶裂缝掉土严重，深入洞内察看险情，却不幸被洞顶坍塌掉下的巨石砸中，夺去了年仅27岁的生命。

任务一　材料的组成、结构与构造

一、材料的化学组成

材料化学组成的不同是造成其性能各异的主要原因。化学组成通常从材料的元素

课件2.1

组成和矿物组成两方面分析研究。

材料的元素组成主要是指其化学元素的组成特点，例如不同种类合金钢的性质不同，主要是其所含合金元素如 C、Si、Mn、V、Ti 的不同所致。硅酸盐水泥之所以不能用于海洋工程，主要是因为硅酸盐水泥中所含的 $Ca(OH)_2$ 与海水中的盐类（Na_2SO_4、$MgSO_4$ 等）会发生反应，生成体积膨胀或疏松无强度的产物。

材料的矿物组成主要是指元素组成相同，但分子团组成形式各异的现象。如黏土和由其烧制而成的陶瓷中都含 SiO_2 和 Al_2O_3 两种矿物，其所含化学元素相同，均为 Si、Al 和 O 元素，但黏土在焙烧中由 SiO_2 和 Al_2O_3 分子团结合生成的 $3SiO_2 \cdot Al_2O_3$ 矿物，即莫来石晶体，使陶瓷具有了高强度、高硬度等特性。

二、材料的微观结构

材料的微观结构主要是指材料在原子、离子、分子层次上的组成形式。材料的许多性质都与材料的微观结构密切相关。建筑材料的微观结构主要有晶体、玻璃体和胶体等形式。晶体的微观结构特点是组成物质的微观粒子在空间的排列有确定的几何位置关系。如纯铝为面心立方体晶格结构，而液态纯铁在温度降至 1535℃ 时，可形成体心立方体晶格。强度极高的金刚石和强度极低的石墨，虽元素组成都为碳，但由于各自的晶体结构形式不同，而形成了性质上的巨大反差。通常，晶体结构的物质具有强度高、硬度较大、有确定的熔点、力学性质各向异性的共性。建筑材料中的金属材料（钢和铝合金）和非金属材料中的石膏及水泥石中的某些矿物（水化硅酸三钙，水化硫铝酸钙）等都是典型的晶体结构。

玻璃体微观结构的特点是组成物质的微观粒子在空间的排列呈无序混沌状态。玻璃体结构的材料具有化学活性高、无确定的熔点、力学性质各向同性的特点。粉煤灰、建筑用普通玻璃都是典型的玻璃体结构。

胶体是建筑材料中常见的一种微观结构形式，通常是由极细微的固体颗粒均匀分布在液体中所形成。胶体与晶体和玻璃体最大的不同点是可呈分散相和网状结构两种结构形式，分别称为溶胶和凝胶。溶胶失水后成为具有一定强度的凝胶结构，可以把材料中的晶体或其他固体颗粒黏结为整体，如气硬性胶凝材料水玻璃和硅酸盐水泥中的水化硅酸钙和水化铁酸钙都呈胶体结构。

三、材料的构造

材料在宏观可见层次上的组成形式称为构造，按照材料宏观组织和孔隙状态的不同可将材料的构造分为以下类型：

（1）致密状构造。该构造完全没有或基本没有孔隙。具有该种构造的材料一般密度较大，导热性较高，如钢材、玻璃、铝合金等。

（2）多孔状构造。该种构造具有较多的孔隙，孔隙直径较大（mm 级以上）。该种构造的材料一般都为轻质材料，具有较好的保温隔热性和隔声吸声性能，同时具有较高的吸水性，如加气混凝土、泡沫塑料、刨花板等。

（3）微孔状构造。该种构造具有众多直径微小的孔隙，通常密度和导热系数较小，有良好的隔声吸声性能和吸水性，抗渗性较差。石膏制品、烧结砖具有典型的微孔状的构造。

（4）颗粒状构造。该种构造为固体颗粒的聚集体，如石子、砂和蛭石等。该种构造的材料可由胶凝材料黏结为整体，也可单独以填充状态使用。该种构造的材料性质因材质不同相差较大，如蛭石可直接铺设作为保温层，而砂、石可作为骨料与胶凝材料拌和形成砂浆和混凝土。

（5）纤维状构造。木材、玻璃纤维、矿棉都是纤维状构造的代表。该种构造通常呈力学各向异性，其性质与纤维走向有关，一般具有较好的保温和吸声性能。

（6）层状构造。该种构造形式最适合于制造复合材料，可以综合各层材料的性能优势，其性能往往呈各向异性。胶合板、复合木地板、纸面石膏板、夹层玻璃都是层状构造。

四、建筑材料的孔隙

材料实体内部和实体间常常部分被空气所占据，一般称材料实体内部被空气所占据的空间为孔隙，而材料实体之间被空气所占据的空间称为空隙。孔隙状况对建筑材料的各种基本性质具有重要的影响。

孔隙一般由材料自然形成或人工制造过程中各种内外界因素所致而产生，其主要形成原因有水的占据作用（如混凝土、石膏制品等），火山作用（如浮石、火山渣等），外加剂作用（如加气混凝土、泡沫塑料等），焙烧作用（如陶粒、烧结砖等）等。

材料的孔隙状况由孔隙率、孔隙连通性和孔隙直径三个指标来说明。

孔隙率是指孔隙在材料体积中所占的比例。一般孔隙率越大，材料的密度越小、强度越低、保温隔热性越好、吸声隔声能力越高。

孔隙按其连通性可分为连通孔和封闭孔。连通孔是指孔隙之间、孔隙和外界之间都连通的孔隙（如木材、矿渣）；封闭孔是指孔隙之间、孔隙和外界之间都不连通的孔隙（如发泡聚苯乙烯、陶粒）；介于两者之间的称为半连通孔或半封闭孔。一般情况下，连通孔对材料的吸水性、吸声性影响较大，而封闭孔对材料的保温隔热性能影响较大。

孔隙按其直径大小可分为粗大孔、毛细孔、极细微孔三类。粗大孔指直径大于毫米级的孔隙，其主要影响材料的密度、强度等性能。毛细孔是指直径在微米至毫米级的孔隙，这类孔隙对水具有强烈的毛细作用，主要影响材料的吸水性、抗冻性等性能。极细微孔的直径在微米以下，其直径微小，对材料的性能反而影响不大。矿渣、石膏制品、陶瓷马赛克分别以粗大孔、毛细孔、极细微孔为主。

任务二 材料的基本物理性质

材料与质量有关的性质主要是指材料的各种密度和描述其孔隙与空隙状况的指标，在这些指标的表达式中都有质量这一参数。为了更简洁准确地学习有关的概念，先介绍一下材料的体积构成。

如图 2-2 所示，单体材料的体积主要由绝对密实的体系 V、开口孔隙体积（之和）$V_开$、闭口孔隙体积（之和）$V_闭$组成，为研究问题的方便起见，又将绝对密实的

课件 2.3

视频 2.4

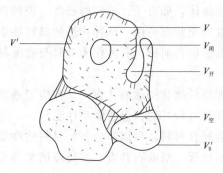

图 2-2 材料的体积构成

体积 V 与闭口孔隙体积 $V_闭$ 之和定义为表观体积 V'，而将材料的自然体积即 $V+V_闭+V_开$（也即 $V+V_孔$）用 V_0 表示。对于堆积材料，将材料的空隙体积（之和）$V_空$ 与自然体积 V_0 之和定义为材料的堆积体积，用 V_0' 表示。

一、材料的密度、表观密度、体积密度和堆积密度

广义密度的概念是指物质单位体积的质量。在研究建筑材料的密度时，由于对体积的测试方法的不同和实际应用的需要，根据不同的体积的内涵，可引出不同的密度概念。

1. 密度和表观密度

密度是指材料在绝对密实状态下，单位体积的质量，用下式表达：

$$\rho = \frac{m}{V} \tag{2-1}$$

式中　ρ——材料的密度，g/cm^3 或 kg/m^3；

　　　m——材料的质量，g 或 kg；

　　　V——材料在绝对密实状态下的体积，cm^3 或 m^3。

对于绝对密实而外形规则的材料如钢材、玻璃等，V 可采用测量计算的方法求得。对于可研磨的非密实材料，如砌块、石膏，V 可采用研磨成细粉，再用密度瓶测定的方法求得。对于颗粒状外形不规则的坚硬颗粒，如砂或石子，V 可采用排水法测得，但此时所得体积为表观体积 V'，故对此类材料一般采用表观密度 ρ' 的概念，即

$$\rho' = \frac{m}{V'} \tag{2-2}$$

式中　ρ'——材料的表观密度，g/cm^3 或 kg/m^3；

　　　m——材料的质量，g 或 kg；

　　　V'——材料的表观体积，cm^3 或 m^3。

2. 体积密度

材料的体积密度是材料在自然状态下单位体积的质量，用下式表达：

$$\rho_0 = \frac{m}{V_0} \tag{2-3}$$

式中　ρ_0——体积密度，g/cm^3 或 kg/m^3；

　　　m——材料的质量，g 或 kg；

　　　V_0——材料的自然体积，cm^3 或 m^3。

材料自然体积的测量，对于外形规则的材料，如烧结砖、砌块，可采用测量计算方法求得。对于外形不规则的散粒材料，亦可采用排水法，但材料需经涂蜡处理。根据材料在自然状态下含水情况的不同，体积密度又可分为干燥体积密度、气干体积密

度（在空气中自然干燥）等几种。

3. 堆积密度

材料的堆积密度是指粉状、颗粒状或纤维状材料在堆积状态下单位体积的质量，用下式表达：

$$\rho'_0 = \frac{m}{V'_0} \qquad (2-4)$$

式中　ρ'_0——堆积密度，g/cm^3 或 kg/m^3；

　　　m——材料的质量，g 或 kg；

　　　V'_0——材料的堆积体积，cm^3 或 m^3。

材料的堆积体积可采用容积筒来测量。

以上各有关密度指标，在建筑工程计算构件自重、配合比设计、测算堆放场地和材料用量时各有其应用。常用建筑材料的密度、体积密度、堆积密度见表 2-1。

二、材料的密实度和孔隙率

1. 密实度

密实度是指材料的体积内，被固体物质充满的程度，用 D 表示：

$$D = \frac{V}{V_0} = \frac{\rho_0}{\rho} \times 100\% \qquad (2-5)$$

2. 孔隙率

孔隙率是指在材料的体积内，孔隙体积所占的比例，用 P 表示：

$$P = \frac{V_0 - V}{V_0} = \left(1 - \frac{\rho_0}{\rho}\right) \times 100\% \qquad (2-6)$$

由式（2-5）和式（2-6）直接可导出

$$P + D = 1 \qquad (2-7)$$

即材料的自然体积仅由绝对密实的体积和孔隙体系构成。如前所述，材料的孔隙率是反映材料孔隙状态的重要指标，与材料的各项物理、力学性能密切相关。几种常见材料的孔隙率见表 2-1。

表 2-1　常用建筑材料的密度 ρ、体积密度 ρ_0、堆积密度 ρ'_0 和孔隙率 P

材料	$\rho/(g/cm^3)$	$\rho_0/(kg/m^3)$	$\rho'_0/(kg/m^3)$	$P/\%$
石灰岩	2.60	1800～2600		0.2～4
花岗岩	2.60～2.80	2500～2800		<1
普通混凝土	2.60	2200～2500		5～20
碎石	2.60～2.70	—	1400～1700	—
砂	2.60～2.70	—	1350～1650	—
黏土空心砖	2.50	1000～1400	—	20～40

续表

材料	$\rho/(\text{g/cm}^3)$	$\rho_0/(\text{kg/m}^3)$	$\rho_0'/(\text{kg/m}^3)$	$P/\%$
水泥	3.10	—	1000～1100（疏松）	—
木材	1.55	400～800	—	55～75
钢材	7.85	7850	—	0
铝合金	2.7	2750	—	0
泡沫塑料	1.04～1.07	20～50	—	—

注 习惯上 ρ 的单位采用 g/cm^3，ρ_0 和 ρ_0' 的单位采用 kg/m^3。

三、材料的填充率与空隙率

1. 填充率

填充率是指散粒状材料在其堆积体积中，被颗粒实体体积填充的程度，以 D' 表示：

$$D' = \frac{V_0}{V_0'} \times 100\% = \frac{\rho_0'}{\rho_0} \times 100\% \qquad (2-8)$$

2. 空隙率

空隙率是指散粒材料的堆积体积内，颗粒之间的空隙体积所占的比例，以 P' 表示：

$$P' = \left(1 - \frac{V_0}{V_0'}\right) \times 100\% = \left(1 - \frac{\rho_0'}{\rho_0}\right) \times 100\% \qquad (2-9)$$

空隙率反映了散粒材料的颗粒之间的相互填充的致密程度，对于混凝土的粗、细骨料，空隙率越小，说明其颗粒大小搭配的越合理，用其配制的混凝土越密实，水泥也越节约。

任务三 材料与水有关的性质

水对于正常使用阶段的建筑材料，具有不同程度的有害作用。但在建筑物使用过程中，材料又不可避免经常会受到外界雨、雪、地下水、冻融等的作用，故要特别注意建筑材料和水有关的性质，包括材料的亲水性和憎水性以及材料的吸水性、含水性、抗冻性、抗渗性等。

一、亲水性和憎水性

为说明材料与水的亲和能力，引进润湿角的概念，如图 2-3 所示。

在水、材料与空气的液、固、气三相交接处作液滴表面的切线，切线经过水滴与材料表面的夹角称为材料的润湿角，以 θ 表示。若润湿角 $\theta \leqslant 90°$，如图 2-3（a）所示，说明材料与水之间的作用力大于水分子之间的作用力，故材料可被水浸润，称该种材料是亲水的。反之，当润湿角 $\theta > 90°$，如图 2-3（b）所示，说明材料与水之间的作用力小于水分子之间的作用力，则材料不可被水浸润，称该种材料是憎水的。亲水材料有较多的毛细孔隙，对水有强烈的吸附作用，如大多数的无机硅酸盐材料、石

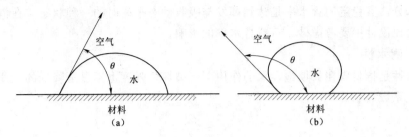

图 2-3 材料的润湿角示意图

膏、石灰等。而像沥青一类的憎水材料则对水有排斥作用，故常用作防水材料。

二、吸水性

材料的吸水性是指材料在水中吸收水分达饱和的能力，吸水性有质量吸水率和体积吸水率两种表达方式，分别以 W_w 和 W_v 表示：

$$W_w = \frac{m_2 - m_1}{m_1} \times 100\% \qquad (2-10)$$

$$W_V = \frac{V_w}{V_0} = \frac{m_2 - m_1}{V_0} \cdot \frac{1}{\rho_w} \times 100\% \qquad (2-11)$$

式中　W_w——质量吸水率，%；

　　　W_v——体积吸水率，%；

　　　m_2——材料在吸水饱和状态下的质量，g；

　　　m_1——材料在绝对干燥状态下的质量，g；

　　　V_w——材料所吸收水分的体积，cm^3；

　　　ρ_w——水的密度；常温下可取 $1g/cm^3$。

对于质量吸水率大于 100% 的材料，如木材等通常采用体积吸水率，而对于大多数材料，经常采用质量吸水率。

影响材料吸水性的主要因素有材料本身的化学组成、结构和构造状况，尤其是孔隙状况。一般而言，材料的亲水性越强，孔隙率越大，连通的毛细孔隙越多，其吸水率越大。不同的材料吸水率变化范围很大，花岗岩为 0.5%～0.7%，外墙面砖为 6%～10%，内墙釉面砖为 12%～20%，普通混凝土为 2%～4%。材料的吸水率越大，其吸水后强度下降越大，导热性增大，抗冻性随之下降。

三、吸湿性

材料的吸湿性是指材料在潮湿空气中吸收水分的能力。

$$W = \frac{m_k - m_1}{m_1} \qquad (2-12)$$

式中　W——材料的含水率，%；

　　　m_k——材料吸湿后的质量，g；

　　　m_1——材料在绝对干燥状态下的质量，g。

影响材料吸湿性的因素，除材料本身（化学组成、结构、构造、孔隙）外，还与环境的温、湿度有关。材料堆放在工地现场，不断向空气中挥发水分，又同时从空气中吸收水分，其稳定的含水率是达到挥发与吸收动态平衡时的一种状态。在混凝土的施工配合比设计中要考虑砂、石料含水率的影响。

四、耐水性

耐水性是指材料在长期饱和水的作用下不破坏，强度也不显著降低的性质。耐水性用软化系数表示。

$$K_p = \frac{f_w}{f} \tag{2-13}$$

式中　K_p——软化系数，其取值在 0～1 之间；

　　　f_w——材料在吸水饱和状态下的抗压强度，MPa；

　　　f——材料在绝对干燥状态下的抗压强度，MPa。

软化系数越小，说明材料的耐水性越差。材料浸水后，会降低材料组成微粒间的结合力，引起强度的下降。通常 $K_p > 0.80$ 的材料，可认为是耐水材料。长期受水浸泡或处于潮湿环境的重要结构物，K_p 应大于 0.85，次要建筑物或受潮较轻的情况下，K_p 也不宜小于 0.75。

五、抗渗性

抗渗性是指材料抵抗压力水或其他液体渗透的性质。地下建筑物、水工建筑物或屋面材料都需要具有足够的抗渗性，以防止渗水、漏水现象。

抗渗性可用渗透系数表示。根据水力学的渗透定律，在一定的时间 t 内，通过材料的水量 Q 与试件截面面积 A 及材料两侧的水头差 H 成正比，而与试件厚度 d 成反比，而其比例数 k 即定义为渗透系数。即由

$$Q = k \cdot \frac{HAt}{d}$$

可得

$$k = \frac{Qd}{HAt} \tag{2-14}$$

式中　Q——透过材料试件的水量，cm^3；

　　　H——水头差，cm；

　　　A——渗水面积，cm^2；

　　　d——试件厚度，cm；

　　　t——渗水时间，h；

　　　k——渗透系数，cm/h。

材料的抗渗性，也可用抗渗等级 P 表示，即在标准试验条件下，材料的最大渗水压力（MPa）。如抗渗等级为 P6，表示该种材料的最大渗水压力为 0.6MPa。

材料的抗渗性主要与材料的孔隙状况有关。材料的孔隙率越大，连通孔隙越多，其抗渗性越差。绝对密实的材料和仅有闭口孔或极细微孔的材料实际是不渗水的。

六、抗冻性

抗冻性是指材料在吸水饱和状态下，抵抗多次冻融循环，不破坏、强度也不显著降低的性质。

建筑物或构筑物在自然环境中，温暖季节被水浸湿，寒冷季节又受冰冻，如此多

次反复交替作用，会在材料孔隙内壁因水的结冰体积膨胀（约 9%）产生高达 100MPa 的应力，而使材料产生严重破坏。同时冰冻也会使墙体材料由于内外温度不均匀而产生温度应力，进一步加剧破坏作用。

抗冻性用抗冻等级 F 表示。例如，抗冻等级 F10 表示在标准试验条件下，材料强度下降不大于 25%，质量损失不大于 5%，所能经受的冻融循环的次数最多为 10 次。抗冻等级的确定是根据建筑物的种类、材料的使用条件和部位、当地的气候条件等因素决定的。如陶瓷面砖、普通烧结砖等墙体材料要求抗冻等级为 F15 或 F25，而水工混凝土的抗冻等级要求可高达 F500。

任务四 材料与热有关的性质

课件 2.5

视频 2.6

一、导热性

导热性是指材料传导热量的能力，可用导热系数表示。材料传导的热量 Q 与材料的厚度成反比，而与其导热面积 A、材料两侧温差（$T_1 > T_2$）、导热时间 t 成正比，可表达为下式：

$$Q = \lambda \frac{A(T_1 - T_2)t}{d} \qquad (2-15)$$

比例系数 λ 则定义为导热系数。由式（2-15）可得

$$\lambda = \frac{Qd}{(T_1 - T_2)At} \qquad (2-16)$$

式中 λ——导热系数，W/(m·K)；

$T_1 - T_2$——材料两侧温差，K；

d——材料厚度，m；

A——材料导热面积，m²；

t——导热时间，s。

建筑材料导热系数的范围为 0.023～400W/(m·K)，数值变化幅度很大，见表 2-2。导热系数越小，材料的保温隔热性越强。一般将 λ 小于 0.25W/(m·K) 的材料称为绝热材料。

材料的导热系数主要与以下因素有关：

（1）材料的化学组成和物理结构。一般金属材料的导热系数要大于非金属材料，无机材料的导热系数大于有机材料，晶体结构材料的导热系数大于玻璃体或胶体结构的材料。

（2）孔隙状况。因空气的 λ 仅为 0.024W/(m·K)，且材料的热传导方式主要是对流，故材料的孔隙率越高、闭口孔隙越多、孔隙直径越小，则导热系数越小。

（3）环境的温湿度。因空气、水、冰的导热系数依次加大（表 2-2），故保温材料在受潮、受冻后，导热系数可加大近 100 倍，因此，保温材料使用过程中一定要注意防潮防冻。

表 2-2　　　　　　　　　　　　常用建筑材料的热工性能指标

材料	$\lambda/[\mathrm{W}/(\mathrm{m}\cdot\mathrm{K})]$	比热容 $C/[\mathrm{J}/(\mathrm{g}\cdot\mathrm{K})]$	材料	$\lambda/[\mathrm{W}/(\mathrm{m}\cdot\mathrm{K})]$	比热容 $C/[\mathrm{J}/(\mathrm{g}\cdot\mathrm{K})]$
钢	55	0.48	松木	0.15	1.63
铝合金	370	—	空气	0.024	1.00
烧结砖	0.55	0.84	水	0.60	4.19
混凝土	1.8	0.88	冰	2.20	2.05
泡沫塑料	0.03	1.30			

二、热容

材料受热时吸收热量、冷却时放出热量的性质称为热容。

比热容是指单位质量的材料温度升高（或降低）1K 时所吸收（或放出）的热量，其表达式为

$$C = \frac{Q}{m(T_2 - T_1)} \tag{2-17}$$

式中　Q——材料吸收（或放出）的热量，J。

任务五　材料的力学性质

课件 2.7

视频 2.8

一、材料受力状态

材料在受外力作用时，由于作用力的方向和作用线（点）的不同，表现为不同的受力状态，典型的受力情况如图 2-4 所示。

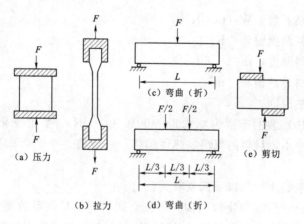

(a) 压力　　(b) 拉力　　(c) 弯曲（折）　　(d) 弯曲（折）　　(e) 剪切

图 2-4　材料的受力状态

二、材料的强度

（一）强度

材料在外力作用下抵抗破坏的能力称为材料的强度，并以单位面积上所能承受的荷载大小来衡量。材料的强度本质上是材料内部质点间结合力的表现。当材料受外力作用时，其内部便产生应力相抗衡，应力随外力的增大而增大。当应力（外力）超过

材料内部质点间的结合力所能承受的极限时，便导致内部质点的断裂或错位，使材料破坏。此时的应力为极限应力，通常用来表示材料强度的大小。

根据材料的受力状态，材料的强度可分为抗压强度、抗拉强度、抗弯（折）强度和抗剪强度。抗压强度、抗拉强度、抗剪强度的计算式如下：

$$F = \frac{f}{A} \tag{2-18}$$

式中　f——材料的抗压、抗拉、抗剪强度，MPa；

　　　F——材料承受的最大荷载，N；

　　　A——材料的受力面积，mm^2。

抗弯（折）强度在图 2-4（c）受力状态时的计算式如下：

$$f = \frac{3FL}{2bh^2} \tag{2-19}$$

式中　f——材料的抗弯（折）强度，MPa；

　　　F——材料承受的最大荷载，N；

　　　b——材料受力截面的宽度，mm；

　　　h——材料受力截面的高度，mm。

材料的强度与其组成和构造有关。不同种类的材料抵抗外力的能力不同；同类材料当其内部构造不同时，其强度也不同。致密度越高的材料，强度越高。同类材料抵抗不同外力作用的能力也不相同；尤其是内部构造非均质的材料，其不同外力作用下的强度差别很大。如混凝土、砂浆、砖、石和铸铁等，其抗压强度较高，而抗拉、抗弯（折）强度较低；钢材的抗拉、抗压强度都较高。

为了掌握材料性能、便于分类管理、合理选用材料、正确进行设计、控制工程质量，常将材料按其强度大小，划分成不同的等级，称为强度等级，它是衡量材料力学性质的主要技术指标。脆性材料如混凝土、砂浆、砖和石等，主要用于承受压力，其强度等级用抗压强度来划分；韧性材料如建筑钢材，主要用于承受拉力，其强度等级就用抗拉时的屈服强度来划分。

（二）比强度

比强度指单位体积质量材料所具有的强度，即材料的强度与其表观密度的比值（f/ρ_0）。比强度是衡量材料轻质高强特性的技术指标。

土木工程中结构材料主要用于承受结构荷载。多数传统结构材料的自重都较大，其强度相当一部分要用于抵抗自身和其上部结构材料的自重荷载，从而影响了材料承受外荷载的能力，使结构的尺度受到很大的限制。随着高层建筑、大跨度结构的发展，要求材料不仅要有较高的强度，而且要尽量减轻其自重，即要求材料具有较高的比强度。轻质高强性能已经成为材料发展的一个重要方向。

（三）弹性与塑性

1. 弹性与弹性变形

弹性指材料在外力作用下产生变形，当外力去除后，能完全恢复原来形状的性质；这种变形称为弹性变形。弹性变形的大小与所受应力的大小成正比，所受应力与应变的比值称为弹性模量，用 E 表示，它是衡量材料抵抗变形能力的指标。在材料的弹性范围内，E 是一个常数，按下式计算：

$$E = \frac{\sigma}{\varepsilon} \tag{2-20}$$

式中　E——材料的弹性模量，MPa；

　　　σ——材料所受的应力，MPa；

　　　ε——材料在应力 σ 作用下产生的应变，无量纲。

弹性模量越大，材料抵抗变形能力越强，在外力作用下的变形越小。材料的弹性模量是工程结构设计和变形验算的主要依据之一。

2. 塑性与塑性变形

塑性指材料在外力作用下产生变形，当外力去除后，仍保持变形后的形状和尺寸的性质；这种不可恢复的变形称为塑性变形。材料的塑性变形是因为其内部的剪应力作用，致使部分质点间产生相对滑移的结果。

完全的弹性材料或塑性材料是没有的，大多数材料在受力变形时，既有弹性变形，也有塑性变形，只是在不同的受力阶段，变形的主要表现形式不同。当外力去除后，弹性变形部分可以恢复，塑性变形部分不能恢复。有的材料如钢材，在受力不大的情况下，表现为弹性变形，而在受力超过一定限度后，就表现为塑性变形；有的材料如混凝土，受力后弹性变形和塑性变形几乎同时产生。

（四）脆性与韧性

1. 脆性

脆性指材料在外力作用下，无明显塑性变形而发生突然破坏的性质，具有这种性质的材料称为脆性材料，如普通混凝土、砖、陶瓷、玻璃、石材和铸铁等。一般脆性材料的抗压强度比其抗拉、抗弯强度高很多倍，其抵抗冲击和振动的能力较差，不宜用于承受振动和冲击的场合。

2. 韧性

韧性指材料在振动或冲击荷载作用下，能吸收较多的能量，并产生较大的变形而不破坏的性质，具有这种性质的材料称为韧性材料，如低碳钢、低合金钢、铝合金、塑料、橡胶、木材和玻璃钢等。材料的韧性用冲击试验来检验，又称为冲击韧性，用冲击韧性值即材料受冲击破坏时单位断面所吸收的能量来衡量。冲击韧性值用 a_k 表示，其计算式如下：

$$a_k = \frac{A_k}{A} \tag{2-21}$$

式中　a_k——材料的冲击韧性值，J/mm^2；

　　　A_k——材料破坏时所吸收的能量，J；

　　　A——材料受力截面面积，mm^2。

韧性材料在外力作用下，会产生明显的变形，变形随外力的增大而增大，外力所做的功转化为变形能被材料所吸收，以抵抗冲击的影响。材料在破坏前所产生的变形越大，所能承受的应力越大，其所吸收的能量就越多，材料的韧性就越强。用于道路、桥梁、轨道、吊车梁及其他受振动影响的结构，应选用韧性较好的材料。

（五）硬度

硬度是指材料表面抵抗硬物压入或刻划的能力。材料的硬度越大，则其强度越高，耐磨性越好。

测定材料硬度的方法有多种，通常采用的有刻划法、压入法和回弹法，不同材料其硬度的测定方法不同。

（六）耐磨性

耐磨性是材料表面抵抗磨损的能力。在土木建筑工程中，对于用作踏步、台阶、地面、路面等的材料，均应有一定的耐磨性。

任务六 材料的耐久性

耐久性是指材料在使用过程中，能长期抵抗各种环境因素作用而不破坏，且能保持原有性质的性能。各种环境因素的作用可概括为物理作用、化学作用和生物作用三个方面。

材料的耐久性是一项综合性能，包括抗渗性、抗冻性、耐腐性、抗老化性、耐磨性、耐光性等。

内部因素是造成材料耐久性下降的根本原因。内部因素包括材料的组成、结构与性质等。外部因素是影响耐久性的主要因素。

任务七 材料基本性质试验

一、一般规定

在各类建筑物中，材料要受到各种物理、化学、力学因素单独及综合作用。因此对建筑材料性质的要求是严格和多方面的。材料基本性质的试验项目较多，如密度、表观密度、孔隙率和吸水率等，对于各种不同材料及同种材料的不同用途，测试项目及测试方法视具体要求而有一定差别。

试验原理：本任务以石料为例，介绍材料的几种常用物理性能检测方法。其基本性质包括密度、表观密度、孔隙率等。石料密度是指石料单位体积（不包括开口空隙体积和闭口孔隙的体积）质量。表观密度是指石料在干燥状态下包括孔隙在内的单位体积固体材料的质量。形状不规则石料的毛体积密度可采用静水称量法或蜡封法测定；对于规则几何形状的试件，可采用量积法测定其体积密度。孔隙率是指在材料的体积内，孔隙体积所占的比例。

二、密度试验（李氏比重瓶法）

1. 试验目的

测定材料的密度，评定材料的品质，控制施工质量。

2. 主要仪器设备

主要仪器设备包括李氏比重瓶、量筒、烘箱、天平、温度计、漏斗、牛角勺等。

3. 试样制备

将材料（建议用石灰石）试样磨成粉末，使它完全通过孔径为 0.2mm 的筛，再将粉末放入烘箱内，在 105～110℃温度下烘干至恒重，然后在干燥器内冷却至室温，以待取用。

4. 试验方法及步骤

（1）在李氏比重瓶中注入煤油或其他与试样不起反应的液体至突颈下部的零刻度线以上，将李氏比重瓶放在温度为（20±2）℃的恒温水槽内（水温必须控制在李氏比重瓶标定刻度时的温度），使刻度部分浸入水中，恒温 0.5h，记下李氏比重瓶第一次读数 V（精确至 0.05mL，下同）。

（2）从恒温水槽中取出李氏比重瓶，用滤纸将李氏比重瓶内零点起始读数以上的没有煤油的部分仔细擦净。

（3）取 100g 左右试样，用感量为 0.001g 的天平（下同）准确称取瓷皿和试样总质量 m_1。用牛角勺小心地将试样通过漏斗渐渐送入李氏比重瓶内（不能大量倾倒，因为这样会妨碍李氏比重瓶中的空气排出，或在咽喉部分形成气泡，妨碍粉末的继续下落），使液面上升至 20mL（或略高于 20mL）刻度处，注意勿使石粉黏附于液面以上的瓶颈内壁上。摇动李氏比重瓶，排出其中空气，至液体不再产生气泡。再放入恒温水槽，在相同温度下恒温 0.5h，记下李氏比重瓶第二次读数 V_2。

（4）准确称取瓷皿加剩下的试样总质量 m_2。

5. 试验结果处理与评定

（1）石料试样密度按下式计算（精确至 0.01g/cm³）：

$$\rho_1 = (m_1 - m_2)/(V_1 - V_2) \tag{2-22}$$

式中　ρ_1——石料密度，g/cm³；

　　　m_1——试验前试样加瓷皿总质量，g；

　　　m_2——试验后剩余试样加瓷皿总质量，g；

　　　V_1——李氏比重瓶第一次读数，mL；

　　　V_2——李氏比重瓶第二次读数，mL。

（2）以两次试验结果的算术平均值作为测定值，如两次试验结果之差大于 0.01g/cm³，应重新取样进行试验。

三、石子表观密度试验（广口瓶法）

1. 实验目的

测定材料的表观密度，评定材料的品质，为混凝土配合比设计提供数据。

2. 主要仪器设备

主要仪器设备包括广口瓶、烘箱、天平、浅盘带盖容器、毛巾、刷子、玻璃片。

3. 试样制备

将试样筛去 5mm 以下的颗粒，用四分法缩分至不少于 2kg，洗刷干净后分成两份备用。

4. 试验方法及步骤

（1）将试样 300g 左右浸入水饱和，然后装入广口瓶中。装试样时，广口瓶应倾斜放置，注入饮用水，用玻璃片覆盖瓶口，以上下左右摇晃的方法排除气泡。

（2）气泡排尽后，向瓶中添加饮用水，直至水面凸出瓶口边缘。然后用玻璃片沿瓶口迅速滑行，使其紧贴瓶口水面。擦干瓶外水分后，称出试样、水、瓶和玻璃片总质量 m_1，精确至 1g。

（3）将瓶中试样倒入浅盘，放在烘箱中于（105±5）℃下烘干至恒重，待冷却至室温后，称出其质量 m，精确至 1g。

（4）将瓶洗净并重新注入饮用水，用玻璃片紧贴瓶口水面，擦干瓶外水分后，称出水、瓶和玻璃片总质量 m_2，精确至 1g。

5. 试验结果处理与评定

（1）表观密度按下式计算（精确至 $10kg/m^3$）：

$$\rho' = \frac{m\rho_w}{m+m_2-m_1} \times 1000$$

式中　ρ'——石子表观密度，kg/m^3；

m_1——试样、水、瓶和玻璃片的总质量，g；

m——烘干试样质量，g；

m_2——水、瓶和玻璃片总质量，g；

ρ_w——水的密度，g/cm^3。

（2）以两次试验结果的算术平均值作为测定值，如两次结果之差大于 $20kg/m^3$，可取 4 次试验结果的平均值。

四、体积密度试验

1. 试验目的

体积密度是计算材料孔隙率、确定材料体积及结构自重的必要数据。通过体积密度还可估计材料的某些性质（如导热系数、强度等）。

2. 主要仪器设备

主要仪器设备包括游标卡尺、天平、烘箱、干燥器等。

3. 试样制备

将石料加工成规则几何形状的试件（3 个）后放入烘箱内，以（100±5）℃的温度烘干至恒重。

4. 试验步骤及结果评定

（1）用游标卡尺量其尺寸（精确至 0.01cm），并计算其体积 V_0（cm^3），然后用天平称其质量 m（精确至 0.01g）。按下式计算其体积密度：

$$\rho_0 = m/v_0$$

（2）求试件体积时，如试件为立方体或长方体，则每边应在上、中、下三个位置分别量测，求其平均值，然后按下式计算体积：

$$V_0 = (a_1+a_2+a_3)(b_1+b_2+b_3)(c_1+c_2+c_3)/27$$

式中　a、b、c——试件的长、宽、高。

（3）求试件体积时，如试件为圆柱体，则在圆柱体上下两个平行切面及试件腰部两个互相垂直的方向量其直径，求 6 次量测的直径平均值 d，再在互相垂直的两直径与圆周交界的 4 点上量其高度，求 4 次量测的平均值 h，最后按下式计算：

$$V_0 = \pi d^2 h / 4$$

（4）组织均匀的石料，其体积密度应为 3 个试件测得结果的平均值；组织不均匀的石料，应记录最大值与最小值。

五、堆积密度试验

堆积密度是指粉状或颗粒状材料，在堆积状态下单位体积的质量。下面以细骨料和粗骨料为例介绍两种堆积密度的测试方法。

（一）细骨料堆积密度试验

1. 主要仪器设备

主要仪器设备包括标准容器（容积为 1L）、标准漏斗、台秤、铝制料勺、烘箱、直尺等。

2. 试样制备

用四分法缩取 3L 试样放入浅盘中，将浅盘放入温度为 (105 ± 5)℃的烘箱中烘至恒重，取出冷却至室温，分为大致相等的两份备用。

3. 试验方法及步骤

（1）称取标准容器的质量 m_1。

（2）取试样一份，用漏斗和铝制料勺将其徐徐装入标准容器，直至试样装满并超出标准容器筒口。

（3）用直尺将多余的试样沿筒口中心线向两个相反方向刮平称其质量 m_2。

4. 试验结果确定

试样的堆积密度 ρ_0' 按下式计算（精确至 10kg/m^3）：

$$\rho_0' = \frac{m_2 - m_1}{V_0'} \times 1000$$

式中　m_1——标准容器的质量，kg；

　　　m_2——标准容器和试样总质量，kg；

　　　V_0'——标准容器的容积，L。

（二）粗骨料堆积密度试验

1. 主要仪器设备

主要仪器设备包括容量筒、平头铁锹、烘箱、磅秤。

2. 试样制备

用四分法缩取不少于规定数量的试样，放入浅盘，在 (105 ± 5)℃的烘箱中烘干，也可以摊在洁净的地面上风干，拌匀后分成大致相等的两份备用。

3. 试验方法与步骤

（1）称取容量筒质量 m_1（kg）。

（2）取试样一份置于平整、干净的混凝土地面或铁板上，用平头铁锹铲起试样，使石子在距容量筒上口约 5cm 处自由落入容量筒内，容量筒装满后，除去凸出筒口表面的颗粒，并以比较合适的颗粒填充凹陷空隙部分，使表面稍凸起部分和凹陷部分的体积相等。

（3）称出容量筒连同试样的总质量 m_2（kg）。

4. 试验结果及确定

试样的堆积密度 ρ_0' 按下式计算（精确至 $10kg/m^3$）：

$$\rho_0' = \frac{m_2 - m_1}{V_0'} \times 1000$$

式中　m_1——标准容器的质量，kg；

　　　m_2——标准容器和试样总质量，kg；

　　　V_0'——标准容器的容积，L。

按规定，堆积密度应用两份试样平行测定两次，并以两次结果的算术平均值作为测定结果。

【案例分析】

加气混凝土砌块吸水分析

现象：某施工队原使用普通烧结黏土砖砌墙，后改为表观密度为 $700k/m^3$ 的加气混凝土砌块。在抹灰前采用同样的方式往墙上浇水，发现原使用的普通烧结黏土砖易吸足水量，而加气混凝土砌块虽表面浇水不少，但实际吸水不多，试分析原因。

原因分析：加气混凝土砌块虽多孔，但其气孔大多数为"墨水瓶"结构，肚大口小，毛细管作用差，只有少数孔是水分蒸发形成的毛细孔，因此吸水及导湿性能差，材料的吸水性不仅要看孔的数量多少，而且还要看孔的结构。

【本章小结】

本章学习了材料的密度、表观密度、体积密度、堆积密度、孔隙率和密实度；材料与水有关的性质及指标；材料的导热性及导热系数；材料的强度与强度等级；弹性和塑性、脆性和韧性的概念；材料的各种基本性质的有关计算；材料的耐久性及影响因素。

要求掌握材料的组成结构和构造；材料的基本物理性质；影响材料强度试验结果的因素；影响导热性的因素。了解材料的耐燃性和耐火性；材料的热容和热容量；材料的化学性质；材料的硬度和耐磨性。

思　考　题

1. 说明材料的体积构成与各种密度概念之间的关系。

2. 何谓材料的亲水性和憎水性？材料的耐水性如何表示？

3. 试说明材料导热系数的物理意义及影响因素。

4. 说明提高材料抗冻性的主要技术措施。

5. 材料的强度与强度等级间的关系是什么？

6. 材料的孔隙状态包括哪几方面的内容？材料的孔隙状态是如何影响密度、体积密度、抗渗性、抗冻性、导热性等性质的？

7. 一般来说墙体或屋面材料的导热系数越小越好，而热容值却以适度为好，能说明其原因吗？

8. 材料的密度、体积密度、表观密度、堆积密度是否随其含水量的增加而加大？为什么？

9. 能否认为材料的耐久性越高越好？如何全面理解材料的耐久性与其应用价值间的关系？

习　　题

1. 已知某砌块的外包尺寸为 240mm×240mm×115mm，其孔隙率为 37%，干燥质量为 2487g，浸水饱和后质量为 2984g，试求该砌块的体积密度、密度、质量吸水率。

2. 某种石子经完全干燥后，其质量为 482g，将其放入盛有水的量筒中吸水饱和后，水面由原来的 452cm³ 上升至 630cm³，取出石子擦干表面水后称质量为 487g，试求该石子的表观密度、体积密度及吸水率。

3. 一种材料的密度为 2.7g/cm³，浸水饱和状态下的体积密度为 1.862g/cm³，其体积吸水率为 4.62%，试求此材料干燥状态下的体积密度和孔隙率各为多少？

胶 凝 材 料

项目三　气硬性胶凝材料

【学习目标】

　　①掌握气硬性胶凝材料的性质和应用；②从掌握胶凝材料、气硬性胶凝材料的概念入手，通过分析三种气硬性胶凝材料的生产工艺、结构和化学组成，牢固掌握各自的特性和应用。

【能力目标】

　　①能够进行石灰、石膏的性能检测；②能够完成规范的检测报告。

【思政小贴士】

石灰吟

千锤万凿出深山，烈火焚烧若等闲。

粉骨碎身浑不怕，要留清白在人间。

　　这首由明代政治家、文学家于谦创作的七言绝句，概括了石灰的特性以及生产过程，石灰由开凿出的石灰石煅烧产生，生石灰呈白色粉末状。此诗托物言志，采用象征手法，字面上是咏石灰，实际借物喻人，托物寄怀，表现了诗人洁身自好的品质、积极进取的人生态度和大无畏的凛然正气。

　　在学习和生活、工作中，每个人都不可避免会遇到困难和挑战，在遇到艰难困苦时，希望大家能够向于谦学习，不畏艰难，初心不改。正是由于困难和挑战，才能锻炼我们的心性，个人能力和品质才能得到质的提升和飞跃。

课件 3.1

任务一　石　　灰

　　石灰是建筑上最早使用的气硬性胶凝材料之一，历史悠久，原料分布广泛，制造工艺简单，造价低廉，属于量大而广的地方性材料。

视频 3.2

一、石灰的品种和生产

1. 石灰的品种

建筑工程中常用的石灰有建筑生石灰、建筑生石灰粉、建筑消石灰粉和石灰膏四种。根据石灰成品的加工方法不同，石灰有以下四种成品。

(1) 生石灰（块灰）。由石灰石煅烧成的白色或浅灰色疏松结构块状物，主要成分为 CaO。

(2) 生石灰粉。由块状生石灰磨细而成。

(3) 消石灰粉（又称熟石灰粉、消解石灰粉、水化石灰）。将生石灰用适量水经消化和干燥而成的粉末，主要成分为 $Ca(OH)_2$，也称熟石灰。

(4) 石灰膏。将块状生石灰用过量水（生石灰体积的 3～4 倍）消化，或将消石灰粉和水拌和，所得达一定稠度的膏状物，主要成分是 $Ca(OH)_2$ 和水。

另根据生石灰中氧化镁含量的不同，生石灰可分为钙质生石灰和镁质生石灰。钙质生石灰中的氧化镁含量小于 5%；镁质生石灰中的氧化镁含量为 5%～24%。

2. 石灰的生产

石灰的原料有石灰石、白垩、白云石和贝壳等，它的主要成分是碳酸钙，最常用的是石灰石，石灰石在 900℃ 左右的温度下煅烧，使碳酸钙分解成氧化钙，这就是所谓的生石灰。生石灰的主要成分是氧化钙，其中还含有一定量的氧化镁。其反应如下：

$$CaCO_3 \xrightarrow{900℃} CaO + CO_2 \uparrow \tag{3-1}$$

当煅烧温度达到 700℃ 时，石灰原料中的次要成分碳酸镁开始分解为氧化镁，反应如下：

$$MgCO_3 \xrightarrow{700℃} MgO + CO_2 \uparrow \tag{3-2}$$

一般而言，入窑石灰石的块度不宜过大，并力求均匀，以保证煅烧质量的均匀。石灰石越致密，要求的煅烧温度越高。当入窑石灰石块度较大、煅烧温度较高时，石灰石块的中心部位达到分解温度时，其表面已超过分解温度，得到的石灰石晶粒粗大，遇水后熟化反应缓慢，称其为过火石灰。过火石灰熟化十分缓慢，其细小颗粒可能在石灰使用之后熟化，体积膨胀，致使硬化的砂浆产生"崩裂"或"鼓泡"现象，会严重影响工程质量。若煅烧温度较低，不仅使煅烧周期延长，而且大块石灰石的中心部位还没完全分解，此时称其为欠火石灰。欠火石灰降低了生石灰的质量，也影响了石灰石的产灰量。

二、石灰的熟化和硬化

1. 石灰的熟化

石灰的熟化（又称消化或消解）是指生石灰 CaO 加水之后水化生成熟石灰 $Ca(OH)_2$ 的过程。其反应方程式如下：

$$CaO + H_2O = Ca(OH)_2 \tag{3-3}$$

生石灰具有强烈的消化能力，水化时放出大量的热（约 64.9kJ/mol），水化过程中水化热大、水化速率快，其放热量和放热速度比其他胶凝材料大得多。其体积增大

1～2.5倍，体积增大易在工程中引起事故，应高度重视。

过火石灰消化速度极慢，当石灰抹灰层中含有这种颗粒时，由于它吸收空气中的水分继续消化，体积膨胀，致使墙面隆起、开裂，严重影响施工质量。为了消除这种危害，生石灰在使用前应提前洗灰，使灰浆在灰坑中储存（陈伏）两周以上，以使石灰得到充分消化。陈伏期间，为防止石灰碳化，应在其表面保存一定厚度的水层，以与空气隔绝。

2. 石灰的硬化

石灰的硬化是指石灰浆体由塑性状态逐步转化为具有一定强度的固体的过程。硬化包含了干燥和结晶硬化及碳化交错进行的过程。

干燥时，石灰浆体中多余水分蒸发或被砌体吸收而使石灰粒子紧密接触，获得一定强度，随着游离水的减少，氢氧化钙逐渐从饱和溶液中结晶出来，形成结晶结构网，使强度继续增加。

氢氧化钙与空气中的二氧化碳化合生成碳酸钙结晶，释出水分并被蒸发。

$$Ca(OH)_2 + CO_2 + nH_2O \xrightarrow{\quad\quad} CaCO_3 + (n+1)H_2O \qquad (3-4)$$

因为碳化作用实际是二氧化碳与水形成碳酸，然后与氢氧化钙反应生成碳酸钙，所以这个过程不能在没有水分的全干状态下进行。而且在长时间内，碳化作用只在表面进行，所以只有当孔壁完全湿润而孔中不充满水时，碳化作用才能进行较快。随着时间延长，表面形成的碳酸钙层达到一定厚度时，将阻碍二氧化碳向内渗透，同时也使浆体内部的水分不易脱出，使氢氧化钙结晶速度减慢。所以，石灰浆体的硬化过程只能是很缓慢的。硬化后的石灰体表面为碳酸钙层，它会随着时间延长而厚度逐渐增加，里层是氢氧化钙晶体。

三、石灰的技术性质和应用

1. 石灰的主要技术性质

（1）良好的保水性。这是由于生石灰熟化为石灰浆时，氢氧化钙粒子呈胶体分散状态。其颗粒极细，颗粒表面吸附一层较厚的水膜。由于粒子数量很多，其总表面积很大，这是它保水性良好的主要原因。利用这一性质，将其掺入水泥砂浆中，配合成混合砂浆，克服了水泥砂浆容易泌水的缺点。

（2）凝结硬化慢、强度低。石灰的硬化只能在空气中进行，空气中二氧化碳含量少，使碳化作用进行缓慢。已硬化的表层对内部的硬化又有阻碍作用，所以石灰浆的硬化很缓慢。熟化时的大量多余水分在硬化后蒸发，在石灰体内留下大量孔隙，所以硬化后的石灰体密实度小，强度也不高。石灰砂浆28d抗压强度通常只有0.2～0.5MPa，受潮后石灰溶解，强度更低。

（3）吸湿性强。生石灰吸湿性强，保水性好，是传统的干燥剂。

（4）体积收缩大。石灰浆体凝结硬化过程中，蒸发大量水分，硬化石灰中的毛细管失水收缩，引起体积收缩，使制品开裂。因此，石灰不宜单独用来制作建筑构件及制品。

（5）耐水性差。石灰水化后的成分——氢氧化钙能溶于水，若长期受潮或被水浸泡，会使已硬化的石灰溃散，所以石灰不宜在潮湿的环境中使用，也不宜单独用于承重砌体的砌筑。

（6）化学稳定性差。石灰是碱性材料，与酸性物质接触时，容易发生化学反应，生成新物质。因此，石灰及含石灰的材料长期处在潮湿空气中，容易与二氧化碳作用生成碳酸钙，即"碳化"。石灰材料还容易遭受酸性介质的腐蚀。

2. 石灰的应用

（1）配制砂浆。常用于配制石灰砂浆、水泥石灰混合砂浆。

（2）粉刷。石灰膏加水拌和，可配制成石灰乳，用于粉刷墙面。

（3）石灰土和三合土。石灰土由石灰、黏土组成，三合土由石灰、黏土和碎料（砂、石渣、碎砖等）组成。石灰土和三合土的耐水性和强度均优于纯石灰，广泛用于建筑物的基础垫层和临时道路。

（4）水泥和硅酸盐等建筑制品。石灰是生产灰砂砖、蒸养粉煤灰砖、粉煤灰砌块或墙用板材等的主要原料，也是各种水泥的主要原料。

（5）碳化石灰板。在磨细生石灰中掺加玻璃纤维、植物纤维、轻质骨料等，用碳化的方法使氢氧化钙碳化成碳酸钙，即为碳化石灰板，用作隔墙、天花板等。

四、石灰的验收与储存运输

（1）建筑生石灰的验收以同一厂家、同一类别、同一等级不超过 100t 为一验收批。取样应从不同部位选取，取样点不少于 25 个、每个点不少于 2kg，缩分至 4kg。复验的项目有未消化残渣含量、二氧化碳含量和产浆量。

（2）建筑生石灰粉的验收以同一厂家、同一类别、同一等级不超过 100t 为一验收批。取样应从本批中随机抽取 10 袋，总量不少于 3kg，缩分至 300g。复验的项目有细度、游离水、体积安定性。

（3）石灰的储存和运输。生石灰要在干燥环境中储存和保管。若储存期过长必须在密闭容器内存放。运输中要有防雨措施。要防止石灰受潮或遇水后水化，甚至由于熟化热量集中放出而发生火灾。

课件 3.3

视频 3.4

任务二　石　膏

石膏作为建筑材料使用已有悠久的历史。由于石膏及石膏制品具有轻质、高强、隔热、耐火、吸声、容易加工等一系列优良性能，用于制作粉刷石膏、抹灰石膏、石膏砂浆、石膏水泥、各种石膏墙板、天花板、装饰吸声板、石膏砌块、纸面石膏板、嵌缝石膏、黏结石膏、自流平地板石膏及其他装饰部件等。特别是近年来在建筑中广泛采用框架轻板结构，作为轻质板材主要品种之一的石膏板受到普遍重视，其生产和应用都得到了迅速发展。

一、石膏的生产与品种

石膏是以硫酸钙为主要成分的气硬性胶凝材料。由于石膏具有质轻、隔热、耐火、吸声、强度较高等特点，被广泛应用于水利工程中的特殊部位。根据硫酸钙所含结晶水数量的不同，石膏分为二水石膏（$CaSO_4 \cdot 2H_2O$）、半水石膏（$CaSO_4 \cdot 0.5H_2O$）和无水石膏（$CaSO_4$）。常用的石膏，主要是由天然二水石膏（或称生石膏）经过煅烧、磨细而制成的。天然二水石膏出自天然石膏矿，因其主要成分为 $CaSO_4 \cdot 2H_2O$，其中含两个结晶水而得名。又由于其质地较软，也被称为软石膏。将天然二水石膏在不同的压力和温度下煅烧，可以得到结构和性质均不相同的石膏产品，如建筑石膏、模型石膏、高强度石膏、天然无水石膏等。

二、石膏的凝结与硬化

在使用石膏前，先将半水石膏加水调和成浆，使其具有要求的可塑性，然后成型。石膏由浆体转变为具有强度的晶体结构，历经水化、凝结、硬化三个阶段。

半水石膏溶解于水中，与水化合生成二水石膏，此时的溶液为不稳定的过饱和溶液。二水石膏在过饱和溶液中，其胶体粒子很快结晶析出，此时的溶液又成为不饱和溶液，半水石膏又向不饱和溶液中溶解，如此反复，二水石膏结晶析出，半水石膏不断溶解，直到半水石膏完全转化为二水石膏。反应式如下：

$$CaSO_4 \cdot 0.5H_2O + 1.5H_2O \longrightarrow CaSO_4 \cdot 2H_2O \qquad (3-5)$$

凝结硬化过程的机理如下：半水石膏遇水后发生溶解，并生成不稳定的过饱和溶液，溶液中的半水石膏经过水化成为二水石膏。由于二水石膏在水中的溶解度（20℃为 2.05g/L）较半水石膏的溶解度（20℃为 8.16g/L）小得多，所以二水石膏溶液会很快达到过饱和，因此很快析出胶体微粒并且不断转变为晶体。由于二水石膏的析出破坏了原来半水石膏溶解的平衡状态，这时半水石膏会进一步溶解，以补偿二水石膏析晶而在液相中减少的硫酸钙含量。如此不断地进行半水石膏的溶解和二水石膏的析出，直到半水石膏完全水化为止。与此同时，由于浆体中自由水因水化和蒸发逐渐减少，浆体变稠，失去塑性，以后水化物晶体继续增长，直至完全干燥，强度发展到最大值，达到石膏的硬化。

三、石膏的性质与应用

（一）石膏的性质

（1）凝结硬化快。建筑石膏的初凝和终凝时间很短，加水后 3min 即开始凝结，终凝不超过 30min，在室温自然干燥条件下，约 1 周时间可完全硬化。为施工方便，常掺加适量缓凝剂，如硼砂、纸浆废液、骨胶、皮胶等。

（2）硬化后体积微膨胀。石膏浆体在凝结硬化时会产生微膨胀（0.5%～1.0%），这使石膏制品的表面光滑、细腻、形体饱满，所以适合制作建筑装饰制品。

（3）硬化后孔隙率大，重量轻但强度低。水化需水 18.6%，石膏硬化后具有很大的孔隙率（50%～60%），因而强度低（7d 为 8～12MPa），抗冻性、抗渗性及耐水性较差。但其具有轻质、保温隔热、吸声、吸湿的特点。同样体积的石膏板与水泥板相比较，重量只有水泥板的 1/4。石膏建材自身轻、厚度小，同时大大降低了高层建筑的地基施工费用，缩短了工期，且增加了房屋的使用面积。

（4）具有良好的保温隔热和吸声性能，一般 80mm 厚的石膏砌块相当于 240mm 厚实心砖的保温隔热能力。石膏微孔吸声能力强。

（5）具有一定的调节湿度的性能。石膏具有呼吸功能，房间内过量的湿气可很快被吸收，而湿度减小时能再次放出湿气，却不影响墙体的牢固程度，因此石膏具有调节室内大气湿度的功能。

（6）防火性能优良。二水石膏遇火后，结晶水蒸发，形成蒸汽幕，可阻止火势蔓延，起到防火作用。但建筑石膏不宜长期在 65℃ 以上的高温部位使用，以免二水石膏缓慢脱水分解而降低强度。

（7）耐水性、抗冻性差。石膏是气硬性胶凝材料，吸湿性强，长期在潮湿环境中，其晶体粒子间的结合力会削弱，直至溶解，因此石膏不耐水、不抗冻。

（8）具有良好的装饰性和可加工性。用石膏建材建造的房屋洁白如霜，十分美观。石膏制品具有可锯、可刨、可钉性。

（二）石膏的应用

1. 室内抹灰及粉刷

将建筑石膏加水调成浆体，可用作室内粉刷材料。石膏浆中还可以掺入部分石灰，或将建筑石膏加水、砂拌和成石膏砂浆，用于室内抹灰或作为油漆打底使用。石膏砂浆隔热保温性能好，热容量大，吸湿性强，因此能够调节室内温、湿度，经常保持均衡状态，给人以舒适感。用石膏粉刷后的表面光滑、细腻、洁白美观，还具有绝热、阻火、吸声以及施工方便、凝结硬化快、黏结牢固等特点，所以称其为室内高级粉刷和抹灰材料。石膏抹灰的墙面及顶棚，可以直接涂刷油漆及粘贴墙纸。

2. 建筑装饰制品

建筑石膏制品的种类很多，如纸面石膏板、空心石膏条板、石膏砌块和装饰石膏制品等，主要用作分室墙、内隔墙、吊顶和装饰。纸面石膏板是以建筑石膏为主要原料，掺入纤维、外加剂和适量的轻质填料等，加水拌成料浆，浇注在行进中的纸面上，成型后再覆以上层面纸。料浆经过凝固形成芯材，经切断、烘干，使芯材与护面纸牢固地结合在一起。空心石膏条板生产方法与普通混凝土空心板类似，生产时常加入纤维材料或轻质填料，以提高板的抗折强度和减轻自重，多用于民用住宅的分室墙。建筑石膏配以纤维增强材料、胶粘剂等可制成石膏角线、线板、角花、灯圈、罗马柱和雕塑等艺术装饰石膏制品。

四、石膏的储运

石膏在储运过程中应注意防雨防潮，储存期一般不超过 3 个月，过期或受潮都会使石膏强度显著降低。

任务三　水　玻　璃

课件 3.5

视频 3.6

水玻璃俗称泡花碱，是一种能溶于水的硅酸盐，由不同比例的碱金属氧化物和二氧化硅所组成。目前最常用的是硅酸钠水玻璃（$Na_2O \cdot nSiO_2$）和硅酸钾水玻璃（$K_2O \cdot nSiO_2$）。水玻璃是一种气硬性胶凝材料，在建筑工程中常用来配制水玻璃胶泥和水玻璃砂浆、水玻璃混凝土，以及使用水玻璃为主要原料配制涂料。水玻璃在防酸工程和耐热工程中的应用甚为广泛。

一、水玻璃的生产与分类

1. 水玻璃的生产

水玻璃的生产方法有湿法生产和干法生产两种。湿法生产是将石英砂和氢氧化钠水溶液在高压蒸汽锅（0.2～0.3MPa）内用蒸汽加热溶解而制成。干法生产是将石英砂和碳酸钠磨细拌匀，在1300～1400℃的玻璃熔炉内加热熔化，冷却后成为固体水玻璃，然后在高压蒸汽锅内加热溶解成液体水玻璃。反应式如下：

$$Na_2CO_3 + nSiO_2 \xrightarrow{1300～1400℃} Na_2O \cdot nSiO_2 + CO_2 \qquad (3-6)$$

2. 水玻璃的分类

通常水玻璃成品分三类：

（1）块状、粉状的固体水玻璃。由熔炉中排出的硅酸盐冷却而得，不含水分。

（2）液体水玻璃。由块状水玻璃溶解于水而得，产品的模数、浓度、相对密度各不相同。

（3）含有化合水的水玻璃。也称水化玻璃，它在水中的溶解度比无水水玻璃大。

二、水玻璃的硬化

水玻璃溶液在空气中吸收CO_2形成无定形硅胶，并逐渐干燥硬化，其反应式为

$$Na_2O \cdot nSiO_2 + CO_2 + mH_2O = Na_2CO_3 + nSiO_2 \cdot mH_2O \qquad (3-7)$$

空气中二氧化碳含量少，上述过程很慢，因此可将水玻璃加热或掺加适量促硬剂，如氟硅酸钠。氟硅酸钠可提高水玻璃耐水性。氟硅酸钠的适宜掺量为水玻璃质量的12％～15％。如用量太少，硬化速度慢、强度低，且未反应的水玻璃易溶于水，导致耐水性差；用量过多，则凝结过快，造成施工困难，且渗透性大，强度也低。

此外，密度、温度和湿度对水玻璃凝结硬化速度也有明显影响。当水玻璃相对密度小时，溶液黏度小，使反应和扩散速度快，凝结硬化速度也快，温度高、湿度小时，水玻璃反应加快，生成的硅酸凝胶脱水亦快；反之，水玻璃凝结硬化速度也慢。

三、水玻璃的性质

1. 黏结力强

水玻璃硬化后具有较高的强度。如水玻璃胶泥的抗拉强度大于2.5MPa，水玻璃混凝土的抗压强度为15～40MPa。此外，水玻璃硬化析出的硅酸凝胶还可堵塞毛细孔隙而防止水渗透。对于同一模数的液体水玻璃，其浓度越稠、密度越大，则黏结力越强。而不同模数的液体水玻璃，模数越大，其胶体组分越多，黏结力也越强。

2. 耐酸性

硬化后的水玻璃，其主要成分为SiO_2，所以它的耐酸性能很高。尤其是在强氧化性酸中具有较高的化学稳定性。除氢氟酸、20％以下的氟硅酸、热磷酸和高级脂肪酸以外，水玻璃几乎在所有酸性介质中都有较高的耐腐蚀性。如果硬化得完全，水玻璃类材料耐稀酸甚至耐酸性水腐蚀的能力也是很高的。水玻璃类材料不耐碱性介质的侵蚀。

3. 耐热性

水玻璃可耐1200℃的高温，在高温下不燃烧、不分解，强度不降低，甚至有所增加。

四、水玻璃的应用

1. 加固地基

将水玻璃溶液与氯化钙溶液交替注入土壤内，两者反应析出硅酸胶体，能起胶结和填充孔隙的作用，并可阻止水分的渗透，提高土壤的密度和强度。

2. 配制耐酸（耐热）砂浆和混凝土

水玻璃具有很高的耐酸性，以水玻璃为胶结材料，加入促硬剂和耐酸粗、细骨料，可配制成耐酸砂浆和耐酸混凝土，用于耐腐蚀工程，如铺砌的耐酸块材，浇筑地面、整体面层、设备基础等。水玻璃耐热性能好，能长期承受一定的高温作用，用它与促硬剂及耐热骨料等可配制耐热砂浆或耐热混凝土，用于高温环境中的非承重结构及构件。

3. 涂刷材料

水玻璃溶液喷涂在建筑材料表面，如天然石料、黏土砖、混凝土等，能提高材料的密实度、强度、耐水性和抗风化能力。石膏制品不能用水玻璃溶液喷涂。

【应用案例】

新型石膏板在 CCTV 井道隔墙中的应用[1]

从生命安全的角度看，井道隔墙是建筑物最重要的隔墙，其构造为在井道外侧采用自攻螺钉安装石膏板，内侧直接插入一层 25mm 厚高级耐水耐火石膏板，解决了井道内侧石膏板安装不便的问题。J 型龙骨骨架中加入岩棉，可增加井道墙的防火性能。隔墙用墙体材料必须有良好的防火性、隔声性和高的抗压抗折强度，以采用的新型防火石膏板为例，其优良性表现在以下几方面：

（1）防火石膏板隔墙可满足在 200Pa 压强下，侧向挠度小于 $L_0/240$（L_0 为隔墙高度），符合《建筑用轻钢龙骨》（GB/T 11981—2008）所规定的优等品要求。

（2）防火石膏板井道隔墙可以阻挡与割断火势的延伸，其防火标准经国家消防装备质量监督检验中心测试，它的耐火极限大于 3h（三层 15mm 厚的板组合而成），符合《建筑设计防火规范》（GB 50016—2022）中的有关要求。

（3）防火石膏板井道隔墙具有良好的隔声性能，其隔声效果相当于 STC50 普通墙体的隔声效果。

（4）防潮性。采用该系列专用芯板经边部倒角设计，施工时很方便插入 CH 龙骨中，防火石膏板表面为防潮纸面，芯体吸水率小于 7%，遇火稳定性大于 20min。

【本章小结】

本章以石灰、石膏和水玻璃的硬化机理、技术性质为主，同时介绍了三种气硬性胶凝材料的应用和生产工艺。学习中应从掌握胶凝材料、气硬性胶凝材料的概念入手，通过分析三种气硬性胶凝材料的生产工艺、结构和化学组成，牢固掌握各自的特性和应用。

思　考　题

1. 有机胶凝材料和无机胶凝材料有何差异？气硬性胶凝材料和水硬性胶凝材料有何区别？

---

[1] 摘自：石膏板在 CCTV 井道隔墙设计中的应用［J］. 建筑及技艺，2009（3）：14-15.

2. 简述石灰的熟化特点。

3. 灰土在制备和使用中有什么要求?

4. 石膏的生产工艺和品种有何关系?

5. 简述石膏的性能特点。

6. 水玻璃模数、密度与水玻璃性质有何关系?

7. 水玻璃的硬化有何特点?

8. 总结自己周围所使用的有代表性的气硬性胶凝材料,它们的优点是什么?

9. 生石灰块灰、生石灰粉、熟石灰粉和石灰膏等几种建筑石灰在使用时有何特点? 使用中应注意哪些问题?

10. 确定石灰质量等级的主要指标有哪些? 根据这些指标如何确定石灰的质量等级?

11. 石膏制品为什么具有良好的保温隔热性和阻燃性?

12. 石膏抹灰材料和其他抹灰材料的性能相比有何特点? 举例说明。

13. 推断水玻璃涂料性能的优缺点。

项目四　水硬性胶凝材料（水泥）

【学习目标】

①熟练掌握硅酸盐水泥和掺混合材料硅酸水泥技术性质及选用原则；②掌握硅酸盐水泥和掺混合材料硅酸水泥的矿物组成、水化产物、检测方法等；③了解硅酸盐水泥的硬化机理；④其他水泥品种及其性质和使用特点。

【能力目标】

①能够进行水泥的标准稠度用水量、凝结时间、细度等性能检测；②能够完成规范的检测报告。

【思政小贴士】

白鹤滩水电站位于四川省凉山州宁南县和云南省昭通市巧家县境内，是金沙江下游干流河段梯级开发的第二个梯级电站，具有以发电为主，兼有防洪、拦沙、改善下游航运条件和发展库区通航等综合效益。白鹤滩大坝为双曲拱坝，大坝坝顶高程834m，正常蓄水位825m，最大坝高289m，坝体最大厚度为83.91m，属300m级特高拱坝。2022年12月20日，白鹤滩水电站16台百万千瓦水轮发电机组全部投产发电，标志着我国长江上全面建成世界最大清洁能源走廊。

白鹤滩大坝全坝应用低热水泥混凝土，低热水泥混凝土总量超过800万 m^3，是三座胡夫金字塔体量。水泥遇水会发生一系列的化学反应，释放大量热量。这种热量如果大量聚集在混凝土内部得不到排散，就会产生比较高的中心温度，就像人发高烧一样。如果高温一直存在，就会导致混凝土结构产生裂缝，从而影响大坝的运行安全。在整个白鹤滩工程中，总共埋设了8000多套温度传感器，以实时感知大坝混凝土的温度。在工程建设管理中心的智能控制室，混凝土温度、最近24h的缆机运输强度等数据都能够直观显示。

基于低热水泥材料的成功开发和工程实践的成功应用，加上国内外专家的多次技术研讨，以及智能温控等一系列先进技术和工艺的使用，最终在白鹤滩大坝全坝段使用低热水泥混凝土，实现了无温度裂缝的壮举。

一、水泥的概述

粉末状材料与水混合后，经物理化学作用能由可塑性浆体变成坚硬的石状体，并能将散粒状材料胶结成为整体的良好的矿物胶凝材料。

二、水泥的分类

（1）按化学成分，水泥可分为硅酸盐水泥、硫铝酸盐水泥、铁铝酸盐水泥等系列，其中以硅酸盐系列水泥应用最广。

（2）按其性能和用途不同，水泥又可分为通用水泥、专用水泥和特性水泥三大类。

通用水泥主要有硅酸盐水泥、普通硅酸盐水泥、矿渣硅酸盐水泥、火山灰硅酸盐水泥、粉煤灰硅酸盐水泥、复合水泥等，统称六大水泥。

课件 4.1

视频 4.2

专用水泥指专门用途的水泥，如砌筑水泥、道路水泥、油井水泥、大坝水泥等。

特性水泥主要包括快硬硅酸盐水泥、抗硫酸盐硅酸盐水泥、低热硅酸盐水泥、硅酸盐膨胀水泥、白色硅酸盐水泥、防辐射水泥、耐酸水泥等。

任务一　硅酸盐水泥

一、硅酸盐水泥的定义、类型及代号

凡由硅酸盐水泥熟料掺入 $0\sim5\%$ 石灰石或粒化高炉矿渣、适量石膏磨细制成的水硬性胶凝材料，称为硅酸盐水泥。

混合材料掺量为 0 的是 Ⅰ 型硅酸盐水泥，简称 P·Ⅰ；掺量 $0\sim5\%$ 的是 Ⅱ 型硅酸盐水泥，简称 P·Ⅱ；掺量 $6\%\sim15\%$ 的是普通硅酸盐水泥，简称 P·O，其中，活性混合材料掺量 $\leqslant15\%$，非活性混合材料 $\leqslant10\%$，窑灰 $\leqslant5\%$。

二、硅酸盐水泥的生产与矿物组成

1. 硅酸盐水泥的生产工艺流程

硅酸盐水泥的生产过程可概括为两磨一烧，具体如图 4-1 所示。

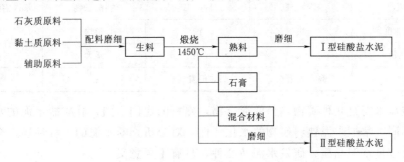

图 4-1　硅酸盐水泥的生产过程示意

2. 硅酸盐水泥熟料的矿物组成

由水泥原料经配比后煅烧得到的块状料即为水泥熟料，是水泥的主要组成部分。水泥熟料的组成成分可分为化学成分和矿物成分两类。

硅酸盐水泥熟料的化学成分主要是氧化钙（CaO）、氧化硅（SiO_2）、氧化铝（Al_2O_3）、氧化铁（Fe_2O_3）四种氧化物，占熟料质量的 94% 左右。其中，CaO 占 $60\%\sim67\%$，SiO_2 占 $20\%\sim24\%$，Al_2O_3 占 $4\%\sim9\%$，Fe_2O_3 占 $2.5\%\sim6\%$。这几种氧化物经过高温煅烧后，反应生成多种具有水硬性的矿物，成为水泥熟料。

硅酸盐水泥熟料的主要矿物成分是硅酸三钙（$3CaO \cdot SiO_2$），简称 C3S，占 $50\%\sim60\%$；硅酸二钙（$2CaO \cdot SiO_2$），简称 C2S，占 $15\%\sim37\%$；铝酸三钙（$3CaO \cdot Al_2O_3$），简称 C3A，占 $7\%\sim15\%$；铁铝酸四钙（$4CaO \cdot Al_2O_3 \cdot Fe_2O_3$），简称 C4AF，占 $10\%\sim18\%$。

三、硅酸盐水泥的水化、凝结及硬化

硅酸盐水泥的凝结硬化是一个复杂的物理、化学过程。

（一）硅酸盐水泥的水化特性及水化生成物

水泥与水发生的化学反应，简称水泥的水化反应。硅酸盐水泥熟料矿物的水化反应如下：

$$2(3CaO \cdot SiO_2) + 6H_2O == 3CaO \cdot 2SiO_2 \cdot 3H_2O + 3Ca(OH)_2 \quad (4-1)$$

$$2(2CaO \cdot SiO_2) + 4H_2O == 3CaO \cdot 2SiO_2 \cdot 3H_2O + Ca(OH)_2 \quad (4-2)$$

$$3CaO \cdot Al_2O_3 + 6H_2O == 3CaO \cdot Al_2O_3 \cdot 6H_2O \quad (4-3)$$

$$4CaO \cdot Al_2O_3 \cdot Fe_2O_3 + 7H_2O == 3CaO \cdot Al_2O_3 \cdot 6H_2O + CaO \cdot Fe_2O_3 \cdot H_2O$$

$$(4-4)$$

从上述反应式可知，硅酸盐水泥熟料的水化产物分别是水化硅酸钙（凝胶体）、氢氧化钙（晶体）、水化铝酸钙（晶体）和水化铁酸钙（凝胶体）。在完全水化的水泥石中，水化硅酸钙约占 50%，氢氧化钙约占 25%。通常认为，水化硅酸钙凝胶体对水泥石的强度和其他性质起着决定性的作用。

四种熟料矿物水化反应时所表现出的水化特性见表 4-1。

表 4-1　　　　　　　　　　　四种熟料矿物的水化特性

名称	硅酸三钙	硅酸二钙	铝酸三钙	铁铝酸四钙
水化速度	快	慢	最快	快
放热量	大	小	最大	中
强度	高，发展快	高，但发展慢	低	低

硅酸盐水泥是几种矿物熟料的混合物，熟料的比例不同，硅酸盐水泥的水化特性也有所不同。掌握水泥熟料矿物的水化特性，对分析判断水泥的工程性质、合理选用水泥以及改良水泥品质、研发水泥新品种，具有重要意义。

由于铝酸三钙的水化反应极快，水泥产生瞬时凝结，为了方便施工，在生产硅酸盐水泥时需掺加适量的石膏，达到调节凝结时间的目的。石膏和铝酸三钙的水化产物水化铝酸钙发生反应，生成水化硫铝酸钙针状晶体（钙矾石），反应式如下：

$$3CaO \cdot Al_2O_3 \cdot 6H_2O + 3(CaSO_4 \cdot 2H_2O) + 19H_2O = 3CaO \cdot Al_2O_3 \cdot 3CaSO_4 \cdot 31H_2O$$

$$(4-5)$$

水化硫铝酸钙难溶于水，生成时附着在水泥颗粒表面，能减缓水泥的水化反应速度。

（二）硅酸盐水泥的凝结与硬化

水泥的凝结指水泥加水后从流动状态到固体状态的变化，即水泥浆失去流动性而具有一定的强度。凝结时间分为"初凝"和"终凝"，它直接影响工程的施工。硬化则是指水泥浆体固化后所建立的网状结构具有一定的机械强度，并不断发展的过程。水泥的水化与凝结硬化是一个连续的过程。水化是凝结硬化的前提，凝结硬化是水化的结果。凝结与硬化是同一过程的不同阶段，但凝结硬化的各阶段是交错进行的，不能截然分开。

关于水泥凝结硬化机理的研究，已经有 100 多年的历史，并有多种理论进行解释，随着现代测试技术的发展应用，其研究还在不断深入。一般认为水泥浆体凝结硬化过程可分为早、中、后三个时期，分别相当于一般水泥在 20℃ 温度环境中水化 3h、20～30h 以及更长时间。

水泥加水后，水泥颗粒迅速分散于水中。在水化早期，大约是加水拌和到初凝时止，水泥颗粒表面迅速发生水化反应，几分钟内即在表面形成凝胶状膜层，并从中析出六方片状的氢氧化钙晶体，大约 1h 即在凝胶膜外及液相中形成粗短的棒状钙矾石晶体。这一阶段，由于晶体太小不足以在颗粒间搭接，使之连接成网状结构，水泥浆既有可塑性又有流动性。

在水化中期，约有 30% 的水泥已经水化，以 C-S-H、CH 和钙矾石的快速形成为特征，由于颗粒间间隙较大，C-S-H 呈长纤维状。此时水泥颗粒被 C-S-H 形成的一层包裹膜完全包住，并不断向外增厚，逐渐在膜内沉积。同时，膜的外侧生长出长针状钙矾石晶体，膜内侧则生成低硫型水化硫铝酸钙，CH 晶体在原先充水的空间形成。这期间膜层和长针状钙矾石晶体长大，将各颗粒连接起来，使水泥凝结。同时，大量形成的 C-S-H 长纤维状晶体和钙矾石晶体一起，使水泥石网状结构不断致密，逐步发挥出强度。

水化后期大约是 1d 以后直到水化结束，水泥水化反应渐趋减缓，各种水化产物逐渐填满原来由水占据的空间，由于颗粒间间隙较小，C-S-H 呈短纤维状。水化产物不断填充水泥石网状结构，使之不断致密，渗透率降低，强度增加。随着水化的进行，凝胶体膜层越来越厚，水泥颗粒内部的水化越来越困难，经过几个月甚至若干年的长时间水化后，多数颗粒仍剩余未水化的内核。所以，硬化后的水泥浆体是由凝胶体、晶体、未水化的水泥颗粒内核、毛细孔及孔隙中的水与空气组成，是固-液-气三相多孔体系，具有一定的机械强度和孔隙率，外观和性能与天然石材相似，因而称之为水泥石。

在水泥石中，水化硅酸钙凝胶是组成的主体，其在不同时期的相对数量变化，影响着水泥石性质的变化。对水泥石的强度、凝结速率、水化热及其他主要性质起支配作用。水泥石中凝胶之间、晶体与凝胶、未水化颗粒与凝胶之间产生黏结力是凝胶体具有强度的实质，至今尚无明确的结论。一般认为范德华力、氢键、离子引力和表面能是产生黏结力的主要原因，也有认为存在化学键力的作用。

水泥熟料矿物的水化是放热反应。水化放热量和放热速率不仅影响水泥的凝结硬化速率，还会由于热量的积蓄产生较大的内外温差，影响结构的稳定性。大体积混凝土工程如大型基础、水库大坝和桥墩等，结构中的水泥水化热不易散发，积蓄在内部，可使内外温差达到 60℃ 以上，引起较大的温度应力，产生温度裂缝，导致结构开裂，甚至引起严重的破坏。所以，大体积混凝土宜采用低热水泥，并采取措施进行降温，以保证结构的稳定和安全。在低温条件和冬季施工中，采用水化热高的水泥，则可促进水泥的水化和凝结硬化，提高早期强度。

（三）影响水泥凝结硬化的主要因素

影响水泥凝结硬化的因素，除水泥熟料矿物成分及其含量外，还与下列因素有关。

1. 细度

水泥的细度并不改变其根本性质，但却直接影响水泥的水化速率、凝结硬化、强度、干缩和水化放热等性质。因为，水泥的水化是从颗粒表面逐步向内部发展的，颗粒越细小其表面积越大，与水的接触面积就越大，水化作用就越迅速越充分，使凝结硬化速率加快早期强度越高。但水泥颗粒过细时，在磨细时消耗的能量和成本会显著提高，且水泥易与空气中的水分和二氧化碳反应，使之不易久存；另外，过细的水泥，达到相同稠度时的用水量增加，硬化时会产生较大的体积收缩，同时水分蒸发产生较多的孔隙，会使水泥石强度下降。因此，水泥的细度要控制在一个合理的范围。

2. 用水量

通常水泥水化时的理论需水量是水泥质量的 23% 左右，但为了使水泥浆体具有一定的流动性和可塑性，实际的加水量远高于理论需水量，如配制混凝土时的水灰比（水与水泥重量之比）一般在 0.4～0.7 之间。不参加水化的"多余"水分，使水泥颗粒间距增大，会延缓水泥浆的凝结时间，并在硬化的水泥石中蒸发形成毛细孔，拌和用水量越多，水泥石中的毛细孔越多，孔隙率就越高，水泥的强度越低，硬化收缩越大，抗渗性、抗侵蚀性能就越差。

3. **温度和湿度**

硅酸盐水泥是水硬性胶凝材料，水化反应是水泥凝结硬化的前提。因此，水泥加水拌和后，必须保持湿润状态，以保证水化进行和获得强度增长。若水分不足，会使水化停止，同时导致较大的早期收缩，甚至使水泥石开裂。提高养护温度，可加速水化反应，提高水泥的早期强度，但后期强度可能会有所下降。原因是在较低温度（20℃以下）下虽水化硬化较慢，但生成的水化产物更加致密，可获得更高的后期强度。当温度低于 0℃ 时，由于水结冰而使水泥水化硬化停止，将影响其结构强度。一般水泥石结构的硬化温度不得低于 −5℃。硅酸盐水泥的水化硬化较快，早期强度高，若采用较高温度养护，反而还会因水化产物生长过快，损坏其早期结构网络，造成强度下降。因此，硅酸盐水泥不宜采用蒸汽养护等湿热方法养护。

课件 4.3

4. **养护时间（龄期）**

水泥的水化硬化是一个长期不断进行的过程。随着养护龄期的延长，水化产物不断积累，水泥石结构趋于致密，强度不断增长。由于熟料矿物中对强度起主导作用的 C3S 早期强度发展快，硅酸盐水泥强度在 3～14d 内增长较快，28d 后增长变慢，长期强度还有增长。

四、硅酸盐水泥的技术性质

《通用硅酸盐水泥》（GB 175—2020）对硅酸盐水泥的主要技术性质要求如下。

1. 细度

视频 4.4

细度是指水泥颗粒粗细的程度。它是影响水泥需水量、凝结时间、强度和安定性能的重要指标。水泥颗粒越细，水化活性越高，则与水反应的表面积越大，因而水化反应的速度越快；水泥石的早期强度越高，则硬化体的收缩也越大，所以水泥在储运过程中易受潮而降低活性。因此，水泥细度应适当，根据 GB 175—2020 规定，硅酸盐水泥的细度用透气式比表面仪测定，要求其比表面积应不低于 $300m^2/kg$、但不大于 400m²/kg。其他水泥的细度一般用筛余量表示。筛余量是一定质量的水泥在 45μm 方孔标准筛筛分后残留于筛上部分的质量占原质量的百分数。

2. 氧化镁、三氧化硫、碱及不溶物含量

水泥中氧化镁（MgO）含量不得超过 5.0%，如果水泥经蒸压安定性试验合格，则氧化镁含量允许放宽到 6.0%。三氧化硫（SO₃）含量不得超过 3.5%。

水泥中碱含量按 $Na_2O+0.658K_2O$ 计算值来表示。水泥中碱含量过高，则在混凝土中遇到活性骨料时，易产生碱-骨料反应，对工程造成危害。若使用活性骨料，用户要求提供低碱水泥时，水泥中碱含量不得大于 0.6% 或由供需双方商定。不溶物的含量，在Ⅰ型硅酸盐水泥中不得超过 0.75%，在Ⅱ型硅酸盐水泥中不得超过 1.5%。

3. 烧失量

烧失量指水泥在一定灼烧温度和时间内，烧失的质量占原质量的百分数。Ⅰ型硅酸盐水泥的烧失量不得大于 3.0%，Ⅱ型硅酸盐水泥的烧失量不得大于 3.5%。

4. 标准稠度及其用水量

在测定水泥凝结时间、体积安定性等性能时，为使所测结果有准确的可比性，规定在试验时所使用的水泥净浆必须以标准方法［按《水泥标准稠度用水量、凝结时间、安定性检验方法》（GB/T 1346—2011）规定］测试，并达到统一规定的浆体可塑性程度（即标准稠度）。

水泥净浆标准稠度需水量，是指拌制水泥净浆时为达到标准稠度所需的加水量。它以水与水泥质量之比的百分数表示。硅酸盐水泥的标准稠度用水量一般为 21%～28%。

5. 凝结时间

水泥的凝结时间分初凝时间和终凝时间。初凝时间是从水泥加水拌和起至水泥浆开始失去可塑性所需的时间；终凝时间是从水泥加水拌和起至水泥浆完全失去可塑性并开始产生强度所需的时间。水泥的凝结时间在施工中具有重要意义。为了保证有足够的时间在初凝之前完成混凝土的搅拌、运输和浇捣及砂浆的粉刷、砌筑等施工工序，初凝时间不宜过短；为使混凝土、砂浆能尽快地硬化达到一定的强度，以利于下道工序及早进行，终凝时间也不宜过长。

根据《通用硅酸盐水泥》（GB 175—2023），六大常用水泥的初凝时间均不得短于 45min，硅酸盐水泥的终凝时间不得长于 6.5h，其他五类常用水泥的终凝时间不得长于 10h。

水泥的凝结时间对施工有重大意义。水泥的初凝不宜过早，以便在施工时有足够的时间完成混凝土或砂浆的搅拌、运输、浇捣和砌筑等操作；水泥的终凝不宜过迟，以免拖延施工工期。

6. 体积安定性

水泥的体积安定性是指水泥在凝结硬化过程中，体积变化的均匀性。如果水泥硬化后产生不均匀的体积变化，即所谓体积安定性不良，就会使混凝土构件产生膨胀性裂缝，降低建筑工程质量，甚至引起严重事故。因此，施工中必须使用安定性合格的水泥。

引起水泥体积安定性不良的原因有：水泥熟料矿物组成中游离氧化钙或氧化镁过

课件 4.5

视频 4.6

多，或者水泥粉磨时石膏掺量过多。水泥熟料中所含的游离氧化钙或氧化镁都是过烧的，熟化很慢，在水泥已经硬化后还在慢慢水化并产生体积膨胀，引起不均匀的体积变化，导致水泥石开裂。石膏掺量过多时，水泥硬化后过量的石膏还会继续与已固化的水化铝酸钙作用，生成高硫型水化硫铝酸钙（俗称钙矾石），体积约增大 1.5 倍，引起水泥石开裂。

根据《通用硅酸盐水泥》（GB 175—2023），游离氧化钙对水泥体积安定性的影响用煮沸法来检验，测试方法可采用试饼法或雷氏法。由于游离氧化镁及过量石膏对水泥体积安定性的影响不便于检验，故标准对水泥中的氧化镁和三氧化硫含量分别做了限制。

7. 水泥的强度与强度等级

水泥的强度是评价和选用水泥的重要技术指标，也是划分水泥强度等级的重要依据。水泥的强度除受水泥熟料的矿物组成、混合料的掺量、石膏掺量、细度、龄期和养护条件等因素影响外，还与试验方法有关。《通用硅酸盐水泥》（GB 175—2023）规定，采用胶砂法来测定水泥的 3d 和 28d 抗压强度和抗折强度，根据测定结果来确定该水泥的强度等级。不同品种不同强度等级的通用硅酸盐水泥，其不同龄期的强度应符合表 4-2 的规定。

表 4-2 水 泥 强 度 等 级

品 种	强度等级	抗压强度/MPa		抗折强度/MPa	
		3d	28d	3d	28d
硅酸盐水泥	42.5	≥17.0	≥42.5	≥3.5	≥6.5
	42.5R	≥22.0		≥4.0	
	52.5	≥23.0	≥52.5	≥4.0	≥7.0
	52.5R	≥27.0		≥5.0	
	62.5	≥28.0	≥62.5	≥5.0	≥8.0
	62.5R	≥32.0		≥5.5	
普通硅酸盐水泥	42.5	≥17.0	≥42.5	≥3.5	≥6.5
	42.5R	≥22.0		≥4.0	
	52.5	≥23.0	≥52.5	≥4.0	≥7.0
	52.5R	≥27.0		≥5.0	

8. 水化热

水化热是指水泥和水之间发生化学反应放出的热量，通常以 J/kg 表示。

水泥水化放出的热量以及放热速度，主要取决于水泥的矿物组成和细度。熟料矿物中铝酸三钙和硅酸三钙的含量越高，颗粒越细，则水化热越大，这对一般建筑的冬季施工是有利的，但对于大体积混凝土工程是有害的。为了避免由于温度应力引起水泥石的开裂，在大体积混凝土工程施工中，不宜采用硅酸盐水泥，而应采用水化热低的水泥，如中热水泥、低热矿渣水泥等。水化热的数值可根据《通用硅酸盐水泥》（GB 175—2023）规定的方法测定。

课件 4.7

视频 4.8

五、水泥石的侵蚀与防止

通常情况下，硬化后的硅酸盐水泥具有较强的耐久性。但在某些含侵蚀性物质（酸、强碱、盐类）的介质中，由于水泥石结构存在开口孔隙，有害介质浸入水泥石内部，水泥石中的水化产物与介质中的侵蚀性物质发生物理、化学作用，反应生成物或易溶解于水，或松软无胶结力，或产生有害的体积膨胀，这些都会使水泥石结构产生侵蚀性破坏。几种主要的侵蚀作用如下。

（一）溶出性侵蚀（软水侵蚀）

水泥石长期处于软水中，氢氧化钙易被水溶解，使水泥石中的石灰浓度逐渐降低，当其浓度低于其他水化产物赖以稳定存在的极限浓度时，其他水化产物（如水化硅酸钙、水化铝酸钙等）也将被溶解。在流动及有压水的作用下，溶解物不断被水流带走，水泥石结构遭到破坏。

（二）酸类侵蚀

1. 碳酸侵蚀

某些工业污水及地下水中常含有较多的二氧化碳。二氧化碳与水泥石中的氢氧化钙反应生成碳酸钙，碳酸钙与二氧化碳反应生成碳酸氢钙。反应式如下：

$$Ca(OH)_2 + CO_2 + H_2O \Longrightarrow CaCO_3 + 2H_2O \qquad (4-6)$$

$$CaCO_3 + CO_2 + H_2O \Longrightarrow Ca(HCO_3)_2 \qquad (4-7)$$

由于碳酸氢钙易溶于水，若被流动的水带走，化学平衡遭到破坏，反应不断向右边进行，则水泥石中的石灰浓度不断降低，水泥石结构逐渐破坏。

2. 一般酸性侵蚀

某些工业废水或地下水中常含有游离的酸类物质，当水泥石长期与这些酸类物质接触时，产生的化学反应如下：

$$2HCl + Ca(OH)_2 \Longrightarrow CaCl_2 + 2H_2O \qquad (4-8)$$

$$H_2SO_4 + Ca(OH)_2 \Longrightarrow CaSO_4 \cdot 2H_2O \qquad (4-9)$$

生成的氯化钙易溶解于水，被水带走后，降低了水泥石的石灰浓度；二水石膏在水泥石孔隙中结晶膨胀，使水泥石结构开裂。

（三）盐类侵蚀

1. 硫酸盐侵蚀

在海水、盐沼水、地下水及某些工业废水中常含有硫酸钠、硫酸钙、硫酸镁等硫酸盐，硫酸盐与水泥石中的氢氧化钙发生反应，均能生成石膏。石膏与水泥石的水化铝酸钙反应，生成水化硫铝酸钙。石膏和水化硫铝酸钙在水泥石孔隙中产生结晶膨胀，使水泥石结构破坏。

2. 镁盐侵蚀

在海水及某些地下水中常含有大量的镁盐，水泥石长期处于这种环境中，发生如下反应：

$$MgSO_4 + Ca(OH)_2 + 2H_2O \Longrightarrow CaSO_4 \cdot 2H_2O + Mg(OH)_2 \qquad (4-10)$$

$$MgCl_2 + Ca(OH)_2 \Longrightarrow CaCl_2 + Mg(OH)_2 \qquad (4-11)$$

生成的氯化钙易溶解于水，氢氧化镁松软无胶结力，石膏产生有害性膨胀，均能造成水泥石结构的破坏。

（四）侵蚀的防止

根据水泥石侵蚀的原因及侵蚀的类型，工程中可采取下列防止侵蚀的措施：

（1）根据环境介质的侵蚀特性，合理选择水泥品种。如掺混合材料的硅酸盐水泥具有较强的抗溶出性侵蚀能力，抗硫酸盐硅酸盐水泥抵抗硫酸盐侵蚀的能力较强。

（2）提高水泥石的密实度。通过合理的材料配比设计，提高施工质量，均可以获得均匀密实的水泥石结构，避免或减缓水泥石的侵蚀。

（3）设置保护层。必要时可在建筑物表面设置保护层，隔绝侵蚀性介质，保护原有建筑结构，使之不遭受侵蚀。如设置沥青防水层、不透水的水泥砂浆层及塑料薄膜防水层等，均能起到保护作用。

【案例分析 4-1】

水泥水化热对大体积混凝土早期开裂的影响

现象：重庆市某水利工程在冬季拦河大坝大体积混凝土浇筑完毕后，施工单位根据外界气候变化情况立即做好了混凝土的保温保湿养护，但事后在混凝土表面仍然出现了早期开裂现象。

原因分析：大体积混凝土早期温度开裂主要由水泥早期水化放热、外界气候变化、施工及养护条件等因素决定，其中水泥早期水化放热对大体积混凝土早期温度开裂影响最突出。由于混凝土是热的不良导体，水泥水化（水泥和水之间发生的化学反应）过程中释放出来的热量短时间内不容易散发，特别是在冬季施工的大体积混凝土，混凝土外（室外）温度很低，当水泥水化产生大量水化热时，混凝土内外产生很大温差，导致混凝土内部存在温度梯度，从而加剧了表层混凝土内部所受的拉应力作用，导致混凝土出现早期开裂现象。

任务二　掺混合材料的硅酸盐水泥

一、混合材料

课件 4.9

视频 4.10

在磨制水泥时加入的天然或人工矿物材料称为混合材料。混合材料的加入可以改善水泥的某些性能，拓宽水泥强度等级，扩大应用范围，并能降低水泥生产成本；掺加工业废料作为混合材料，能有效减少污染，有利于环境保护和可持续发展。水泥混合材料包括非活性混合材料、活性混合材料和窑灰，其中活性混合材料的应用量最大。为确保工程质量，凡国家标准中没有规定的混合材料品种，严格禁止使用。

（一）非活性混合材料

在常温下，加水拌和后不能与水泥、石灰或石膏发生化学反应的混合材料称为非活性混合材料，又称填充性混合材料。非活性混合材料加入水泥中的作用是提高水泥产量，降低生产成本，降低强度等级，减少水化热，改善耐腐蚀性和和易性等。这类材料有磨细的石灰石、石英砂、慢冷矿渣、黏土和各种符合要求的工业废渣等。由于非活性混合材料加入会降低水泥强度，其加入量一般较少。

（二）活性混合材料

在常温下，加水拌和后能与水泥、石灰或石膏发生化学反应，生成具有一定水硬性的胶凝产物的混合材料称为活性混合材料。活性混合材料的加入可起到同非活性混合材料相同的作用。因活性混合材料的掺加量较大，改善水泥性质的作用更加显著，而且当其活性激发后可使水泥后期强度大大提高，甚至赶上同等级的硅酸盐水泥。常用的活性混合材料有粒化高炉矿渣、火山灰质混合材料和粉煤灰等。

1. 粒化高炉矿渣

粒化高炉矿渣是高炉冶炼生铁所得，以硅酸钙与铝硅酸钙等为主要成分的熔融物，经淬冷成粒后的产品，其化学成分主要为 CaO、Al_2O_3、SiO_2，通常占总量的 90% 以上，此外尚有少量的 MgO、FeO 和一些硫化物等。粒化高炉矿渣的活性，不仅取决于化学成分，而且在很大程度上取决于内部结构，矿渣熔体在淬冷成粒时，阻止了熔体向结晶结构转变，而形成玻璃体，因此具有潜在水硬性，即粒化高炉矿渣在有少量激发剂的情况下，其浆体具有水硬性。

2. 火山灰质混合材料

天然火山灰材料是火山喷发时形成的一系列矿物，如火山灰、凝灰岩、浮石、沸石和硅藻土等；人工火山灰是与天然火山灰成分和性质相似的人造矿物或工业废渣，如烧黏土、粉煤灰、煤矸石渣和煤渣等。火山灰的主要活性成分是活性 SiO_2 和活性 Al_2O_3，在激发剂作用下，可发挥出水硬性。

3. 粉煤灰

粉煤灰是从电厂煤粉炉烟道气体中收集的粉末，以 SiO_2 和 Al_2O_3 为主要化学成分，含少量 CaO，具有火山灰性。按煤种分为 F 类和 C 类，可以袋装和散装，袋装每袋净含量为 25kg 或 40kg，包装袋上应标明产品名称（F 类或 C 类）、等级、分选或磨细、净含量、批号、执行标准等。

二、掺混合材料的硅酸盐水泥

1. 普通硅酸盐水泥

GB 175—2023 规定，凡是由普通硅酸盐水泥熟料掺入 6%～15% 混合材料、适量石膏，经磨细制成的水硬性胶凝材料，称普通硅酸盐水泥（简称普通水泥），代号为 P·O。掺活性混合材料的掺加量为大于 5% 且不大于 20% 时，其中允许用不超过水泥质量 8% 的非活性混合材料或不超过水泥质量 5% 的窑灰代替。

根据 GB 175—2023 的规定，普通水泥分 42.5、42.5R、52.5、52.5R 四个强度等级。各龄期的强度要求中，初凝时间不得早于 45min，终凝时间不得迟于 10h。在 $80\mu m$ 方孔筛上的筛余量不得超过 10.0%。普通水泥的烧失量不得大于 5.0%，其他如氧化镁、三氧化硫、碱含量等均与硅酸盐水泥的规定相同。安定性用沸煮法检验必须合格。由于混合材料掺量少，因此其性能与同强度等级的硅酸盐水泥相近。这种水泥被广泛用于各种混凝土或钢筋混凝土工程，是我国主要的水泥品种之一。

2. 矿渣硅酸盐水泥

GB 175—2023 规定，凡是由硅酸盐水泥熟料和粒化高炉矿渣、适量石膏，经磨细制成的水硬性胶凝材料，称矿渣硅酸盐水泥（简称矿渣水泥），其代号为 P·S。水泥中粒化高炉矿渣掺加量按质量百分比计为 >20% 且 ≤70%，并分为 A 型和 B 型。A 型矿渣掺量 >20% 且 ≤50%，代号为 P·S·A；B 型矿渣掺量 >5% 且 ≤

70％，代号为 P·S·B。允许用石灰石、窑灰、粉煤灰和火山灰质混合材料中的一种代替矿渣，代替数量不得超过水泥质量的 8％，而替代后的水泥中粒化高炉矿渣不得少于 20％。

3. 火山灰质硅酸盐水泥

GB 175—2023 规定，凡是由硅酸盐水泥熟料和火山灰质混合材料、适量石膏，经磨细制成的水硬性胶凝材料，称火山灰质硅酸盐水泥（简称火山灰水泥），其代号为 P·P。水泥中火山灰质混合材料掺加量按质量百分比计为＞20％且≤40％。

4. 粉煤灰硅酸盐水泥

GB 175—2023 规定，凡是由硅酸盐水泥熟料和粉煤灰、适量石膏，经磨细制成的水硬性胶凝材料，称粉煤灰硅酸盐水泥（简称粉煤灰水泥），其代号为 P·F。水泥中粉煤灰掺加量按质量百分比计为 20％～40％。

矿渣水泥、火山灰水泥、粉煤灰水泥分为 32.5、32.5R、42.5、42.5R、52.5、52.5R 六个强度等级。各强度等级水泥的各龄期强度不得低于表 4 - 2 中的数值。

5. 复合硅酸盐水泥

GB 175—2023 规定，凡是由硅酸盐水泥熟料和三种或三种以上规定的混合材料、适量石膏，经磨细制成的水硬性胶凝材料，称复合硅酸盐水泥（简称复合水泥），代号为 P·C。水泥中混合材料总掺量，按质量百分比计应＞20％且≤50％，允许不超过 8％的窑灰代替部分混合材料。掺矿渣时，混合材料掺量不得与矿渣水泥重复。复合水泥熟料中氧化镁的含量不得超过 5.0％，如蒸压安定性合格，则含量允许放宽到 6.0％。水泥中三氧化硫含量不得超过 3.5％。水泥细度以 80μm 方孔筛筛余量不得超过 10％。初凝时间不得早于 45min，终凝时间不得迟于 10h。安定性用沸煮法检验必须合格。

三、通用硅酸盐水泥的性能特点及应用

通用硅酸盐水泥是土建工程中用途最广、用量最大的水泥品种，其性能特点及应用见表 4 - 3。

表 4 - 3　　　　　　　　　　通用硅酸盐水泥的特性及适用范围

特性及适用范围		硅酸盐水泥	普通硅酸盐水泥	矿渣硅酸盐水泥	火山灰质硅酸盐水泥	粉煤灰硅酸盐水泥
特性	硬化	快	较快	慢	慢	慢
	早期强度	高	较高	低	低	低
	水化热	高	高	低	低	低
	抗冻性	好	较好	差	差	差
	耐热性	差	较差	好	较差	较差
	干缩性	较小	较小	较大	较大	较小
	抗渗性	较好	较好	差	较好	较好
	耐蚀性	差	较差	好	好	好

续表

特性及适用范围	硅酸盐水泥	普通硅酸盐水泥	矿渣硅酸盐水泥	火山灰质硅酸盐水泥	粉煤灰硅酸盐水泥
适用范围	1. 制造地上、地下及水中的混凝土、钢筋混凝土及预应力钢筋混凝土结构，包括受冻融循环的结构及早期强度要求较高的工程 2. 配制建筑砂浆	1. 制造地上、地下及水中的混凝土、钢筋混凝土及预应力钢筋混凝土结构，包括受冻融循环的结构及早期强度要求较高的工程 2. 配制建筑砂浆	1. 大体积工程 2. 高温车间和有耐热耐火要求的混凝土结构 3. 蒸汽养护的构件 4. 一般地上、地下和水中的钢筋混凝土结构 5. 有抗硫酸盐侵蚀要求的工程 6. 配制建筑砂浆	1. 地下、水中和大体积混凝土结构 2. 有抗渗要求的工程 3. 蒸汽养护的构件 4. 有抗硫酸盐侵蚀要求的工程 5. 一般混凝土及钢筋混凝土工程 6. 配制建筑砂浆	1. 地上、地下、水中和大体积混凝土工程 2. 蒸汽养护的构件 3. 抗裂性要求较高的构件 4. 有抗硫酸盐侵蚀要求的工程 5. 一般混凝土工程 6. 配制建筑砂浆
不适用工程	1. 大体积混凝土工程 2. 受化学及海水侵蚀的工程 3. 耐热要求高的工程 4. 有流动水及压力水作用的工程	1. 大体积混凝土工程 2. 受化学及海水侵蚀的工程 3. 耐热要求高的工程 4. 有流动水及压力水作用的工程	1. 早期强度要求较高的混凝土工程 2. 有抗冻要求的混凝土工程	1. 早期强度要求较高的混凝土工程 2. 有抗冻要求的混凝土工程 3. 干燥环境的混凝土工程 4. 有耐磨性要求的工程	1. 早期强度要求较高的混凝土工程 2. 有抗冻要求的混凝土工程 3. 有抗碳化要求的工程

任务三 其他种类的水泥

在我国建筑中，除使用上述六种通用水泥外，也常使用中、低热水泥。在某些特殊情况下，还需使用抗硫酸盐硅酸盐水泥、快硬硅酸盐水泥、高铝水泥和膨胀水泥等。近年来，许多建筑成为旅游热点，白色水泥和彩色水泥的应用也越来越多。

一、砌筑水泥

目前，我国建筑尤其住宅建筑中，砌筑砂浆成为需要量很大的建筑材料。

通常，在施工配制砌筑砂浆时，会采用最低强度即 32.5 级或 42.5 级的通用水泥，而常用砂浆的强度仅为 2.5MPa、5.0MPa，水泥强度与砂浆强度的比值大大超过了 4～5 倍的经济比例，为了满足砂浆和易性的要求，又需要用较多的水泥，造成砌筑砂浆强度等级超高，形成较大浪费。因此，生产专为砌筑用的低强度水泥非常必要。

《砌筑水泥》（GB/T 3183—2017）规定，凡由一种或一种以上的水泥混合材料，加入适量硅酸盐水泥熟料和石膏，经磨细制成的工作性能较好的水硬性胶凝材料，称为砌筑水泥，代号 M。

砌筑水泥用混合材料可采用矿渣、粉煤灰、煤矸石、沸腾炉渣和沸石等，掺加量

课件 4.11

视频 4.12

应大于 50%，允许掺入适量石灰石或窑灰。凝结时间要求初凝不早于 60min，终凝不迟于 12h；按砂浆吸水后保留的水分计，保水率应不低于 80%。

砌筑水泥适用于砌筑砂浆、内墙抹面砂浆及基础垫层；允许用于生产砌块及瓦等制品。砌筑水泥一般不得用于配制混凝土，通过试验，允许用于低强度等级混凝土，但不得用于钢筋混凝土等承重结构。

二、中热硅酸盐水泥、低热矿渣硅酸盐水泥

拦河大坝等大体积混凝土工程、水化热要求较低的混凝土工程上使用的水泥品种一般有中、低热水泥等。

（1）中热硅酸盐水泥是以适当成分的硅酸盐水泥熟料，加入适量石膏，磨细制成的具有中等水化热的水硬性胶凝材料，简称中热水泥。

（2）低热矿渣硅酸盐水泥是以适当成分的硅酸盐水泥熟料，加入矿渣、适量石膏，磨细制成的具有低水化热的水硬性胶凝材料，简称低热矿渣水泥。

中热水泥与硅酸盐水泥的性能相似，只是水化热较低，抗溶出性侵蚀及抗硫酸盐侵蚀的能力稍强，适用于大坝溢流面层或水位变化区的面层等要求水化热较低、抗冻性及抗冲磨性较高的部位。低热矿渣水泥与矿渣硅酸盐水泥的性能相似，只是水化热更低，抗冻性及抗冲磨性较差，适用于大坝或其他大体积混凝土建筑物的内部及水下等要求水化热较低的部位。

三、抗硫酸盐硅酸盐水泥

凡以适当成分的生料烧至部分熔融，所得的以硅酸钙为主的特定矿物组成的熟料，加入适量石膏，磨细制成的具有一定抗硫酸盐侵蚀性能的水硬性胶凝材料，称为抗硫酸盐硅酸盐水泥，简称抗硫酸盐水泥。

抗硫酸盐水泥除了具有较强的抗腐蚀能力外，还具有较高的抗冻性，主要适用于受硫酸盐腐蚀、冻融循环及干湿交替作用的海港、水利、地下、隧涵、道路和桥梁基础等工程。

四、快硬硅酸盐水泥

凡以硅酸盐水泥熟料和适量石膏磨细制成的，以 3d 抗压强度表示强度等级的水硬性胶凝材料，称为快硬硅酸盐水泥，简称快硬水泥。快硬水泥的强度等级按 3d 抗压强度划分为 32.5、37.5、42.5 三个强度等级。

快硬水泥主要用于抢修工程、军事工程、预应力钢筋混凝土构件制造等，适用于配制干硬混凝土，水灰比可控制在 0.40 以下；无收缩快硬水泥主要用于装配式框架节点的后浇混凝土和各种现浇混凝土工程的接缝工程、机器设备安装的灌浆等要求快硬、高强和无收缩的混凝土工程。由于快硬水泥的水化热比普通水泥大，因此不适宜用于大体积混凝土工程。

五、道路硅酸盐水泥

根据《道路硅酸盐水泥》（GB/T 13693—2017）的规定，由道路硅酸盐水泥熟料，适量石膏，可加入标准规定的混合材料，磨细制成的水硬性胶凝材料，称为道路硅酸盐水泥（简称道路水泥），代号 P·R。

对道路水泥的性能要求是耐磨性好、收缩小、抗冻性好、抗冲击性好，有高的抗

折强度和良好的耐久性。道路水泥的上述特性，主要依靠改变水泥熟料的矿物组成、粉磨细度、石膏加入量及外加剂来达到。一般是适当提高熟料中 C3S 和 C4AF 含量，限制 C3A 和游离氧化钙的含量。C4AF 的脆性小，抗冲击性强，体积收缩最小，提高 C4AF 的含量，可以提高水泥的抗折强度及耐磨性。水泥的粉磨细度增加，虽可提高强度，但水泥的细度增加，收缩增加很快，从而易产生微细裂缝，使道路易于破坏。研究表明，当细度从 $2720cm^2/g$ 增至 $3250cm^2/g$ 时，收缩增加不大，因此，生产道路水泥时，水泥的比表面积一般可控制在 $3000\sim3200cm^2/g$，0.08mm 方孔筛筛余宜控制在 5%～10%。适当提高水泥中的石膏加入量，可提高水泥的强度和降低收缩，对制造道路水泥是有利的。另外，为了提高道路混凝土的耐磨性，可加入 5% 以下的石英砂。

道路水泥可以较好地承受高速车辆的车轮摩擦、循环负荷、冲击和震荡、货物起卸时的骤然负荷，较好地抵抗路面与路基的温差和干湿度差产生的膨胀应力，抵抗冬季的冻融循环。使用道路水泥铺筑路面，可减少路面裂缝和磨耗，减小维修量，延长使用寿命。

道路水泥主要用于道路路面、机场跑道路面和城市广场等工程。

六、膨胀水泥

凡以硅酸盐水泥熟料、天然明矾石、石膏和粒化高炉矿渣（或粉煤灰），按适当比例磨细制成的具有膨胀性能的水硬性胶凝材料，称为明矾石膨胀水泥。

明矾石膨胀水泥适用于防水层、防渗混凝土工程或防渗抹面，填灌预留孔洞，预制混凝土构件的接缝，结构的加固与修补，制造高压钢筋混凝土管及自应力钢筋混凝土构件等。

七、白色硅酸盐水泥和彩色硅酸盐水泥

以适当成分的水泥生料烧至部分熔融，所得以硅酸钙为主要成分、氧化铁含量很少的白色硅酸盐水泥熟料，再加入适量石膏，磨细制成的水硬性胶凝材料称为白色硅酸盐水泥，简称白水泥。

彩色硅酸盐水泥（简称彩色水泥）根据其着色方法的不同，有两种生产方式，即染色法和直接烧成法。染色法是将硅酸盐水泥熟料（白水泥熟料或普通水泥熟料）、适量石膏和碱性颜料共同磨细而制得彩色水泥；直接烧成法是在水泥生料中加入着色原料而直接煅烧成彩色水泥熟料，再加入适量石膏共同磨细制成彩色水泥。

白水泥和彩色水泥可以配制彩色水泥浆，用作建筑物内、外墙粉刷及天棚、柱子的装饰粉刷；配制各种彩色砂浆用于装饰抹灰；配制白水泥混凝土或彩色水泥混凝土，克服普通水泥混凝土颜色灰暗、单调的缺点；制造各种色彩的水刷石、人造大理石及水磨石等制品。

任务四　水泥的验收、储存与保管

水泥可以袋装或散装。袋装水泥每袋净含量 50kg，且不得少于标志质量的 99%，随机抽取 20 袋总质量不得少于 1000kg。水泥袋上应标明产品名称、代号、净含量、

强度等级、生产许可证编号、生产者名称和地址、出厂编号、执行标准号及包装年、月、日。散装水泥交货时也应提交与袋装水泥标志相同内容的卡片。

水泥出厂前，生产厂家应按国家标准规定的取样规则和检验方法对水泥进行检验，并向用户提供试验报告。试验报告内容应包括国家标准规定的各项技术要求及其试验结果。

交货时水泥的质量验收可抽取实物试样以其检验结果为依据，也可以水泥厂同编号水泥的检验报告为依据。采用前者验收方法，当买方检验认为产品质量不符合国家标准要求，而卖方又有异议时，则双方应将卖方保存的另一份试样送省级或省级以上国家认可的水泥质量监督检验机构进行仲裁检验；采用后者验收方法时，异议期为三个月。

水泥在运输与储存时，不得受潮和混入杂物，不同品种和强度等级（或标号）的水泥应分别储运，不得混杂。

水泥存放过久，强度会有所降低，因此国家标准规定：水泥出厂超过三个月（快硬水泥超过一个月）时，应对水泥进行复验，并按其实测强度结果使用。

【应用案例与发展动态】

生态水泥的研究进展（摘选）[❶]

1. 引言

水泥是最主要的一种建筑材料，随着我国房地产行业的迅速发展，我国的水泥产量也飞速提高，在 2006 年达到 12 亿 t，约占世界的 44%。传统的水泥是一个能耗高、原料消耗大、污染大的产业，例如，生产 1t 水泥消耗 1.2t 石灰石、169kg 左右标准煤，排放 1t CO_2、2kg SO_2、4kg NO_x，1t 水泥需要综合耗电 100kW·h、360MJ，还要向大气排放大量粉尘和烟尘。

面对这种情况，生态水泥（ecocement）应运而生，在发达国家得到了相当广泛的应用，我国在这方面也开始起步。狭义的生态水泥是指利用城市垃圾废弃物焚烧灰和下水道污泥为主要原料生产的新型水泥。广义的生态水泥定义则是指相对于传统水泥，其生产过程能耗减少、废气和粉尘排放减少、节约黏土和石灰石等原料、利用城市垃圾或者工业废料生产的水泥。

2. 节约原料

煤矸石是在成煤过程中与煤层伴生、在采煤和洗煤过程中被废弃的一种含碳量低、质地坚硬的岩石。每开采 1t 原煤将产生 150～250kg 煤矸石，煤炭是我国的主要能源，其产量逐年增长，2002 年我国原煤产量已达 13.8 亿 t，煤矸石排放量按当年煤产量的 10%～15% 计算，每年将新增煤矸石 1.5 亿～2 亿 t。大量煤矸石简单堆放或任意排放状态，不但侵占了大量农田，而且煤矸石在自然堆放中会发生自燃，将释放出 SO_2、H_2S 和 NO_x 等有害气体，造成酸雨危害；而且煤矸石经雨水淋溶冲刷，还可能产生酸性水或溶出重金属离子污染水质，构成了对生态和环境的双重破坏，阻碍了社会的可持续发展。

---

❶ 摘自：方培育. 生态水泥的研究进展 [J]. 科技信息（学术版），2008（15）：421.

在水泥工业中，根据煤矸石的化学组成和矿物组成，可以用煤矸石代替部分黏土，可以通过熟料设计保证水泥的矿物组成。据统计，煤矸石含碳量一般在20％以下，发热量在800～1500cal/g（3.35～6.28kJ）波动。通常，用于水泥生产中的煤粉的发热量为4000～7000cal/g（16.75～29.30kJ）。所以煤矸石燃烧还可以利用其中的热能，减少煤粉的使用量，节约能源。

煤矸石还可以调节硅氧率，增加水泥的易烧性，降低烧结温度，进一步节约能源。由于黏土中一般含有10％～30％的砂石，砂石中的SiO_2多以结晶状态存在，结构较稳定，Si—O—Si键之间键能较大，不易被破坏，因而不易与CaO化合，造成游离CaO偏高，熟料标号偏低。而煤矸石中SiO_2以非结晶状态存在，采用煤矸石代替黏土配料，减少了生料中结晶SiO_2的含量，较容易同CaO结合，从而使硅氧率降低、生料易烧性得到改善。

高活性的稻壳灰加入水泥中能够提高水泥性能，在相应的条件下也就减少了水泥的使用量。采用一种"两段煅烧法"可以稳定地实现半工业化生产SiO_2含量大于90％，且产品主要为非晶态的白色多孔状稻壳灰，其火山灰活性很高。在水泥中掺入不同比例的稻壳灰，可以大幅度地提高水泥胶砂强度，而且水胶比越大，强度提高率越大。

3. 节约能源

水泥回转窑可以用来处理一些有毒、有害的无机和有机废料。例如，其他工业部门难以处理的多氯联苯类物质则可以在水泥回转窑中作为燃料分解，废渣可以制造水泥，不存在二次污染且不需要特殊处理废气，同时额外消耗的能源很少，还可以利用其中的热能，比使用垃圾焚烧炉更有现实意义。

在水泥的"两磨一烧"生产中，煅烧和球磨需要消耗大量的能量，而国家863项目"碱激发碳酸盐-矿渣非煅烧复合胶凝材料的研究"，利用大量的废弃物以及工业副产物生产环境友好型材料，有效减少了能源、资源消耗和废物排放量。化学组成为w（CaO）<45％和6％<w（MgO）<20％的碳酸盐矿，不能应用于水泥工业和冶金工业，是一种废弃的天然资源。这种碳酸盐矿经机械力活化后在常温下与一定状态下的水玻璃作用，所制得的胶凝材料的强度低、强度发展缓慢，20℃时其28d胶砂抗压强度仅为1～3MPa，只适合用作灌浆材料，而不能应用于强度要求较高的场合。

4. 减少污染

我国的固体废弃物数量巨大，其一般的处理方式是填埋，但是容易污染地下水，并且占据大量的土地。还有一种处理方法是污泥和生活垃圾混合堆肥，但是由于其中含有重金属离子，限制了废料的使用范围。目前比较流行的是焚烧处理，固体废弃物在垃圾焚烧炉中经过高温燃烧分解，但是容易产生含氯废气、SO_2、NO_x等有毒气体，而且垃圾焚烧灰会出现重金属离子溶出，污染水体和土壤。但若改用水泥回转窑来焚烧处理固体废弃物，不但回转窑中温度高，燃烧稳定，而且还具有很多其他优点：其一，焚烧温度（气体温度为1750℃，物料温度为1450℃）比垃圾焚烧炉（气体温度为1200℃，物料温度为800℃）更高，使有机体破坏的更彻底，有些物质在中温条件下燃烧会产生剧毒的二噁英，而在水泥回转窑内的高温条件下焚烧就能避免产生，至于有些废物，如制药厂废料等则只有经过水泥回转窑的高温煅烧，其有害物质才能消除，而且气体和物料在水泥回转窑内的停留时间更长，同时其中强烈的高温气体湍流会使废弃物焚烧更彻底；其二，在环保方面，水泥窑内为负压，有毒有害气体不会逸出，不但除尘效率更高，而且会大大降低对大气环境的污染；其三，水泥煅烧是在碱性条件下进行的，有毒有害的氯、硫、氟等在窑内被碱性物质吸收，变成无毒的氯化钙、硫酸钙、氟化钙，便于废气的净化处理，而且焚烧废物的残渣的化学组成和黏土差不多，所以进入水泥熟料以后，对水泥质量一般无不良影响，做到了彻底焚烧而无二次污染；其四，水泥窑还可以将绝大部分有毒的重金属离子固定在水泥熟料中，避免它们对地下水的再污染。目前在世界上许多国家，水泥窑已成为处理固体废弃物的设备装置。

任务五 水泥试验

一、水泥试验的一般规定

（一）取样方法

以同一水泥厂按同品种、同强度等级进行编号和取样。袋装水泥和散装水泥应分别进行编号和取样，每一编号为一取样单位。水泥出厂编号按年生产能力规定为：

200×10^4t 以上，不超过 4000t 为一编号；

$(120 \sim 200) \times 10^4$t，不超过 2400t 为一编号；

$(60 \sim 120) \times 10^4$t，不超过 1000t 为一编号；

$(30 \sim 60) \times 10^4$t，不超过 600t 为一编号；

$(10 \sim 30) \times 10^4$t，不超过 400t 为一编号；

10×10^4t 以下，不超过 200t 为一编号。

取样方法可连续取，亦可从 20 个以上不同部位取等量样品，总量至少 12kg。当散装水泥运输工具的容量超过该厂规定出厂编号吨数时，允许该编号的数量超过取样规定吨数。

（二）养护条件

试验室温度应为（20±2）℃，相对湿度应大于 50%。养护箱温度为（20±1）℃，相对湿度应大于 90%。

（三）材料要求

（1）水泥试样应充分拌匀。

（2）试验用水必须是洁净的淡水。

（3）水泥试样、标准砂、拌和用水等的温度与试验室温度相同。

（四）仪器设备

量筒或滴定管精度为±0.5mm。

天平最大称量不小于 1000g，分度值不大于 1g。

二、水泥标准稠度用水量试验

（一）试验目的

标准稠度用水量是水泥净浆以标准方法测试而达到统一规定的浆体可塑性所需加

的用水量，而水泥的凝结时间和安定性都和用水量有关，因此测试可消除试验条件的差异，有利于比较，同时为凝结时间和安定性试验做好准备。

（二）主要仪器设备

（1）标准稠度与凝结时间测定仪。标准稠度测定用试杆（图 4－2）有效长度为（50±1）mm，由直径为（ϕ10±0.05)mm 的圆柱形耐腐蚀金属制成。测定凝结时间时取下试杆，用试针代替试杆。试针是由钢制成的圆柱体，其有效长度初凝针为（50±1）mm、终凝针为（30±1）mm、直径为（ϕ1.13±0.05)mm。滑动部分的总质量为（300±1）g。与试杆、试针联结的滑动杆表面应光滑，能靠重力自由下落，不得有紧涩和摇动现象。

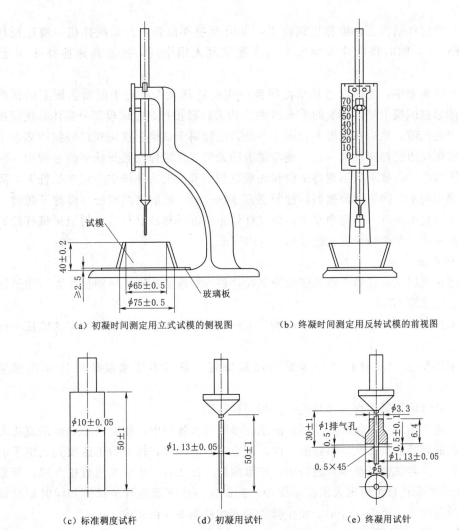

（a）初凝时间测定用立式试模的侧视图　　（b）终凝时间测定用反转试模的前视图

（c）标准稠度试杆　　（d）初凝用试针　　（e）终凝用试针

图 4－2　测定水泥标准稠度和凝结时间用的维卡仪

（2）净浆搅拌机。净浆搅拌机由搅拌锅、搅拌叶片、传动机构和控制系统组成。搅拌叶片在搅拌锅内做旋转方向相反的公转和自转，并可在竖直方向调节。搅拌锅可以升降，传动机构保证搅拌叶片按规定的方向和速度运转，控制系统具有按程序自动控制与手动控制两种功能。

（3）量水器（最小刻度为 0.1mL，精度 1%），天平（称量为 1000g，精度为 1g）。

（三）试验方法与步骤

1. 标准法

（1）测定前检查仪器，仪器的金属棒应能自由滑动。试锥降至锥模顶面时，指针应对准标尺的零点，搅拌机应能正常运转。

（2）拌和前将拌和用具（搅拌锅及搅拌叶片等）、试锥及试模等用湿布擦抹。将拌和水倒入搅拌锅内，然后在 5～10s 内将称量好的 500g 水泥加入水中，防止水和水泥溅出。

（3）将搅拌锅固定在搅拌机锅座上，并升至搅拌位置，开动搅拌机，慢速搅拌 120s，停 15s，同时将叶片和锅壁上的水泥浆刮入锅中间，接着高速搅拌 120s 后停机。

（4）拌和完毕，立即取适量水泥净浆一次性将其装入已置于玻璃底板上的试模中，浆体超过试模上端，用宽约 25mm 的直边刀轻轻拍打超过试模部分浆体 5 次以排除浆体中的孔隙，然后在试模上表面 1/3 处，略倾斜于试模分别向外轻轻锯掉多余余浆，再从试模边沿轻抹顶部一次，使净浆表面光滑。在锯掉余浆及抹平的过程中，注意不要压实净浆，抹平后迅速将试模和底板放到维卡仪上，并将中心定在试杆下，降低试杆直至与水泥净浆表面接触，拧紧螺钉（1～2s），然后突然放松（即拧开螺钉），让试杆垂直自由地沉入水泥净浆中，到试杆停止下沉或释放试杆 30s 时记录试杆距底板之间的距离，整个操作应在搅拌后 90s 内完成。

2. 代用法

代用法所用试验仪器中维卡仪及净浆搅拌机与标准法相同，区别仅在于所用试锥和装净浆的锥模不同。

采用代用法测定水泥标准稠度用水量可用调整水量和不变水量两种方法的任一种测定。

采用调整水量法时拌和用水量按经验确定，采用不变水量法时拌和用水量为 142.5mL。

（1）测试前仪器检查工作与搅拌过程同标准法。

（2）拌和结束后，立即将拌制好的水泥净浆装入锥模中，用宽约 25mm 的直边刀在浆体表面轻轻插捣 5 次，再轻振 5 次，刮去多余的净浆，抹平后迅速放到试锥下的固定位置上。将试锥降至净浆的表面，拧紧螺钉（1～2s），然后突然放松（即拧开螺钉），让试锥垂直自由地沉入水泥净浆中，到试锥停止下沉或释放试锥 30s 时记录试锥下沉的深度 S（单位：mm）。整个操作应在搅拌后 90s 内完成。

（四）试验结果评定

1. 标准法

以试杆沉入净浆并距底板（6±1）mm 的水泥净浆为标准稠度净浆。其拌和水量为该水泥的标准稠度用水量 P，按水泥质量的百分比计，即

$$P = \frac{用水量}{水泥质量} \tag{4-12}$$

2. 代用法

（1）调整水量法。试锥下沉深度为（30±1）mm 时的拌和用水量为水泥的标准稠度用水量 P，以水泥质量的百分比计，按下式计算：

$$P = \frac{W}{500} \times 100\% \tag{4-13}$$

式中　W——拌和用水量，mL。

如试锥下沉的深度超出上述范围，须重新称取试样，调整用水量，重新试验，直至达到（30±1）mm。

（2）不变水量法。当测得的试锥下沉深度为 S 时，可按下式计算（或由标尺读出）标准稠度用水量 P（%）：

$$P = 33.4 - 0.185S \tag{4-14}$$

当试锥下沉深度 S 小于 13mm 时，不得使用不变水量法，而应采用调整水量法。如调整水量法与不变水量法测定值有差异时，以调整水量法为准。

三、水泥安定性试验

（一）试验目的

安定性是水泥硬化后体积变化是否均匀的性质，体积的不均匀变化会引起膨胀、开裂或翘曲等现象。

（二）主要仪器设备

沸煮箱、雷氏夹（图4-3）、雷氏夹膨胀值测定仪（图4-4）、水泥净浆搅拌机、玻璃板等。

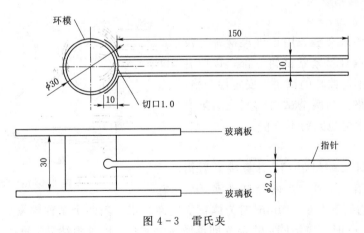

图 4-3　雷氏夹

（三）试验方法及步骤

1. 试件制作及养护

（1）代用法。每个样品需准备两块边长约 100mm 的玻璃板，凡与水泥净浆接触的表面均应涂上一层油。将制好的标准稠度净浆取出一部分分成两等份，使之成球形，放在涂过油的玻璃板上，轻轻振动玻璃板，并用湿布擦过的小刀由边缘向中央抹

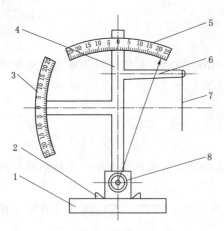

图 4-4　雷氏夹膨胀值测定仪
1—底座；2—模子座；3—测弹性标尺；
4—立柱；5—测膨胀值标尺；6—悬臂；
7—悬丝；8—弹簧顶扭

动，做成直径 70～80mm、中心厚约 10mm、边缘渐薄、表面光滑的试饼。接着将试饼放入湿气养护箱内，自成型时起，养护（24±2）h。

（2）标准法（雷氏夹法）。雷氏夹试件的制备是将预先准备好的雷氏夹放在已稍擦油的玻璃板上，并立刻将已制好的标准稠度净浆（与试饼法相同）装满试模，装模时一只手轻轻扶持试模，另一只手用宽约 25mm 的直边刀在浆体表面轻轻插捣 3 次左右，然后抹平，盖上稍涂油的玻璃板，接着立刻将试模移至养护箱内养护（24±2）h。

2. 试件沸煮

去掉玻璃板并取下试件。当采用试饼时，先检查其是否完整，如是否已龟裂、翘曲甚至崩溃等（图 4-5），要检查原因，若确无外在原因，该试饼已属安定性不合格（不必沸煮）。在试件无缺陷的情况下将试饼放在沸煮箱的水中篦板上，然后在（30±5）min 内加热至沸，并恒沸（180±5）min。当用雷氏夹法时，先测量试件指针尖端间的距离 A，精确至 0.5mm，接着将试件放入水中篦板上，指针朝上，试件之间互不交叉，然后在（30±5）min 内加热至沸，并恒沸（180±5）min。沸煮结束，即放掉箱中热水，打开箱盖，待箱体冷却至室温时，取出试件进行判断。

（四）试验结果确定

1. 代用法

目测试件未裂缝，用钢直尺检查也没有弯曲（使钢直尺紧贴试饼底部，以两者间不透光为不弯曲）的试饼为安定性合格，反之为不合格。当两个试饼的判别结果有矛盾时，该水泥也判为不合格。

2. 标准法

测量指针尖端间距 C，计算沸煮后指针间距增加值 $C-A$，当两个试件沸煮后

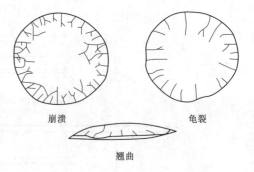

图 4-5　安定性不合格的试饼

$C-A$ 的平均值不大于 5.0mm 时为体积安定性合格；当两个试件沸煮后的 $C-A$ 平均值超过 5mm 时，应用同一样品立即重做一次试验，以复检结果为准。

四、水泥净浆凝结时间的测定

（一）主要仪器设备

（1）凝结时间测定仪。与测标准稠度用水量时的测定仪相同，只是将试锥换成试针，装净浆的锥模换成圆模，如图 4-6 所示。

（2）净浆搅拌机、人工拌和圆形钵及拌和铲等。

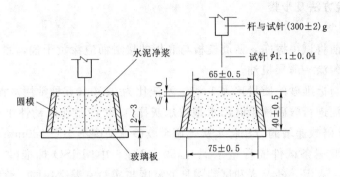

图 4-6　凝结时间测定仪

（二）试验方法及步骤

（1）测定前，将试模放在玻璃板上，并调整仪器使试针接触玻璃板时，指针对准标尺的零点。

（2）以标准稠度用水量及 500g 水泥，按水泥标准稠度用水量方法拌制标准稠度水泥净浆，并按照水泥标准稠度用水量方法装模及刮平后立即放入湿气养护箱内。记录水泥全部加入水中的时间作为凝结时间的起始时间。

（3）试件在湿气养护箱中养护至加水后 30min 时进行第一次测定。测定时，从养护箱中取出试模放到试针下，使试针与净浆表面接触，拧紧螺钉，然后突然放松，试针自由沉入净浆，观察试针停止下沉或释放试针 30s 时指针读数。在最初测定时应轻轻扶持试针的滑棒使之徐徐下降，以防止试针撞弯。但初凝时间仍必须以自由降落的指针读数为准。

当临近初凝时，每隔 5min 测定一次，临近终凝时，每隔 15min 测定一次，每次测定不得让试针落入原针孔内，每次测定完毕，须将试模放回养护箱内，并将试针擦净。测定过程中，试模不应振动，在整个测试过程中试针沉入的位置至少要距试模内壁 10mm。

（4）自加水时起，至试针沉入净浆中距底板（4±1）mm 时所需时间为初凝时间，到达初凝时应立即重复测一次，当两次结论相同时才能确定到达初凝状态；至试针沉入净浆中离净浆表面不超过 0.5mm 时，所需时间为终凝时间，到达终凝时，需要在试体另外两个不同点测试，确认结论相同才能到达终凝状态。

五、水泥胶砂强度试验

（一）目的

根据《水泥胶砂强度检验方法（ISO）法》（GB/T 17671—2021）的要求，用 ISO 胶砂法测定水泥各标准龄期的强度，从而确定和检验水泥的强度等级。

（二）主要仪器设备

行星式水泥胶砂搅拌机、胶砂振实台、试模（三联模 40mm×40mm×160mm）、抗折试验机、抗压试验机及抗压夹具、天平、刮平刀，标准养护箱［(20±1)℃，相对湿度大于 90%］，养护水槽（深度大于 100mm）。

（三）试验方法及步骤

1. 试件成型

（1）成型前将试模擦净，四周模板与底板的接触面应涂黄干油，紧密装配，防止漏浆，内壁均匀涂一薄层机油。

（2）水泥与标准砂的质量比为1:3，水灰比为0.50（五种常用水泥品种都相同，但用火山灰水泥进行胶砂检验时用水量按水灰比0.50计，若流动性小于180mm时，需以0.01的整倍数递增的方法将水灰比调至胶砂流动度不小于180mm）。

（3）每成型三条试件需称量水泥（450±2）g，中国ISO标准砂（1350±5）g，水（225±1）g。水泥、砂、水和试验用具的温度与实验室温度相同。称量用的天平精度应为±1g，当用自动滴管加225mL水时，滴管精度应达到±1mL。

（4）先将称好的水倒入搅拌锅内，再倒入水泥，将袋装的标准砂倒入搅拌机的标准砂斗内。开动搅拌机，搅拌机先慢速搅拌30s后，开始自动加入标准砂并慢速搅拌30s，然后自动快速搅拌30s后停机90s，将粘在搅拌锅上部边缘的胶砂刮下，搅拌机再自动开动，搅拌60s停止。取下搅拌锅。

（5）胶砂搅拌的同时，将试模漏斗卡紧在振实台中心，将搅拌好的全部胶砂均匀地装入下料漏斗中，开动振实台，胶砂通过漏斗流入试模，振动（120±5）s停车。

（6）振动完毕，取下试模，用刮刀轻轻刮去高出试模的胶砂并抹平，接着在试件上编号，编号时应将试模中的三条试件分在两个以上的龄期内。

（7）试验前或更换水泥品种时，搅拌锅、叶片、下料漏斗须擦干净。

2. 养护

养护的目的是为保证水泥的充分水化，并防止干燥收缩开裂。

（1）试件编号后，将试模放入标准养护箱或雾室，养护温度保持在（20±1）℃，相对湿度不低于90%，养护箱内箅板必须水平，养护（24±3）h后取出试模，脱模时应防止试件损伤，硬化较慢的水泥允许延期脱模，但须记录脱模时间。

（2）试件脱模后，立即放入水槽中养护，水温为（20±1）℃，试件之间应留有空隙，水面至少高出试件20mm，养护水每两周换一次。

（四）试验结果确定

各龄期的试件，必须在规定的3d±45min、7d±2h、28d±8h内进行强度测试。试件从水中取出后，在强度试验前应先用湿布覆盖。

1. 抗折强度的测定

（1）到龄期时取出三个试件，先做抗折强度的测定，测定前需擦去试件表面水分，清除夹具上水分和砂粒以及夹具上圆柱表面黏着的杂物，将试件放入抗折夹具内，使试件侧面与圆柱接触。

（2）采用杠杆式抗折试验机试验时，试件放入前应使杠杆成平衡状态。试件放入后调整夹具，使杠杆在试件折断时，尽可能接近平衡位置。

（3）抗折测定时的加荷速度为（50±10）N/s。

（4）抗折强度按下式计算（精确到0.1MPa）：

$$f = 3FL/2b^3$$

（4-15）

式中　f——抗折强度，MPa；

　　　　F——折断时施加于棱柱体中部的荷载，N；

　　　　L——两支撑圆柱之间的中心距离，100mm；

　　　　b——棱柱体正方形截面的边长，40mm。

（5）抗折强度的评定。以一组三个棱柱体抗折强度测定值的算术平均值作为试验结果，精确至 0.1MPa。当三个强度值中有一个超出平均值的±10％时，应将该值剔除后再取平均值作为抗折强度试验结果。

2. 抗压强度的测定

（1）抗折试验后的六个断块，应立即进行抗压试验，抗压强度测定需用抗压夹具进行，试件受压断面为 40mm×40mm，试验前应清除试件受压面与加压板间的砂粒或杂物，试验时，以试件的侧面作为受压面，并使夹具对准压力机压板中心。

（2）压力机加荷速度应控制在（2400±200）N/s 范围内，接近破坏时应严格控制。

（3）抗压强度按下式计算（精确至 0.1MPa）：

$$f_c = F_c / A \tag{4-16}$$

式中　f_c——抗压强度，MPa；

　　　　F_c——破坏时的最大荷载，N；

　　　　A——受压部分面积，40mm×40mm＝1600mm^2。

（4）抗压强度的评定。以一组三个棱柱体上得到的六个抗压强度测定值的算术平均值作为试验结果，精确至 0.1MPa。如六个测定值中有一个超出平均值的±10％，就应剔除这个结果，而以剩下五个的平均值作为试验结果；如果五个测定值中再有超过它们平均值±10％的，则此组结果作废。

【本章小结】

本章是本课程的重点章节之一，以硅酸盐水泥和掺混合材料的硅酸盐水泥为重点。

掌握硅酸盐水泥熟料矿物的组成及特性，硅酸盐水泥水化产物及其特性，掺混合材料的硅酸盐水泥性质的共同点及不同点，硅酸盐水泥以及掺混合材料的硅酸盐水泥的性质与应用。能综合运用所学知识，根据工程要求及所处的环境选择水泥品种。理解水泥石的腐蚀类型、基本原因及防止措施。了解其他品种水泥的特性及其应用。

思　考　题

1. 什么是硅酸盐水泥和硅酸盐水泥熟料？

2. 硅酸盐水泥的凝结硬化过程是怎样进行的，影响硅酸盐水泥凝结硬化的因素有哪些？

3. 何谓水泥的体积安定性？不良的原因和危害是什么？如何测定？

4. 什么是硫酸盐腐蚀和镁盐腐蚀？

5. 腐蚀水泥石的介质有哪些？水泥石受腐蚀的基本原因是什么？

6. 为什么掺较多活性混合材料的硅酸盐水泥早期强度比较低，后期强度发展比较快，甚至超过同强度等级的硅酸盐水泥？

7. 与硅酸盐水泥相比，矿渣水泥、火山灰水泥和粉煤灰水泥在性能上有哪些不同，并分析它们的适用和不宜使用的范围。

8. 不同品种以及同品种不同强度等级的水泥能否掺混使用？为什么？

9. 白色硅酸盐水泥对原料和工艺有什么要求？

10. 膨胀水泥的膨胀过程与水泥体积安定性不良所形成的体积膨胀有何不同？

11. 简述高铝水泥的水化过程及后期强度下降的原因。

习　　题

在下列工程中选择适宜的水泥品种，并说明理由。

（1）采用湿热养护的混凝土构件。

（2）厚大体积的混凝土工程。

（3）水下混凝土工程。

（4）现浇混凝土梁、板、柱。

（5）高温设备或窑炉的混凝土基础。

（6）严寒地区受冻融的混凝土工程。

（7）接触硫酸盐介质的混凝土工程。

（8）水位变化区的混凝土工程。

（9）高强混凝土工程。

（10）有耐磨要求的混凝土工程。

项目五 有机胶凝材料

【学习目标】

本章是建筑材料课程的了解性内容。通过学习，要求学生：①掌握土工织物在水利工程中的应用；②了解合成高分子化合物基本知识及常用建筑物合成高分子材料的分类与特点。

【能力目标】

①能够进行沥青的针入度、延度、软化点等性能检测；②能够完成规范的检测报告。

任务一 沥 青

课件 5.1

视频 5.2

沥青是一种有机胶凝材料，在常温下呈黑色或黑褐色的固体、半固体或黏稠性液体，能溶于汽油、二硫化碳等有机溶液，但几乎不溶于水，属憎水材料。它与矿物材料有较强的黏结力，具有良好的防水、抗渗、耐化学侵蚀性。在交通、建筑及水利等工程中，广泛用作路面、防水、防潮和防护材料。

沥青按产源可分为地沥青（包括天然沥青、石油沥青）和焦油沥青（包括煤沥青、页岩沥青）。常用的主要是石油沥青，另外还使用少量的煤沥青。

采用沥青作胶结料的沥青混合料是公路路面、机场路面结构的一种主要材料，也可用于建筑地面或防渗坝面。它具有良好的力学性能，用于路面具有抗滑性好、噪声小、行车平稳等优点。

一、石油沥青

石油沥青是石油原油经蒸馏等提炼出各种轻质油（如汽油、柴油等）及润滑油以后的残留物，或经再加工而得的产品。它是一种有机胶凝材料，在常温下呈固体、半固体或黏稠性液体，颜色为褐色或黑褐色。

（一）石油沥青的分类

（1）按生产方法分为直馏沥青、溶剂脱油沥青、氧化沥青、调和沥青、乳化沥青、改性沥青等。

（2）按外观形态分为液体沥青、固体沥青、稀释液、乳化液、改性体等。

（3）按用途分为道路石油沥青、建筑石油沥青、普通石油沥青和专用石油沥青。

道路石油沥青是石油蒸馏后的残留物或将残留物氧化而制成的，适用于铺筑道路及制作屋面防水层的黏结剂，或用于制造防水纸及绝缘材料。

建筑石油沥青是用原油蒸馏后的重油经氧化所得的产物，适用于建筑工程及其他工程的防水、防潮、防腐蚀、胶结材料和涂料，常用于制造油毡、油纸和绝缘材料等。

普通石油沥青（又称多蜡沥青）是由石蜡基原油减压蒸馏的残渣经空气氧化而得

的。由于其含有较多的石蜡，温度稳定性、塑性较差，黏性较小，一般不宜直接用于防水工程，常与建筑石油沥青等掺配使用，或经脱蜡处理后使用。

专用石油沥青指有特殊用途的沥青，是石油经减压蒸馏的残渣经氧化而制得的高熔点沥青，适用于电缆防潮防腐、电气绝缘填充材料、配制油漆等。

（二）石油沥青的组成与结构

1. 石油沥青的组成

石油沥青是由许多高分子碳氢化合物及其非金属（主要为氧、硫、氮等）衍生物组成的复杂混合物。因为沥青的化学组成复杂，对其组成进行分析非常困难，同时化学组成并不能反映出沥青物理性质的差异。因此，一般不作沥青的化学分析，只从使用角度，将沥青中化学成分极为接近，并且与物理力学性质有一定关系的成分，划分为若干个组，这些组称为组分。在沥青中各组分含量的多寡，与沥青的技术性质有直接关系。

通常石油沥青可划分为油分、树脂和地沥青质三个主要组分。三个组分主要特征见表 5-1。

表 5-1　　　　　　　　　石油沥青各组分特征及性能

组分	状态	密度/(g/cm^3)	颜色	含量/%	使沥青具有的特性
油分	油状液体	0.7~1.0	淡黄~红褐色	40~60	流动性、黏性、耐热性低
树脂	黏稠状液体	1.0~1.1	红褐~黑褐色	15~30	塑性、流动性、黏结性，塑性高、黏结性大
地沥青质	无定形固体粉末	1.1~1.5	深褐~黑色	10~30	温度稳定性、黏性、硬性，软化点高、脆性大

不同组分对石油沥青性能的影响不同。油分赋予沥青流动性；树脂使沥青具有良好的塑性和黏结性；地沥青质则是决定沥青的温度敏感性、黏性的重要组成部分，其含量越多，则软化点越高，黏性越大，越硬脆。

在石油沥青的树脂成分中，还含有少量的酸性树脂，它的流动性较大，能与矿物质材料牢固黏结，因此它的含量决定石油沥青的黏结性。

石油沥青中还含有一定量的固体石蜡，它是沥青中的有害物质。石蜡含量过多，会使沥青的黏结性、塑性和温度稳定性降低。

2. 石油沥青的结构

在石油沥青中，油分和树脂可以互相溶解，树脂能浸润地沥青质，而在地沥青质的超细颗粒表面形成树脂薄膜。所以，石油沥青的结构是以地沥青质为核心，周围吸附部分树脂和油分，构成胶团，无数胶团分散在油分中而形成胶体结构。

石油沥青的性质随各组分数量比例的不同而有所变化。当油分和树脂较多时，胶团外膜较厚，胶团之间相对运动较自由，这种胶体结构的石油沥青称为溶胶型石油沥青。溶胶型石油沥青的特点是流动性和塑性较好，开裂后自行愈合能力较强，而对温度的敏感性较强，即对温度的稳定性较差，温度过高会流淌。

当油分和树脂含量较少时，胶团外膜较薄，胶团靠近聚集，相互吸引力增大，胶团间相互移动比较困难，这种胶体结构的石油沥青称为凝胶型石油沥青。凝胶型石油沥青的特点是弹性和黏性较高，温度敏感性较低，开裂后自行愈合能力较差，流动性和塑性都较低。

当地沥青质不如凝胶型石油沥青中的多时，而胶团靠得又较近，相互间有一定的吸引力，形成一种介于溶胶型和凝胶型之间的结构，称为溶凝胶型结构。溶凝胶型石油沥青的性质也介于溶胶型石油沥青和凝胶型石油沥青之间，大多数优质石油沥青属于这种结构状态。

（三）石油沥青的技术性质

1. 黏滞性（黏性）

黏滞性是反映沥青材料内部阻碍其相对流动的一种特性。它反映了沥青在外力作用下抵抗变形的能力，是划分沥青牌号的主要依据。液体沥青的黏滞性用黏滞度（黏度）表示，它表征了液体沥青在流动时的内部阻力；半固体或固体的石油沥青用针入度表示，它反映了石油沥青抵抗剪切变形的能力。针入度是沥青划分牌号的主要技术指标。

黏滞度是液体沥青在规定温度 t（25℃或60℃）下，经规定直径 d（3.5mm或10mm）的孔流出 $50cm^3$ 所需的时间（秒数）T，常用符号 $C_t^d T$ 表示。黏滞度值越大，表示沥青的稠度越大。黏滞度测定示意如图5-1所示。

半固体沥青、固体沥青的黏滞度指标是针入度。针入度是在温度25℃条件下，以规定质量100g的标准针，在规定时间5s内贯入试样中的深度，以0.1mm为1度表示。针入度越大，表示沥青流动性越大，黏滞性越差，其数值范围为5～200。针入度测定示意如图5-2所示。

课件5.3

视频5.4

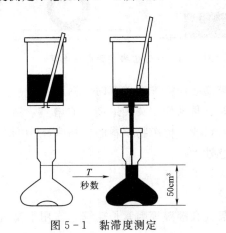

图5-1 黏滞度测定

图5-2 针入度测定

2. 塑性

塑性是指石油沥青在外力作用时发生变形而不破坏，除去外力后仍保持变形后的形状不变的性质。塑性反映了沥青开裂后的自愈能力及受机械应力作用后变形而不破坏的能力，它是石油沥青的主要性能之一。

沥青的塑性用延度（延伸度或延伸率）表示。方法是把沥青试样制成8字形标准

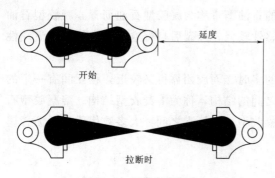

图 5-3　沥青延度测定

试模（试件中间最小断面面积为 $1cm^2$），在规定温度（25℃）和规定的拉伸速度（5cm/min）下在延伸仪上拉断时的伸长长度，以 cm 为单位。沥青的延度值越大，表示沥青塑性越好。延度测定的示意如图 5-3 所示。

3. 温度敏感性

温度敏感性是指石油沥青的黏滞性和塑性随温度升降而变化的性能，是沥青一个很重要的性质。温度敏感性较小的石油沥青其黏滞性和塑性随温度变化较小。

温度敏感性常用软化点来表示，软化点是指沥青材料由固态转变为具有一定流动性膏体的温度。软化点可采用环球法测定，如图 5-4 所示。它是把沥青试样装入规定尺寸的铜环（直径约 16mm，高约 6mm）内。试样上放置一标准钢球（直径 9.53mm，质量 3.5g），浸入水中或甘油中，以 5℃/mm 的速度升温加热，使沥青软化下垂，其下垂量达 25.4mm 时的温度（℃）即为沥青软化点。

不同的沥青软化点不同，大致为 25～100℃。软化点越高，表明沥青的耐热性越好，即温度稳定性越好。沥青软化点不能太低，否则夏季易融化发软；但也不能太高，否则不易加工，而且太硬，冬季易发生脆裂现象。在实际应用中，沥青应具有较高的软化点和较低的脆化点。沥青在温度非常低时具有像玻璃一样脆硬的玻璃态，脆化点是指沥青由玻璃态向高弹态转变时的温度。

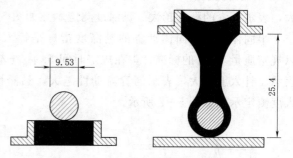

图 5-4　环球法测定沥青软化点

石油沥青温度敏感性与地沥青质含量和蜡含量密切相关。地沥青质增多，温度敏感性降低。工程上往往用加入滑石粉、石灰石粉或其他矿物填料的方法来减小沥青的温度敏感性。沥青中含蜡量多时，其温度敏感性大。

针入度、延度、软化点被称为沥青的三大技术指标。

4. 大气稳定性

大气稳定性是指石油沥青在热、阳光、氧气和潮湿等因素长期综合作用下抵抗老化的性能，它反映沥青的耐久性。

石油沥青的大气稳定性以沥青试样在加热蒸发前后的蒸发损失百分率和蒸发后针入度比来评定。其测定方法是：先测定沥青试样的质量及针入度，然后将试样置于烘箱中，在 160℃下加热蒸发 5h，待冷却后再测定其质量和针入度，求出质量的蒸发损失百分率和蒸发后针入度比。蒸发损失百分率越小，蒸发后针入度比越大，则表示沥青大气稳定性越好，亦即老化缓慢。

以上四种性质是石油沥青的主要性质,是鉴定工程中常用石油沥青品质的依据。此外,为鉴定沥青的质量和防火、防爆安全性,还包括有黏结性、溶解度、闪点、燃点等指标。黏结性是指沥青与骨料黏结在一起的抗剥离能力,黏结性好的沥青与骨料黏结牢固,不易在骨料表面与沥青间产生剥离现象;溶解度是指石油沥青在溶剂中(苯或二硫化碳)可溶部分质量占全部质量的百分率,它用来确定沥青中有害杂质的含量;闪点是指石油沥青在规定的条件下,加热产生的挥发性可燃气体和空气的混合物达到初次闪火时的温度,又常称着火点;达到着火点温度的沥青,若温度再度上升与火接触产生火焰,并能持续燃烧5s以上,这个开始燃烧的温度就称为燃点。沥青的闪点和燃点温度值一般相差10℃左右。

(四)石油沥青的分类及选用

1. 石油沥青的分类

石油沥青按照其用途主要划分为三大类:道路石油沥青、建筑石油沥青和防水防潮石油沥青。其牌号基本都是按针入度指标来划分的,每个牌号还要保证相应的延度、软化点以及溶解度、蒸发损失、蒸发后针入度比、闪点等的要求。

在同一品种石油沥青材料中,牌号越小,沥青越硬;牌号越大,沥青越软。同时,随着牌号增加,沥青的黏性减小(针入度增加),塑性增加(延度增大),而温度敏感性增大(软化点降低)。各牌号的质量指标要求列于表5-2、表5-3中。

表5-2 建筑石油沥青的技术要求

项　　目	质 量 指 标		
牌号	10	30	40
针入度(25℃,100g,5s)/(1/10mm)	10～25	26～35	36～50
针入度(46℃,100g,5s)/(1/10mm)	报告	报告	报告
针入度(0℃,200g,5s)/(1/10mm),≥	3	6	6
延度(25℃,5cm/min)/cm,≥	1.5	2.5	3.5
软化点(环球法)/℃,≥	95	75	60
溶解度(三氯乙烯)/%,≥	99.0		
蒸发后质量变化(163℃,5h)/%,≤	1		
蒸后25℃针入度比/%,≥	65		
闪点(开口杯法)/℃,≥	260		

注 "报告"为实测值。

表5-3 道路石油沥青的技术要求

项　　目	质 量 指 标				
牌号	200	180	140	100	60
针入度(25℃,100g,5s)/(1/10mm)	200～300	150～200	110～150	80～110	50～80
延度(25℃/cm),≥	20	100	100	90	70
软化点/℃	30～48	35～48	38～51	42～55	45～58
溶解度/%	99.0				
闪点(开口)/℃,≥	180	200	230		

续表

项　目	质　量　指　标				
密度（25℃）/（g/cm³）	报告				
蜡含量/%，≤	4.5				
薄膜烘箱试验（163℃，5h）					
质量变化/%，≤	1.3	1.3	1.3	1.2	1.0
针入度比/%	报告				
延度/（25℃/cm）	报告				

　　注　1. 如25℃延度达不到，15℃延度达到时，也认为是合格的，指标要求与25℃延度一致。

　　　　2. "报告"为实测值。

2. 石油沥青的选用

选用沥青材料时，应根据工程性质及当地气候条件，所处工作环境（屋面、地下）来选择不同牌号的沥青。在满足使用要求的前提下，尽量选用较大牌号的石油沥青，以保证在正常使用条件下，石油沥青有较长的使用年限。

（1）道路石油沥青。道路石油沥青主要在道路工程中作胶凝材料，用来与碎石等矿质材料共同配制成沥青混凝土、沥青砂浆等，沥青拌合物用于道路路面或车间地面等工程。通常，道路石油沥青牌号越高，则黏性越小（即针入度越大），塑性越好（即延度越大），温度敏感性越大（即软化点越低）。

在道路工程中选用沥青时，要根据交通量和气候特点来选择。南方地区宜选用高黏度的石油沥青，以保证在夏季沥青路面具有足够的稳定性；而北方寒冷地区宜选用低黏度的石油沥青，以保证沥青路面在低温下仍具有一定的变形能力，减少低温开裂。

道路石油沥青还可用作密封材料和胶粘剂以及沥青涂料等。此时一般选用黏性较大和软化点较高的道路石油沥青。

（2）建筑石油沥青。建筑石油沥青针入度小（黏性较大），软化点较高（耐热性较好），但延度较小（塑性较小），主要用于制造油纸、油毡、防水涂料和沥青嵌缝膏。它们绝大部分用于屋面及地下防水、沟槽防水防腐及管道防腐等工程。使用时制成的沥青胶膜较厚，增大了对温度的敏感性。同时，黑色沥青表面又是好的吸热体，一般同一地区的沥青屋面的表面温度比其他材料的都高，据高温季节测试沥青屋面达到的表面温度比当地最高气温高25～30℃；为避免夏季流淌，一般屋面用沥青材料的软化点还应比本地区屋面最高温度高20℃以上，低了夏季易流淌，过高冬季低温易硬脆甚至开裂，所以选用石油沥青时要根据地区、工程环境及要求而定。

用于地下防潮、防水工程时，一般对软化点要求不高，但其塑性要好，黏性要大，使沥青层能与建筑物黏结牢固，并能适应建筑物的变形而保持防水层完整，不遭破坏。

（3）防水防潮石油沥青。防水防潮石油沥青的温度稳定性较好，特别适合用作油毡的涂覆材料及建筑屋面和地下防水的黏结材料。其中3号沥青温度敏感性一般，质地较软，用于一般温度下的室内及地下结构部分的防水。4号沥青温度敏感性较小，用于一般地区可行走的缓坡屋面防水。5号沥青温度敏感性小，用于一般地区暴露屋顶或气温较高地区的屋面防水。6号沥青温度敏感性最小，并且质地较软，除一般地区外，主要用于寒冷地区的屋面及其他防水防潮工程。

市场所见除以上三类石油沥青产品外，还有普通石油沥青，普通石油沥青含有害成分的蜡较多，一般含量大于5%，有的高达20%以上，石蜡熔点低（32～55℃），黏结力差，故在建筑工程中一般不宜直接使用。

3. 沥青的掺配

某一种牌号沥青的特性往往不能满足工程技术要求，因此需用不同牌号沥青进行掺配。

在进行掺配时，为了不使掺配后的沥青胶体结构破坏，应选用表面张力相近和化学性质相似的沥青。试验证明同产源的沥青容易保证掺配后的沥青胶体结构的均匀性。所谓同产源是指同属石油沥青，或同属煤沥青（或焦油沥青）。

两种沥青掺配的比例可用下式估算：

$$Q_1 = \frac{T_1 - T}{T_2 - T_1} \times 100 \tag{5-1}$$

$$Q_2 = 100 - Q_1 \tag{5-2}$$

式中　Q_1——较软沥青用量，%；

$\quad\quad Q_2$——较硬沥青用量，%；

$\quad\quad T$——掺配后的沥青软化点，℃；

$\quad\quad T_1$——较软沥青软化点，℃；

$\quad\quad T_2$——较硬沥青软化点，℃。

例如，某工程需要用软化点为80℃的石油沥青，现有10号和60号两种石油沥青，应如何掺配以满足工程需要？

由试验测得，10号石油沥青的软化点为95℃，60号石油沥青的软化点为45℃。估算掺配量为

$$60\text{号石油沥青的掺量（%）} = \frac{95-80}{95-45} \times 100 = 30$$

$$10\text{号石油沥青的掺量（%）} = 100 - 30 = 70$$

根据估算的掺配比例和其邻近的比例［±（5%～10%）］进行试配（混合熬制均匀），测定掺配后沥青的软化点，然后绘制"掺配比-软化点"曲线，即可从曲线上确定所要求的掺配比例。同样地，可采用针入度指标按上述方法进行估算及试配。

石油沥青过于黏稠需要进行稀释，通常可以采用石油产品系统的轻质油，如汽油、煤油和柴油等。

二、煤沥青

煤沥青是指烟煤炼焦或制煤气时，从干馏所挥发的物质中冷凝出煤焦油，将煤焦油再继续蒸馏以后剩余的残渣。根据蒸馏程度不同分为低温沥青、中温沥青和高温沥青。建筑上所采用的煤沥青多为黏稠或半固体的低温沥青。

煤沥青的化学成分和性质与石油沥青大致相同，但煤沥青的质量和耐久性均次于

石油沥青，其塑性、大气稳定性差，温度敏感性较大，冬季易脆、夏季易软化，老化快，但防腐和黏结性能较好。

由于煤沥青的主要技术性质都比不上石油沥青，且有毒、易污染水质，所以建筑工程上较少使用。煤沥青具有很好的防腐和黏结性能，主要用于配制防腐涂料、胶粘剂、防水涂料、油膏以及制作油毡等，适用于地下防水层或材料防腐，适量掺入石油沥青中，可增强石油沥青的黏结力。

三、改性沥青

工程中应用的沥青在不同的温度和加工使用条件下要求具有各种不同的物理性质和黏结性，而通常石油加工厂加工制备的沥青不一定能全面满足这些要求，因此常对沥青进行氧化、乳化、催化或者掺入橡胶树脂等物质，使沥青的性质得到不同程度的改善，改善后的沥青即为改性沥青，掺入的材料称为改性材料。

1. 橡胶改性沥青

橡胶是沥青的重要改性材料，它与沥青有较好的混溶性，并能使沥青具有橡胶的很多优点，如高温变形性较小，低温时具有一定的塑性。根据所使用的橡胶品种及掺入的方法不同，形成的改性沥青性能也有所不同。常用的有以下几种：

（1）氯丁橡胶沥青。沥青中掺入氯丁橡胶后，可使其气密性、低温柔性、耐化学腐蚀性、耐光性、耐臭氧性、耐气候性和耐燃烧性得到大大的改善。

氯丁橡胶掺入沥青中的方法有溶剂法和水乳法。先将氯丁橡胶溶于一定的溶剂（如甲苯）中形成溶液，然后掺入沥青（液体状态）中，混合均匀即成为氯丁橡胶沥青。或者分别将橡胶和沥青制成乳液，再混合均匀即可使用。

（2）丁基橡胶沥青。丁基橡胶沥青具有优异的耐分解性，并有较好的低温抗裂性能和耐热性能。配制的方法为：将丁基橡胶碾切成小片，于搅拌条件下把小片加热到100℃的溶剂中（不得超过100℃），制成浓溶液。同时，将沥青加热脱水熔化成液体状沥青。通常在100℃左右把两种液体按比例混合搅拌均匀进行浓缩15～20min，达到要求性能指标。同样也可以分别将丁基橡胶和沥青制备成乳液，然后按比例把两种乳液混合即可。丁基橡胶在混合物中的含量一般为2%～4%。

（3）再生橡胶沥青。再生橡胶掺入沥青中后，可大大提高沥青的气密性、低温柔性、耐光性、耐热性、耐臭氧性、耐气候性。

再生橡胶沥青材料的制备方法为：先将废旧橡胶加工成1.5mm以下的颗粒，然后与沥青混合，经加热搅拌脱硫，就能得到具有一定弹性、塑性和黏结力良好的再生胶沥青材料。废旧橡胶的掺量视需要而定，一般为3%～15%。

2. 树脂改性沥青

用树脂改性石油沥青，可以改善沥青的耐寒性、耐热性、黏结性和不透气性，在生产卷材、密封材料和防水涂料等产品时均需应用。常用的树脂有古马隆树脂、聚乙烯、聚丙烯、酚醛树脂及天然松香等。

3. 橡胶和树脂改性沥青

橡胶和树脂同时用于改善沥青的性质，使沥青同时具有橡胶和树脂的特性，橡胶和树脂又有较好的混溶性，故效果较好。

4. 矿物填料改性沥青（沥青玛蹄脂）

在沥青中加入一定数量的矿物填充料，可以提高沥青的黏性和耐热性，减小沥青的温度敏感性，同时也减少了沥青的耗用量，主要适用于生产沥青胶。常用矿物填料有滑石粉、石灰石粉、硅藻土、石棉绒和云母粉等。由于沥青对矿物填充料的润湿和吸附作用，沥青可以以单分子状态排列在矿物颗粒（或纤维）表面，形成结合牢固的沥青薄膜，称为结构沥青。结构沥青具有较高的黏性和耐热性等，但是矿物填充料的掺入量要适当，一般掺量为 20％～40％时，可以形成恰当的结构沥青膜层。

【工程实例分析 5－1】

沥青路面产生裂缝

现象：某公路沥青路面每到冬天都会出现一些裂缝，裂缝多为横向分布，且裂缝间距基本相等，气温较低时裂缝尤为明显，试分析裂缝的原因。

原因分析：由于裂缝多为横向分布，如果是路面强度不足，在车辆荷载作用下产生的裂缝应大多呈网裂和龟裂，因此排除了由于强度不足而产生裂缝的原因。

案例中的路面裂缝应是沥青材料老化及低温所致。沥青老化变硬后脆性增加，延度下降，低温稳定性变差，容易产生裂缝、松散。而冬季气温下降，沥青材料受基层约束不能收缩，产生应力导致开裂，因此气温较低时裂缝尤为明显。

任务二　树　　脂

在建筑工程中，合成树脂主要用于建筑塑料、建筑涂料和胶粘剂等，是用量最大的合成高分子材料。

一、建筑塑料

塑料在建筑中大部分用于非结构材料，仅有一小部分用于制造承受轻荷载的结构构件，如各种塑料管道卫生设备、塑料波形瓦、塑料门窗、候车棚、商亭、储水塔罐、充气结构等。然而更多的是与其他材料复合使用，可以充分发挥塑料的特性，如用作电线的被覆绝缘材料、人造板的贴面材料、有泡沫塑料夹心层的各种复合外墙板、屋面板等。

塑料是以聚合物（或树脂）为主要成分，在一定的温度、压力等条件下可制成一定形状，且在常温下能保持其形状不变的有机材料。建筑塑料较传统的建筑材料有许多优点：

（1）表观密度小。与木材密度相接近。

（2）比强度高。接近或超过钢材，是一种很好的轻质高强材料。

（3）可加工性好。可加工成各种薄板、管材、门窗异型材等，可切割和焊接。

（4）耐化学腐蚀性好，耐酸碱。适用于化工厂的门窗、地面、墙壁等。

（5）抗震、吸声和保温性好。

（6）耐水性和耐水蒸气性强。吸水率和透气性很低，可用于防潮防水工程。

（7）装饰性强。可电镀、压花、印刷等。

（8）电绝缘性优良。

建筑塑料的缺点：弹性模量低，易老化，不耐高温和易燃，燃烧后有毒。

（一）塑料的组成

1. 聚合物

聚合物是由一种或多种有机小分子通过主价键一个接一个地连接而成的链状或网状分子。分子量都在 10000 以上，有的可高达数十万乃至数百万。

聚合物是塑料中的基本组分，一般含量为 $40\%\sim100\%$，它的性能在很大程度上决定了塑料的性能，因此塑料的名称也按其所包含的聚合物的名称来命名。

聚合物最简单的连接方式呈线型，在其两侧还可以形成一些支链。

许多线型或支链型大分子由化学键连接而形成体型结构，如图 5-5 所示。

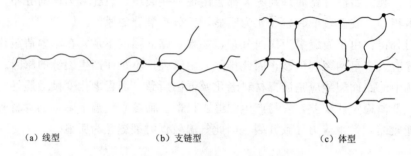

　　　（a）线型　　　　　　　（b）支链型　　　　　　　（c）体型

图 5-5　聚合物的分子形状

线型结构的聚合物一般具有热塑性。体型结构的聚合物一般具有热固性。

热塑性聚合物具有受热时软化，冷却时凝固硬化，再加热又会变软的特征，经过多次重复仍能保持这种性能，如聚氯乙烯、聚乙烯等。

热固性聚合物在初次加热时变软，同时发生化学反应而变成坚硬的体型分子结构，成为不熔的物质。再受热则不再变软，遇强热则分解破坏，不能反复加工使用。

2. 填充料

填充料又称填料，在塑料中掺加填料可以提高强度、硬度和耐热性，同时也能降低成本。无机填料有云母、硅藻土、滑石粉、石棉、玻璃纤维等。有机填料可用木粉、纸屑、废棉、废布等。塑料中填料掺量（以质量计）为 $40\%\sim70\%$。

3. 添加剂

为了改善或调节塑料的某些性能，以适应加工和使用时的特殊要求，可在塑料中添加各种不同的助剂，如增塑剂、固化剂、着色剂、稳定剂、润滑剂、阻燃剂等，这些助剂又称添加剂。

增塑剂能降低塑料的硬度和脆性，使塑料具有较好的塑性、韧性和柔顺性等机械性能；固化剂能在室温或加热条件下促进或调节固化反应，形成坚硬和稳定的塑料制品；着色剂是为了使塑料制品有鲜艳的颜色；稳定剂可以防止塑料在热、光及其他条件下过早老化；润滑剂有助于塑料在生产过程中脱模；阻燃剂能提高塑料的耐热性和自熄性。

（二）常用建筑塑料

1. 热塑性塑料

（1）聚氯乙烯（PVC）塑料及其建筑制品。目前，建筑上使用最多的是 PVC 塑料制品。它成本低、产量大，耐久性较好，加入不同添加剂可加工成软质和硬质的多种产品。

硬质 PVC 塑料是建筑上最常用的一种塑料，力学强度较高，具有很好的耐风化性能和良好的抗腐蚀性能，但使用温度低。硬质 PVC 塑料适于做给排水管道、瓦楞板、门窗、装饰板、建筑零配件等。

软质 PVC 塑料可挤压、注射成薄板、薄膜、管道、壁纸、墙纸、墙布、地板砖等，还可磨细悬浮于增塑剂中制成低黏度的增塑溶胶，作为喷塑或涂刷于屋面、金属构件上的防水防蚀材料。用软质 PVC 塑料制成的止水带适用于地下防水工程的变形缝处，抗腐蚀性能优于金属止水带。

PVC 塑料加入一定量的发泡剂可制成 PVC 泡沫塑料，是一种新型软质保温隔热、吸声防振材料。

PVC 塑料管道和塑钢门窗近年来发展迅猛。

（2）聚乙烯（PE）塑料及其建筑制品。用 PE 生产的建筑塑料制品有管道、冷水箱，制成柔软薄膜可用于防水工程。低压 PE 塑料主要用于喷涂金属表面作为防蚀耐磨层。

（3）聚丙烯（PP）塑料及其建筑制品。PP 塑料常用来生产管道、容器、建筑零件、耐腐蚀衬板等。

（4）聚苯乙烯（PS）塑料及其建筑制品。PS 塑料主要用于制作泡沫隔热材料（苯板）。

为改善 PS 塑料的抗冲击性和耐热性，发展了一系列改性聚苯乙烯，ABS 塑料是其中最重要的一种，它是丙烯腈、丁二烯、苯乙烯三种单体组成的热塑性塑料。ABS 塑料可生产建筑五金和各种管材。

热塑性塑料的特点有质轻、耐磨、润滑性好、着色力强、加工方法多等，但耐热性差、尺寸稳定性差、易老化。

2. 热固性塑料

（1）酚醛（PF）塑料及其建筑制品。将热固性酚醛树脂加入木粉填料可模压成人们熟知的用于电工器材的"电木"。将各种片状填料（棉布、玻璃布、石棉布、纸等）浸以热固性酚醛树脂，可多次叠放热压成各种层压板和玻璃纤维增强塑料。

（2）聚酯（UP）塑料及其建筑制品。UP 塑料主要用于制作玻璃纤维增强塑料、涂料和聚酯装饰板等。

（3）环氧（EP）塑料及其建筑制品。EP 塑料主要用于制作玻璃纤维增强塑料，另外的重要应用是做黏合剂。

（4）有机硅（SI）塑料及其建筑制品。SI 塑料的主要特点是不燃，介电性能优异，耐水（常做防水材料），耐高温，可在 250℃ 以下长期使用。

热固性塑料的特点是耐热性好，刚性大，制品尺寸稳定性好。主要在隔热、耐磨、绝缘、耐高压电等恶劣环境中使用，最常用的应该是炒锅把手和高低压电器。

3. 玻璃纤维增强塑料

玻璃纤维增强塑料又称玻璃钢制品，是一种优良的纤维增强复合材料，因其比强度很高而被越来越多地用于一些新型建筑结构中。

常用于建筑中的有透明或半透明的波形瓦、采光天窗、浴盆、整体卫生间、泡沫夹层板、通风管道、混凝土模壳等。玻璃钢最主要的特点是密度小、强度高，其比强度接近甚至超过高级合金钢，因此得名玻璃钢。玻璃钢的比强度为钢的4~5倍，这对于高层建筑和空间结构有特别重要的意义。但玻璃钢最大的缺点是刚度不如金属。

玻璃钢的成型方法，一般采用手糊成型、喷涂成型、卷绕成型和模压成型。手糊成型是先在模壳表面喷涂一层有色的胶状表层，使产品在脱模后有美观、光泽的表面。然后，在胶状层上用手工涂敷浸有树脂混合液的玻璃布或玻璃毡层，待固化后即可脱模。喷涂法是使用一种特制喷枪，将树脂混合液与长2~3cm的短玻璃纤维，同时直接均匀地喷附在模壳表面。虽然采用短纤维使玻璃钢的强度有所降低，但其生产效率高，可节约劳动力。玻璃钢管材或罐体多采用卷绕成型法，即将浸有树脂混合液的玻璃纤维编织带或长玻璃纤维束，按产品受力方向卷绕在旋转的胎模上，固化后脱模而成。有些罐体内部衬有铝质内胎，以增强罐体的密封性。模压法是将薄片状浸有树脂的玻璃纤维棉毡或布，均匀叠置于模型中，经热压而成各种成品，如浴盆、洗脸池等。模压法产品的内外两面均有美观耐磨的表层，并且生产效率高，产品质量好。目前，正在迅速发展的建筑用玻璃钢制品有冷却水塔、储水塔、整体式组装卫生间、半组装式卫生间等。

二、建筑涂料

涂料是一种可借助刷涂、滚涂、喷涂、抹涂、弹涂等多种作业方法，施涂于物体表面，经干燥、固化后可形成连续状涂膜，并与被涂覆物表面牢固黏结的材料。一般将用于建筑物内墙、外墙、顶棚及地面的涂料称为建筑涂料，又称墙漆。建筑涂料是涂料中的一个重要类别。

以前，涂料的主要原料是天然树脂或干性、半干性油（如松香、大漆、虫胶、亚麻仁油、桐油、豆油等），因而习惯上把涂料称为油漆。20世纪60年代以来，以石油化学工业为基础的人工合成树脂开始逐步取代天然树脂、干性油和半干性油，成为涂料的主要原料。油漆这一名词已不能代表其确切的含义，故改称为涂料。

涂料由多种不同物质经混合、溶解、分散而组成，其中各组分都有其不同的功能。不同种类的涂料，其具体组成成分有很大的差别，但按照涂料中各种材料在涂料的生产、施工和使用中所起作用的不同，可将这些组成材料分为主要成膜物质、次要成膜物质、溶剂和助剂等。

（一）建筑涂料的组成

1. 涂料中主要成膜物质

主要成膜物质是涂料的基础物质，它具有独立成膜的能力，并可黏结次要成膜物质共同成膜。因此，主要成膜物质也称为基料或黏结剂，它决定着涂料的使用和涂膜的主要性能。

涂料的主要成膜物质多属于高分子化合物或成膜时能形成高分子化合物的物质。前者如天然树脂（虫胶、大漆等）、人造树脂（松香甘油酯、硝化纤维）和合成树脂（醇酸树脂、聚丙烯酸酯、环氧树脂、聚氨酯、氯磺化聚乙烯、聚乙烯醇系缩聚物、聚醋酸乙烯及其共聚物等），后者如某些植物油料（桐油、梓油、亚麻仁油等）及硅溶胶等。

为满足涂料的多种性能要求，可以在一种涂料中采用多种树脂配合，或与油料配合，共同作为主要成膜物质。

2. 涂料中次要成膜物质

次要成膜物质是涂料中的各种颜料。颜料本身不具备成膜能力，但它可以依靠主要成膜物质的黏结而成为涂膜的组成部分，起着使涂膜着色、增加涂膜质感、改善涂膜性质、增加涂料品种、降低涂料成本等作用。

3. 溶剂和助剂

溶剂在涂料生产过程中，是溶解、分散、乳化成膜物质的原料，在涂料施涂过程中，可使涂料具有一定的稠度、黏性和流动性，还可以增强成膜物质向基层渗透的能力，改善黏结性能。在涂膜的形成过程中，溶剂中少部分被基层吸收，大部分将逸入大气中，不保留在涂膜内。助剂是为改善涂料的性能提高涂膜的质量而加入的辅助材料。助剂的加入量很少，种类很多，对改善涂料的性能作用显著。

（二）建筑涂料的功能

建筑涂料的功能有装饰性功能、保护性功能、改进居住性功能。

（1）装饰性功能是通过对建筑物的美化改变其原来的面貌，使之色彩鲜艳、光亮美观。根据建筑物的特点造型进行整体图案设计，提高建筑物的外观价值。

（2）保护性功能是指抵御外界环境对建筑物的影响和破坏的功能，例如建筑物的防霉、防火、防水、防污、保温、防腐蚀等的特殊保护功能。

（3）改进居住性功能是指通过室内涂装改进居住条件的功能，即有助于改进居住环境的功能，如隔声性、吸声性、防结露性等。建筑涂料作为装饰、装修材料所起的作用，比其他建筑材料如壁纸、壁布、面砖、陶瓷锦砖（又称马赛克）等有许多突出优点。建筑涂料色彩鲜艳，功能多样，造型丰富，装饰效果好；施工便利，容易维修，工作效率高，节约能源；施工手段多样化，可喷涂、滚涂、刷涂、抹涂、弹涂，能形成极其丰富的艺术造型；涂料自身质量轻，应用面广泛，单位面积造价较低，是重要的建筑材料之一。

（三）建筑涂料的品种

1. 外墙涂料

（1）过氯乙烯涂料。过氯乙烯涂料是以过氯乙烯树脂为主要成膜物质，掺入增塑剂、稳定剂、颜料和填充料等，经混炼、切片后溶于有机溶剂中制得的。这种涂料具有良好的耐腐蚀性、耐水性和抗大气性。涂料层干燥后，柔韧富有弹性，不透水，能适应建筑物因温度变化而引起的伸缩。

这种涂料与抹灰面、石膏板、纤维板、混凝土和砖墙黏结良好，可连续喷涂，用于外墙，美观、耐久、防水、耐污染，便于刷洗。

（2）苯乙烯焦油涂料。它是以苯乙烯焦油为主要成膜物质，掺加颜料、填充料及适量的有机溶剂等，经加热熬制而成的。这种涂料具有防水、防潮、耐热、耐碱及耐弱酸的特征，与基面黏结良好，施工方便。

（3）聚乙烯醇缩丁醛涂料。它是以聚乙烯醇缩丁醛树脂为成膜物质，以醇类物质为稀释剂，加入颜料、填料，经搅拌、混合、溶制、过滤而成的。这种涂料具有柔韧、耐磨、耐水等性能，并且有一定的耐酸碱性。

（4）丙烯酸乳液涂料。它是以丙烯酸合成树脂乳液为基料，加入颜料、填充料和各种辅料，经加工配制而成的外墙涂料。这种涂料无毒、无刺激性气味，干燥快，不燃烧，施工方便，涂刷于混凝土或砂浆表面，兼有装饰和保护墙体的作用。

（5）彩色瓷粒外墙涂料。它是用丙烯酸类合成树脂为基料，以彩色瓷粒及石英砂等做骨料，掺加颜料和其他辅料配制而成的。这种涂层色泽耐久，抗大气性和耐水性好，有天然石材的装饰效果，艳丽别致，是一种性能良好的外墙饰面。

（6）彩色复层凹凸花纹外墙涂料。涂层的底层材料由水泥和细骨料组成，掺加适量的缓凝剂和黏合剂，拌和成厚浆，主要用于形成凹凸的富有质感的花纹。而涂层的表层材料为用丙烯酸合成树脂配制成的彩色涂料，起罩光、着色和装饰作用。涂层用手提式喷枪进行喷涂后，在30min内用橡皮辊子将凸起部分稍做压平，待涂层干燥，再用辊子将凸起部分套涂一定颜色的涂料。

（7）104外墙饰面涂料。这种涂料是由有机高分子胶粘剂和无机胶粘剂制成的，具有无毒无色，涂层厚且呈片状，防水、防老化性能良好，涂层干燥快，黏结力强，色泽鲜艳，装饰效果好等特点，适用于各种工业、民用建筑的外墙粉刷。

（8）聚合物改性水泥。水泥中掺入聚合物乳液或水溶液，能提高涂料与基层的黏结强度，减少或防止饰面开裂和粉化脱落，改善浆料的和易性，减轻浆料的沉降和离析，并能降低密度、减慢吸水速度。缺点是掺入有机乳胶液后的水泥抗压强度会有所减低，同时由于其缓凝作用会析出氢氧化钙，会引起颜色不匀。目前，做改性水泥涂料的主要是聚乙烯醇缩甲醛水溶液（107胶）。

2. 内墙、顶棚涂料

（1）聚乙烯醇水玻璃涂料（106涂料）。它是以聚乙烯醇树脂水溶液和钠水玻璃为基料，掺加颜料、填料及少量外加剂经研磨加工而成的一种水溶性涂料。这种涂料成本低、无毒、无臭味，能在潮湿的水泥和新、老石灰墙面上施工，黏结性好，干燥快，涂层表面光洁，能配制成多种色彩（如奶白、奶黄、淡青、玉绿、粉红等色），装饰效果好。

（2）聚乙烯醇缩甲醛内墙涂料（801涂料）。它是以聚乙烯醇缩甲醛为基料，掺加颜料、填料、石灰膏及其他助剂，经研磨加工而成的涂料。这种涂料无毒、无臭味，可喷可刷，涂层干燥快，施工方便，与新、老石灰墙面及水泥墙面黏结良好。该涂料色彩丰富，装饰效果良好，尚具有耐水、耐洗刷等特点。

（3）乳液涂料。乳液涂料是由合成树脂的乳液和颜料浆配制而成的。乳液涂料无毒，不污染环境，操作方便，涂膜干燥后，色泽好，抗大气性、耐水性良好，适用于混凝土、砂浆和木材表面的喷涂。

（4）滚花涂料。滚花涂料是适应滚花工艺的一种新型涂料，由107胶、106胶和颜料、填充料等分层刷涂、打磨、滚涂而成的。这种涂料滚花后，貌似壁纸，色调柔和、美观大方，质感强。涂料施工方便，耐水、耐久性好。

（5）膨胀珍珠岩喷砂涂料。这是一种具有粗质感的喷砂涂料，装饰效果类似于小拉毛效果，但质感比小拉毛的强，对基层要求低，遮丑效果好，适用于客房及走廊的天棚，还适用于办公室、会议室、小型俱乐部及民用住宅天花板等。

3．地面涂料

建筑物的室内地面采用地面涂料作饰面是近年来兴起的一种新材料和新工艺，与传统的地面相比，虽然有效使用年限不长，但施工简单，用料省，造价低，维修更新方便。

常用的地面涂料有过氯乙烯、苯乙烯等地面涂料。这些涂料是以树脂为基料，掺加增塑剂、稳定剂、颜料或填充料等经加工配制而成的。涂料适用于新、老水泥地面的涂刷。涂刷后，干燥快，光滑美观，不起尘土，易于洗刷。若以环氧、聚酯、聚氨酯等树脂为基料，掺加颜料、填充料、稀释剂及其他助剂，可加工配制成一种厚质的地面涂料，用涂刮施工方法，涂布无缝地面。这种地面的整体性强，耐磨、耐久。

4．特种涂料

特种涂料对被涂物不仅具有保护和装饰的作用，还具有特殊功能，如对蚊蝇等害虫有速杀作用的卫生涂料，具有阻止霉菌生长的防霉涂料，能消除静电作用的防静电涂料，能在夜间发光起指示作用的发光涂料等。

5．防火涂料

防火涂料包括钢结构防火涂料、木结构防火涂料、混凝土楼板防火涂料。

6．油漆涂料

（1）天然漆。天然漆又称大漆，有生漆和熟漆之分。天然漆是漆树上取得的液汁，经部分脱水并过滤而得的棕黄色黏稠液体。天然漆的优点是漆膜坚硬、富有光泽、耐久、耐磨、耐油、耐水、耐腐蚀、绝缘、耐热（不大于250℃），与基底材料表面结合力强；缺点是黏度高而不易施工（尤其生漆）、漆膜色深、性脆、不耐阳光直射，抗强氧化剂和抗碱性差，漆酚有毒。生漆不需要催干剂就可直接作涂料使用。生漆经加工就成熟漆，或改性后制成各种精制漆。精制漆有广漆和推光漆等品种，具有漆膜坚韧、耐水、耐久、耐热、耐腐蚀等良好性能，光泽动人、装饰性强。天然漆适用于木器家具、工艺美术制品及建筑部件等。

（2）调和漆。它是在熟干性油中加入颜料、溶剂、催干剂等调和而成的，是最常见的一种油漆。调和漆质地均匀、稀稠适度、漆膜耐蚀、耐晒、经久不裂、遮盖力强、耐久性好、施工方便，适用于室内外钢铁、木材等材料表面。常用的有油性调和漆、磁性调和漆等品种。

（3）清漆。清漆属于一种树脂漆，是将树脂溶于溶剂中，加入适量的催干剂而成的。清漆一般不加入颜料，涂刷于材料表面。溶剂挥发后干结成光亮的透明薄膜，能显示出材料表面原有的花纹。清漆易干、耐用，并能耐酸、耐油，可刷、可喷、可烤。

根据所选用原料的不同，清漆有油清漆和醇酸清漆两种。油清漆是由合成树脂、干性油、溶剂、催干剂等配制而成的。油料用量较多时，漆膜柔韧、耐久且富有弹性，但干燥较慢；油料用量较少时，漆膜坚硬、光亮，干燥快，但较易脆裂。

醇酸清漆是将醇酸树脂溶于有机溶剂而成的，通常是浅棕色的半透明液体。这种清漆干燥迅速，漆膜硬度高，电绝缘性好，可抛光、打磨，显出光亮的色泽，但膜脆、耐热及抗大气性差。醇酸清漆主要用于涂刷室内门窗、木地板、家具等，不宜外用。

（4）磁漆（瓷漆）。它是在清漆的基础上加入无机颜料而成的，漆膜光亮、坚硬。瓷漆色泽丰富、附着力强，适用于室内装修和家具，也可用作室外的钢铁和木材表面。常用的有醇酸瓷漆、酚醛瓷漆等品种。

（5）特种油漆。特种油漆是指各种防锈漆及防腐漆，按施工方法可分为底漆和面漆。用底漆打底，再用面漆罩面，对钢铁及其他材料能起到较好的防锈、防腐作用。防锈漆用精炼亚麻仁油、桐油等优质干性油做成膜剂，以红丹、锌铬黄、铁红、铝粉等作防锈颜料。

三、胶粘剂

胶接（黏合、黏接、胶结、胶粘）是指同质或异质物体表面用胶粘剂连接在一起的技术，具有应力分布连续、质量轻、密封性好、多数工艺温度低等特点。胶接特别适用于不同材质、不同厚度、超薄规格和复杂构件的连接。胶接近代发展最快，应用行业极广，并对高新科学技术进步和人们日常生活改善有重大影响。因此，研究、开发和生产各类胶粘剂十分重要。

建筑装饰装修用的胶粘剂除少量用于豪华装饰装修外，主要还用于普通民宅和一般建筑上。室内装饰装修用的胶粘剂主要用于墙纸、瓷砖、木材等一些比较容易黏接材料的黏接，由于黏接面较大，因此用量较多。除高档装修对胶粘剂要求较高外（如镜子胶，除要求较高的黏接强度以外，胶粘剂还不能腐蚀反光涂层；卫浴密封胶粘剂需有防霉性能等），一般黏接情况下对胶粘剂的性能要求均不高。

（一）胶粘剂的种类

建筑工程使用的胶粘剂品种很多：一类是溶剂型（以溶剂为介质）胶粘剂，主要品种是氯丁橡胶型胶粘剂（简称氯丁胶）；另一类是水基型胶粘剂（以水溶剂为介质），主要品种有聚乙烯醇缩甲醛胶粘剂（俗称107胶、801胶）、聚醋酸乙烯胶粘剂（俗称白乳胶）。

1. 氯丁橡胶型胶粘剂（氯丁胶）

氯丁橡胶型胶粘剂主要用于室内的木器、木工、地毯与地面、塑料与木质材料等的黏接，另外还广泛应用于制鞋、箱包、皮带输送、轮胎修补等行业。它具有黏接力强、应用范围广、干燥速度快、制造简易、使用方便等特点。

此类材料的主要有害物质是溶剂中的苯和甲苯。氯丁橡胶型胶粘剂使用的溶剂有两类：一类是无毒性或毒性较低的溶剂，如乙酸乙酯、120号汽油、丙酮、正己烷、环己烷等；另一类是有毒或毒性较大的溶剂，如苯（毒性很大）、甲苯（有一定毒性）、二甲苯等。为了保护环境和广大消费者的身心健康，《室内装饰装修材料胶粘剂

中有害物质限量》（GB 18583—2008）对这类胶粘剂中苯、甲苯、二甲苯和总挥发性
有机物含量的上限作出了规定。

2. 聚乙烯醇缩甲醛胶粘剂（107 胶、801 胶）

聚乙烯醇缩甲醛胶粘剂是以聚乙烯醇与甲醛在酸性介质中进行缩合反应而得到的
一种透明的或微黄色透明的水溶性黏稠剂。使用时，可加水搅拌而得稀释液，无臭、
无味、无毒，具有良好的黏结性能，是一种应用最广泛的胶粘剂。

聚乙烯醇缩甲醛胶粘剂黏结力强，性能稳定。其胶膜弹性好，不发脆，也不潮解
变形。107 胶是水溶胶，不能在 0℃ 以下使用，也不可长时间在日光下暴晒，以免水
胶分离、黏度下降、老化变质。在使用时可根据所需的黏度进行调制，太稠时可加入
清水（注意水温），黏度太低的时候，适当添加一些增塑剂。当发现有水胶分离的情
况时，可加入少量乙醇，使胶块溶解均匀。还可和 PVAC 胶粘剂混合使用，以提高
其黏度。

聚乙烯醇缩甲醛胶粘剂的用途极广，在建筑工程中可以用作墙布、墙纸、玻璃、
木材、水泥制品的胶粘剂。用聚乙烯醇缩甲醛胶粘剂配制的聚合砂浆可用于贴瓷砖、
马赛克等，且可提高黏结强度。

这类产品的有害物质主要是游离甲醛。游离甲醛具有强烈的刺激性气味，对人体
的呼吸道和中枢神经有刺激和麻醉作用，毒性较大，容易造成对人身的伤害和对环境
的污染。因此，GB 18583—2008 对 107 胶、801 胶中的游离甲醛含量也加以严格
限制。

3. 聚醋酸乙烯胶粘剂（白乳胶）

白乳胶主要用于内墙涂刷、塑料地板、地毯与地面的黏接、木器与木工、人造
板、瓦楞纸及纸箱的黏接等许多行业，用途十分广泛，它是目前市场上用量最大的水
性聚合物。

白乳胶的主要有害物质也是游离甲醛。目前，我国一些小型的乡镇企业为了降低
白乳胶的成本，有的在白乳胶中加入部分甲醛含量很高的 107 胶，也有的采用在制造
过程中加入部分 107 胶的工艺，从而导致白乳胶中游离甲醛含量升高，超过了 GB
18583—2008 的规定。

（二）胶粘剂的选购

选购室内装饰装修用胶粘剂时应注意以下几点：

（1）尽量到具有一定规模的建材超市去选购胶粘剂，一般大型建材超市在进货时
会核对商品的检验报告，防止不合格商品上柜。而贪图便宜去小店购买胶粘剂，往往
产品质量难以保证。

（2）在选购胶粘剂时应选用著名厂商的产品和名牌产品。一般大厂建有良好的质
量管理系统，质量有保证。

（3）看胶粘剂外包装是否标明符合 GB 18583—2008 规定的字样。经检验合格的
产品才能进入销售市场。

（4）不宜选用外包装粗糙、容器外形歪斜、使用说明等文字印刷模糊的商品。外
包装粗糙的商品质量难以保证。

（5）注意查看胶粘剂外包装上注明的生产日期，过了有效期的胶粘剂质量会下降。

（6）在选购胶粘剂时还可以估算一下胶粘剂的质量是否与外包装上标明的质量相符，以防发生缺斤短两的现象。

（7）如果开桶查看，胶粘剂的胶体应均匀、无分层、无沉淀，开启容器时无冲鼻刺激性气味。

（8）胶粘剂的选用还需注意产品用途说明与选用要求是否相符。

（三）胶粘剂的使用

在使用胶粘剂时还应注意安全事项，注意施工场所的通风、消防等，以免发生意外事故。

任务三 橡 胶

橡胶是有机高分子化合物的一种，具有高聚物的特征与基本性质，是一种弹性体。橡胶最主要的特性是在常温下具有显著的高弹性能，即在外力作用下能很快发生变形，变形可达百分之数百，当外力除去后，又会恢复到原来的状态，而且保持这种性质的温度区间范围很大。

橡胶在阳光、热、空气（氧和臭氧）或机械力的反复作用下，表面会出现变色、变硬、龟裂、发黏，同时机械强度降低，这种现象称为老化。为了防止老化，一般加入防老化剂，如蜡类、二苯基对苯二胺等。

橡胶是制造飞机、军舰、汽车、拖拉机、收割机、水利排灌机械、医疗器械等所必需的材料。根据来源不同，橡胶可以分为天然橡胶和合成橡胶。

一、天然橡胶（NR）

天然橡胶主要从橡胶树的浆汁中取得。在橡胶树的浆汁中加入少量的醋酸、氧化锌或氟硅酸钠即行凝固，凝固体经压制后成为生橡胶，再经硫化处理则得到软质橡胶（熟橡胶）。天然橡胶的主要成分是异戊二烯高聚体，其他还有少量水分、灰分、蛋白质及脂肪酸等。

天然橡胶的密度为 $0.91 \sim 0.93 \text{g/cm}^3$，$130 \sim 140℃$ 软化，$150 \sim 160℃$ 变黏软，$220℃$ 熔化，$270℃$ 迅速分解，常温下弹性很大。天然橡胶易老化失去弹性，一般用作橡胶制品的原料。

二、合成橡胶

合成橡胶是由人工合成的高弹性聚合物，也称合成弹性体，是三大合成材料之一，其产量仅低于合成树脂（或塑料）、合成纤维。合成橡胶又称人造橡胶。生产过程一般可分为两步：首先将基本原料制成单体，而后将单体经聚合、缩合作用合成为橡胶。

合成橡胶中有少数品种的性能与天然橡胶相似，大多数与天然橡胶不同，但两者都是高弹性的高分子材料，一般均需经过硫化和加工之后才具有实用性和使用价值。合成橡胶在 20 世纪初开始生产，从 20 世纪 40 年代起得到了迅速的发展。合成橡胶一般在性能上不如天然橡胶全面，但它具有高弹性、绝缘性、气密性、耐油、耐高温或低温等性能，因而广泛应用于工农业、国防、交通及日常生活中。

合成橡胶的分类如下：

（1）按成品状态可分为液体橡胶（如端羟基聚丁二烯）、固体橡胶、乳胶和粉末橡胶等。

（2）按橡胶制品形成过程可分为热塑性橡胶（如可反复加工成型的三嵌段热塑性丁苯橡胶）、硫化型橡胶（需经硫化才能制得成品，大多数合成橡胶属此类）。

（3）按生胶充填的其他非橡胶成分可分为充油母胶、充炭黑母胶和充木质素母胶。

（4）实际应用中又按使用特性分为通用型橡胶和特种橡胶两大类。通用型橡胶指可以部分或全部代替天然橡胶使用的橡胶，如丁苯橡胶、异戊橡胶、顺丁橡胶等，主要用于制造各种轮胎及一般工业橡胶制品，以及电线、电缆包皮及高压、超高压的绝缘材料。通用型橡胶的需求量大，是合成橡胶的主要品种。特种橡胶是指具有耐高温、耐油、耐臭氧、耐老化和高气密性等特点的橡胶，常用的有硅橡胶、各种氟橡胶、聚硫橡胶、氯醇橡胶、丁腈橡胶、聚丙烯酸酯橡胶、聚氨酯橡胶和丁基橡胶等，主要用于要求某种特性的特殊场合。

建筑工程中常用的合成橡胶有以下几种。

1. 氯丁橡胶（CR）

氯丁橡胶由氯丁二烯聚合而成，为浅黄色及棕褐色弹性体。密度 $1.23g/cm^3$，溶于苯和氯仿，在矿物油中稍溶胀而不溶解，硫化后不易老化，耐油、耐热、耐臭氧、耐酸碱腐蚀性好，黏结力较高，脆化温度 $-35\sim55℃$，热分解温度 $230\sim260℃$，最高使用温度 $120\sim150℃$。与天然橡胶相比，绝缘性较差，但抗拉强度、透气性和耐磨性较好。

2. 丁苯橡胶（SBR）

丁苯橡胶由丁二烯和苯乙烯共聚而成，是应用最广、产量最多的合成橡胶。丁苯橡胶为浅黄褐色，其延性与天然橡胶相近，加入炭黑后，强度与天然橡胶相仿。密度随苯乙烯的含量不同，通常在 $0.91\sim0.97g/cm^3$，不溶于苯和氯仿。耐老化性、耐磨性、耐热性较好，但耐寒性、黏结性较差，脆化温度 $-52℃$，最高使用温度 $80\sim100℃$，能与天然橡胶混合使用。

3. 丁基橡胶（BR）

丁基橡胶由异丁烯与少量异戊二烯在低温下加聚而成，为无色弹性体。密度为 $0.92g/cm^3$，能溶于 5 个碳以上的直链烷烃或芳香烃的溶剂中。它是耐化学腐蚀、耐老化、不透气性和绝缘性最好的橡胶。具有抗断裂性能好、耐热性好、吸水率小等优点，具有较好的耐寒性，其脆化温度为 $-79℃$，最高使用温度 $150℃$，但弹性较差，加工温度高，黏结性差，难与其他橡胶混用。

4. 乙丙橡胶（EPM）和三元乙丙橡胶（EPIM 或 EPT）

乙丙橡胶是乙烯与丙烯的共聚物。乙丙橡胶的密度仅为 $0.85g/cm^3$ 左右，是最轻的橡胶，且耐光、耐热、耐氧及臭氧、耐酸碱、耐磨性能等非常好，也是最廉价的合成橡胶。但乙丙橡胶硫化困难。为此，在乙丙橡胶共聚反应时，加入第三种非共轭双键的二烯烃单体，得到可用硫进行硫化的三元乙丙橡胶。目前，三元乙丙橡胶已普遍发展和利用。

5. 丁腈橡胶（NBR）

丁腈橡胶是丁二烯与丙烯腈的共聚体。它的特点是对油类及许多有机溶剂的抵抗力极强，它的耐热、耐磨和抗老化性能也胜于天然橡胶。但绝缘性较差，塑性较低，加工较难，成本较高。

6. 再生橡胶（再生胶）

再生橡胶是由废旧轮胎和胶鞋等橡胶制品或生产中的下脚料经再生处理而得到的橡胶。这类橡胶原料来源广，价格低，建筑上使用较多。

再生处理主要是脱硫，即通过高温使橡胶产生氧化解聚，使大型网状橡胶分子结构被适度地氧化解聚，变成大量的小型网状结构和少量链状物。脱硫过程中破坏了原橡胶的部分弹性，从而获得了部分塑性和黏性。

任务四 沥 青 实 验

一、石油沥青针入度测定

1. 试验目的

针入度是表示沥青流动性的指标，根据它来确定石油沥青的牌号。

2. 试验材料

石油沥青取样，以 20t 沥青为一个取样单位。从每个取样单位的 5 个不同部位，各取大致相同量的洁净试样，共约 1kg，作为该批沥青的平均试样。

将沥青试样装入金属皿中在密闭电炉上加热熔化，加热温度不得比估计的软化点高出 100℃，充分搅拌，至气泡完全消除为止。将用 0.6～0.8mm 筛网过滤后的熔化沥青注入试样皿中，试样厚度不小于 30mm，放在环境温度 15～30℃中冷却 1h，再把试样皿浸入（25±0.5）℃的恒温水浴中，恒温 1h，水浴中水面应高于试样表面 25mm。至此，试样制备完毕，准备试验。

3. 仪器与设备

针入度仪（图 5-6）、恒温水浴、试样皿（金属圆柱形平底容器）、温度计、秒表、平底玻璃皿等。

4. 试验方法及步骤

（1）调平针入度仪三脚底座。

（2）将试样皿从恒温水浴中取出，置于水温严格控制为（25±0.1）℃的平底保温玻璃皿中，水面应高出试样表面至少 10mm。将保温玻璃皿置于底座上的圆形平台上。调整标准针，使针尖正好与试样表面接触。拉下活动齿杆，使其下端与标准针连杆顶端接触，并将指针指到刻度盘上的"0"位上，记录初始值。

（3）压下按钮，同时启动秒表。当标准针自由落下穿入试样时间达 5s 时，立即放松按钮，使标准针停止下落。

（4）拉下活动齿杆与标准针连杆顶端接触。记录刻度盘上所指数值（或与初始读值之差），即为试样的针入度值（图 5-6）。

（5）每一试样进行平行测定至少三次。每次试验后，应将标准针用浸有煤油、苯或汽油的布擦净，再用干布擦干。各测定点间距离及测定点与试样边缘之间的距离应不小于 10mm。每次测定前应将平底玻璃皿放入恒温水浴，测定期间要随时检查保温皿内水温，使其恒定。

（6）测定针入度大于 200 的沥青试样时，至少用 3 根针，每次测定后将针留在试样中，直至 3 次测定完成后，才能把针从试样中取出。

5. 试验结果确定

（1）以每一试样的三次测定值的算术平均值为该试样的针入度值。

（2）三次测定值中的最大与最小值之差，当针入度低于 49 度时，差不大于 2 度；针入度为 50～149 度时，差不应大于 4 度；针入度为 150～249 度时，差不应大于 6 度；针入度为 250～350 度时，差不应大于 10 度。

二、石油沥青的延度测定

1. 试验目的

延度是表示石油沥青塑性的指标，它也是评定石油沥青牌号的指标之一。

2. 试验材料

（1）取样方法与针入度试验相同。制备试件之前，将 8 字形试模的侧模内壁及玻璃板上涂以隔离剂（甘油：滑石粉＝1：3）。

（2）将熔化并脱水的沥青用 0.6～0.8mm 筛网过滤后，浇筑 8 字形试模三个。沥青应略高于模面，冷却 30min 后，用热刮刀将试模表面多余的沥青仔细刮平，试样不得有凹陷或鼓起现象，且须与试模高度水平（误差不大于 0.1mm），表面应十分光滑。

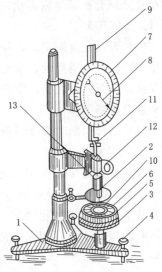

图 5-6　针入度仪
1—底座；2—小镜；3—圆形平台；
4—调平螺钉；5—保温皿；6—试样；
7—刻度盘；8—指针；9—活动齿杆；
10—标准针；11—连杆；
12—按钮；13—砝码

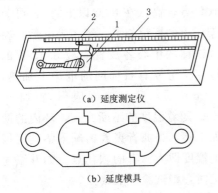

（a）延度测定仪

（b）延度模具

图 5-7　沥青延度测定仪及模具
1—滑板；2—指针；3—标尺

3. 仪器设备

延度测定仪［图 5-7（a）］及 8 字形试模［图 5-7（b）］。

4. 试验方法及步骤

（1）将试样连同试模及玻璃板（或金属板）浸入恒温水浴或延度测定仪水槽中，水温保持（25±0.5）℃，水面高出沥青试件上表面不少于 25mm。

（2）检查延度测定仪滑板移动速度（5cm/min），并使指针指向零点。待试件在水槽中恒温 1h 后，便将试模自玻璃上取下，将模具两端的小孔分别套在延度测定仪的支板与滑板的销钉上，取下两侧模。检查水温，保持在 (25±0.5)℃。

（3）开动延度测定仪，使试样在始终保持的水温中以 (5±0.25)cm/s 的速度进行拉伸，仪器不得震动，水面不得晃动，观察沥青试样延伸情况。如果发现沥青细丝浮在水面或沉入槽底时，则应在水中加入乙醇或食盐水调整水的密度，直至与试样密度相近后重新试验。

（4）试样拉断时指针所指标尺上的读数即为试样的延度，以 cm 表示。

5. 试验结果确定

取三个试件平行测定值的算术平均值作为测定结果。若三次测定值不在其平均值的 ±5% 以内，但其中两个较高值在平均的 5% 以内，则舍去最低值，取两个较高值的平均值作为测定结果，否则重新试验。正常情况下，试样拉断后呈锥尖状，实际断面接近于零，如果不能得到上述结果，则应报告注明，在此条件下无法测定结果。

三、石油沥青的软化点测定

1. 试验目的

软化点是表示石油沥青温度敏感性的指标，也是评定石油沥青牌号的指标之一。

2. 试验材料

取样方法与针入度试样相同。

制备试样时，将铜环置于涂有隔离剂的玻璃上，往铜环中注入熔化已完全脱水的沥青，注入前用筛孔尺寸为 0.6～0.8mm 的筛网过滤，注入的沥青稍高于铜环的上表面。试样在 15～30℃ 环境中冷却 30min 后，用热刮刀刮平，注意使沥青表面与铜环上口平齐，光滑。

3. 仪器与设备

软化点测定仪（或称环球仪，包括 800mL 的烧杯、架子、铜环、环套以及钢球，参见图 5-8）、加热器（电炉）、温度计等。

4. 试验方法及步骤

（1）将铜环水平放置在架子的小孔上，中间孔穿入温度计。将架子置于烧杯中。

（2）烧杯中装 (5±0.5)℃ 的水。如果预计软化点较高（在 80℃ 以上时），可装入 (30±1)℃ 的甘油，装入水或甘油的高度应与架子上的标记相平。经 30min 后，在铜环中沥青试样的中心各放置一枚 3.5g 重的钢球。将烧杯移至放有石棉网的电炉上加热，开始加热 3min 后，升温速度应保持 (5±0.5)℃/min。随着温度的不断升高，环内的沥青因软化而下坠，当沥青裹着钢球下坠到底板时，此时的温度即为沥青的软化点。如升温速度超出规定时，则试验应重做。

5. 试验结果确定

每个试样至少平行测定两个试件，取两个

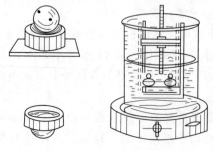

图 5-8 软化点测定仪

试件测定值的算术平均值作为试验结果。两个试件测定结果的差值不得大于 0.5℃（软化点高于 80℃的，不得大于 1.2℃）。

四、有机高分子材料的前景

对于有机高分子材料的前景主要从使用及应用功能和生态等方面介绍。

1. 对于高层建筑的轻质高强发展的需要

随着城市密度的逐步加大，亟须解决众多人口的居住问题和行政、金融、商贸、文化等部门的办公空间问题，此时建筑物高度的增加势不可挡。高层建筑同时要求结构建筑向轻质高强方向发展。目前使用的材料依然是高强度钢材和高强混凝土，同时进一步探索将碳纤维及其他纤维材料与混凝土聚合物等复合制造的轻质高强结构材料成为必然趋向。

目前，普通建筑物的寿命一般设定在 50～100 年。但是随着建筑物的高度的增加，功能的齐全，以及一些大型的水利、水电、海底隧道等工程的发展，对建筑物的材料的耐久性提出了严峻的挑战。当前，主要的开发目标有高耐久性混凝土、钢骨混凝土、防锈钢筋、陶瓷质外壁胎面材料、氟树脂涂料、防虫蛀材料、耐低温材料，以及在地下、海洋、高温等苛刻环境下能长久保持性能的材料。

2. 在一些大跨度结构当中构筑灵活大空间的需要

在大空间建筑中"第五代建材"膜材料也是一种广泛应用的新型材料，它是由高分子聚合物涂层与基材按照所需的厚度、宽度通过特定的加工工艺黏合而成。现在它可以发挥极大承载力，构筑灵活大空间，并且具有自然生态美外观。例如，2008 年奥运会游泳跳水场馆水立方的建设当中使用的材料。

3. 对于地下建筑的使用及建设过程当中的需要

为了增大土地的利用率，建筑物地下空间的使用也成为一种必然趋势，与超高层建筑相比，地下空间结构具有很多优点。例如具有保温、隔热、防风等特点，可以节省建筑能耗。为实现大深度地下空间建设，需要开发能适应地下环境要求的新型材料，如药剂材料、生物材料、土壤改良剂、水质净化剂等。

4. 在水利工程当中对建筑环境的适用的需要

在水利工程当中，海洋建筑与陆地建筑的工作环境有很大差别，为了实现海洋空间的利用，建造海洋建筑，必须开发适合于海洋条件的建筑材料。海水中的盐分、氯离子、硫酸根等侵蚀作用，对材料的耐久性会有所损伤；海水波浪的循环撞击对建筑物疲劳性的损坏；一些恶劣天气对海上建筑的破坏；沿海地区建筑物出现的明显沉降。这些苛刻的条件对海洋建筑物的材料提出很高的要求，要具有很高的强度、耐冲击性、耐疲劳性、耐磨耗等力学性能，同时还要求具有优良的耐腐蚀性能。为达到这些性能要求，要求开发新型材料，如涂膜金属板材、耐腐蚀金属、水泥基复合增强材料、地基强化材料等。

5. 建筑物可持续发展的需要

为了实现可持续发展的目标，需要开发研究环保型建筑材料。将一些废弃的材料经过再加工之后能够很好地应用于建筑，或者将一些建筑物的废弃物再回收利用，进行其他再生产，以减少对环境的污染，逐步达到可持续发展的良性循环当中。例如利用工业废料（粉煤灰、矿渣、煤矸石等）可生产水泥、砌块等材料；利用废弃的泡沫塑料生产保温墙体板材；利用废弃的玻璃生产贴面材料等。既可以减少固体废渣的堆存量，减轻环境污染，又可节省自然界中的原材料，对环保和地球资源的保护具有积极的作用。高流态、自密实免振混凝土，在施工中不需振捣，既可节省施工能耗，又能减轻噪声。

6. 减少建筑物后期维护费用的需要

随着人类智能化的发展，智能化材料也被人们重视和研发。所谓智能化材料，即材料本身具有自我诊断和预告破坏、自我调节和自我修复的功能，以及可重复利用性。这类材料能够对建筑物的破坏起到延缓或控制作用，为危险的发生争取一定的时间，以便及时采取措施；同时智能化材料能够根据周围的环境如湿度、光线等条件进行自我调整；智能化材料还具有类似于生物的自我生长、新陈代谢的功能，对破坏或受到伤害的部位进行自我修复。当建筑物解体的时候，材料本身还可重复使用，减少建筑垃圾。这类材料的研究开发目前处于起步阶段，关于自我诊断、预告破坏和自我调节等功能已有初步成果。

7. 室外建筑与气候相适应的需要

随着城市密度的加大，国内城市道路、市政建设的步伐越来越快，一些必须的应用设施，停车场、广场等应用设施的建设，使得雨水不能及时还原到地下，严重影响城市植物的生长和生态平衡。同时，城市路面材料缺乏透气性，使得城市的温度及气候调节能力降低，产生了所谓的"热岛现象"。因此，如何将雨水导入地下，改善城市的温度和气候，开发具有透水性、排水性、透气性的路面材料，是我们迫切需要解决的问题。另外，对于城市交通的噪声污染的处理，要求一种多孔的路面材料来改善。还可以使用一些多彩材料，增加路面的色调，为人们提供一个赏心悦目的出行环境。

【本章小结】

本章主要讲述了建筑用高分子材料：建筑塑料、建筑涂料、胶粘剂、合成橡胶、合成纤维等。

思　考　题

1. 合成高分子化合物如何制备？
2. 热塑性树脂与热固性树脂的主要不同点是什么？
3. 塑料的组分有哪些？它们在塑料中所起的作用如何？
4. 建筑塑料有何优缺点？工程中常用的建筑塑料有哪些？

常 用 建 筑 材 料

项目六 混 凝 土

【学习目标】

①掌握混凝土主要技术性质和强度影响因素；②掌握混凝土配合比设计计算及施工配合比调整；③理解混凝土各组成材料在混凝土中的作用；④了解常用外加剂的主要性质、选用和应用要点；⑤了解混凝土质量控制的意义和方法；⑥了解其他种类混凝土及新型混凝土发展方向。

【能力目标】

①能够进行混凝土组成物的颗粒级配、混凝土的和易性、强度等性能检测；②能够进行混凝土配合比计算；③能够完成规范的检测报告。

【思政小贴士】

郑守仁（1940—2020），出生于安徽省阜阳市颍上县，水利水电工程专家、中国工程院院士、三峡水利枢纽工程设计总工程师，新中国成立70年被评为"最美奋斗者"。

郑守仁幼年目睹乡民深受水害之苦，励志学习水利改变家乡水患频发的现状。后来如愿考入华东水利学院（现河海大学）。大学毕业后，来到他筑梦江河第一站——三峡工程的试验坝（湖北陆水水利枢纽），开启了他治理长江的生涯。之后因历史原因，郑守仁伉俪主动请缨前往位于大西南偏远荒蛮的乌江渡。"家"还未安顿好，他就奔赴乌江渡水电站坝址所在地，经过现场勘测，仔细测算，科学推理，建设了我国第一座水下施工的混凝土拱形过水围堰。

随后又负责葛洲坝导截流、隔河岩的全过程设计工作。葛洲坝作为新中国水电设计的里程碑，在20世纪80年代享誉世界，被西方誉为"中国的新长城"。隔河岩水利团队大胆假设，小心求证，经过一系列设计演算和多次模型试验，设计出了"三圆心斜封拱的重力拱坝"的坝型。

参与长江三峡工程建设，是每一位水利工程师的梦想，郑守仁也不例外。已到知命之年的郑守仁被任命为三峡勘测科研设计代表局局长兼总工程师、长江委党组成员、总工程师。在三峡工程的建设过程中，他和参建大军深知，三峡工程作为世界第一的"巨无霸"水利枢纽，工程浩大，技术复杂，建设过程中定会遇到各种不可预料的"拦路虎""绊脚石"。他把周总理在兴建葛洲坝工程时的教导时刻谨记在心：在长江上建坝要战战兢兢、如临深渊、如履薄冰。

三峡水利工程历经十七载，于 2009 年全部完工。宏伟的三峡工程，作为集防洪、发电、航运、供水、生态、旅游等功能于一体的大国重器，是一部记载共和国治水兴邦奇迹的恢宏史诗。对于三峡工程，郑守仁曾说："三峡工程不能出现任何差错，要对工程负责，要对历史负责。"

他终身忙着修大坝，建电站，毕生的精力都献给了祖国的水利事业，古有大禹三过家门而不入，现有"三峡之子"郑守仁舍小家为大家。他与夫人高黛安常年奔波于各个水利水电工程建设工地，他们把"家"安在了高山峡谷间的水电工程建设工地。与唯一的女儿三十余年见面次数不超过十次，在她高考、恋爱、结婚这些重要的人生选择上，郑守仁伉俪因工作原因都未出席，是彼此无法碰触的伤痛和遗憾。

郑守仁是工程师的脊梁，是大坝的基石，是家乡人民的骄傲，是水利人的骄傲，是中华民族的骄傲。从郑守仁同志的事迹中，我们看到中国水利人的担当与付出，舍小家为大家的敬业精神，我们要向郑守仁同志致敬和学习，树立正确的人生观和职业观，学习他大公无私、勇于承担的精神，学习他工作严谨、务实求精的专业精神。

任务一　混凝土的基本知识

课件 6.1

视频 6.2

混凝土（concrete）是当代最主要的土木工程材料之一。它是由胶凝材料、骨料和水按一定比例配制，经搅拌振捣成型，在一定条件下养护，凝结硬化而成的人工石材。

混凝土是世界上用量最大的一种工程材料，其应用已有 100 多年历史。19 世纪 30 年代水泥混凝土的出现，特别是钢筋混凝土的诞生，成为近代建筑史的标志和里程碑。混凝土技术的不断进步以及外加剂和高性能矿物掺合料的逐渐推广使用，有效地改善了混凝土的各方面性能，进一步扩大了混凝土的使用范围。

一、混凝土的分类

当前混凝土的品种日益增多，应用范围与性能也各不相同。根据工程的需要，按照不同的标准进行分类可得到不同的分类结果。

1. 按表观密度分类

（1）重混凝土。指干表观密度大于 2800kg/m³ 的混凝土，通常采用高密度集料（重晶石和铁矿石）或同时采用重水泥（如钡水泥、锶水泥）配制而成，主要用作辐射屏蔽结构材料。

（2）普通混凝土。指干表观密度为 2000～2800kg/m³ 的水泥混凝土，主要以砂、石子和水泥配制而成，是土木工程中最常用的混凝土品种。

（3）轻混凝土。指干表观密度小于 1950kg/m³ 的混凝土，包括轻骨料混凝土、多孔混凝土和大孔混凝土等，主要用作轻质结构（大跨度）材料和隔热保温材料。

2. 按胶凝材料的品种分类

通常根据主要胶凝材料的品种，并以其名称命名，如水泥混凝土、沥青混凝土、聚合物混凝土等。有时也以加入的特种改性材料命名，如水泥混凝土中掺入钢纤维时，称为钢纤维混凝土；水泥混凝土中掺大量粉煤灰时则称为粉煤灰混凝土等。

3. 按使用功能和特性分类

按使用部位、功能和特性，通常可分为：结构混凝土、道路混凝土、水工混凝土、耐热混凝土、耐酸混凝土、防辐射混凝土、补偿收缩混凝土、防水混凝土、纤维混凝土、聚合物混凝土、高强混凝土和高性能混凝土等。

4. 按强度等级分类

按抗压强度分为低强混凝土（<30MPa）、中强混凝土（30~60MPa）、高强混凝土（≥60MPa）、超高强混凝土（≥100MPa）。

5. 按生产和施工方法分类

按生产和施工方法不同可分为预拌混凝土（商品混凝土）、泵送混凝土、自密实混凝土、喷射混凝土、压力灌浆混凝土（预填骨料混凝土）、碾压混凝土和水下不分散混凝土等。

二、普通混凝土的特点

1. 普通混凝土的主要优点

（1）原材料来源丰富，造价低廉。混凝土中约70%以上的材料是砂石料，属地方性材料，可就地取材，避免远距离运输，因而价格低廉。

（2）施工方便。混凝土拌合物具有良好的流动性和可塑性，可根据工程需要浇筑成各种形状尺寸的构件及构筑物。既可现场浇筑成型，也可预制。

（3）性能可根据需要设计调整。通过调整各组成材料的品种和数量，特别是掺入不同外加剂和掺合料，可获得不同施工和易性、强度、耐久性或具有特殊性能的混凝土，满足工程的不同要求。

（4）抗压强度高，匹配性好，与钢筋及钢纤维等有牢固的黏结力。混凝土的抗压强度一般在7.5~60MPa之间。当掺入高效减水剂和掺合料时，强度可达100MPa以上。而且混凝土与钢筋具有良好的匹配性，浇筑成钢筋混凝土后，可以有效地改善抗拉强度低的缺陷，使混凝土能够应用于各种结构部位。

（5）耐久性好。原材料选择正确、配比合理、施工养护良好的混凝土具有优异的抗渗性、抗冻性和耐腐蚀性能，且对钢筋有保护作用，可保持混凝土结构长期使用性能稳定。

（6）耐火性良好，维修费少。

2. 普通混凝土存在的主要缺点

（1）自重大，比强度低。

（2）抗拉强度低，抗裂性差。混凝土抗拉强度一般只有抗压强度的1/20~1/10，易开裂。

（3）硬化缓慢，生产周期长。

（4）收缩变形大。水泥水化、凝结硬化引起的自身收缩和干燥收缩达500×

10^{-6}m/m 以上，易产生混凝土收缩裂缝。

（5）导热系数大，保温隔热性能较差。

这些缺陷正随着混凝土技术的不断发展而逐渐得以改善，但在目前工程实践中还应注意其不良影响。

三、对普通混凝土的基本要求

（1）满足便于搅拌、运输和浇捣密实的施工和易性。

（2）满足设计要求的强度，能安全承载。

（3）满足工程所处环境条件所必需的耐久性。

（4）满足上述三项要求的前提下，最大限度降低水泥用量，节约成本，即经济合理性。

为了满足上述四项基本要求，就必须研究原材料性能，研究影响混凝土和易性、强度、耐久性、变形性能的主要因素；研究配合比设计原理、混凝土质量波动规律以及相关的检验评定标准等，这正是本章介绍的重点内容。

任务二 混凝土的组成材料

水、水泥、砂（细骨料）、石子（粗骨料）是普通混凝土的四种基本组成材料，在此基础上还常掺入矿物掺合料和化学外加剂。水和胶凝材料形成胶凝材料浆，在混凝土中赋予混凝土拌合物以流动性；黏结粗、细骨料形成整体；填充骨料的间隙，提高密实度。砂和石子构成混凝土的骨架，有效抵抗水泥浆的干缩；砂石颗粒逐级填充，形成理想的密实状态，节约胶凝材料浆的用量。

一、水泥

水泥是决定混凝土成本的主要材料，同时又起到黏结、填充等重要作用，故水泥的选用格外重要。水泥的选用，主要考虑的是水泥的品种和强度等级。

水泥的品种应根据工程的特点和所处的环境气候条件，特别是应针对工程竣工后可能遇到的环境影响因素进行分析，并考虑当地水泥的供应情况作出选择，相关内容在项目四中已有阐述。

水泥强度等级的选择是指水泥强度等级和混凝土设计强度等级的关系。若水泥强度过高，水泥的用量就会过少，从而影响混凝土拌合物的工作性。反之，水泥强度过低，则可能影响混凝土的最终强度。根据经验，一般情况下水泥强度等级应以混凝土设计强度等级的 1.5～2.0 倍为宜。对于较高强度等级的混凝土，应为混凝土强度等级的 0.9～1.5 倍。选用普通强度等级的水泥配制高强混凝土时并不受此比例的约束。对于低强度等级的混凝土，可采用特殊种类的低强度水泥或掺加一些改善工作性的外掺材料（如粉煤灰等）。

课件 6.3

视频 6.4

二、细骨料（砂）

细骨料是指公称粒径小于 5.00mm 的岩石颗粒，通常称为砂。

按砂的生成过程特点，可将砂分为天然砂、人工砂和混合砂。

天然砂根据产地特征，分为河砂、湖砂、山砂和净化处理的海砂。河砂、湖砂材质最好，洁净、无风化、颗粒表面圆滑。山砂风化较严重，含泥较多，含有机杂质和轻物质也较多，质量最差。海砂中常含有贝壳等杂质，所含氯盐、硫酸盐、镁盐会引起水泥的腐蚀，故材质较河砂为次。

人工砂是经除土处理的机制砂和混合砂的统称。机制砂是以岩石、卵石、矿山废石和尾矿等为原料，经除土处理，由机械破碎、整形、筛分、粉控等工艺制成的，但不包括软、风化颗粒。

天然砂是一种地方资源，随着我国基本建设的日益发展和农田、河道环境保护措施的逐步加强，天然砂资源逐步减少。不但如此，混凝土技术的迅速发展，对砂的要求日益提高，其中一些要求较高的技术指标，天然砂难以满足，故在 2001 年人工砂被首次承认其地位并加以规范。我国有大量的金属矿和非金属矿，在采矿和加工过程中伴随产生较多的尾尘。这些尾尘及由石材粉碎生产的机制砂的推广使用，既有效利用资源又保护了环境，可形成综合利用的效益。

混合砂是指天然砂与人工砂按一定比例组合而成的砂。

根据《建设用砂》（GB/T 14684—2022），砂按技术要求分为Ⅰ类、Ⅱ类、Ⅲ类三个级别，在《普通混凝土用砂、石质量及检验方法标准》（JGJ 52－2006）中，则根据混凝土的三个强度范围，对砂提出相应的技术要求。砂的技术要求主要有以下几个方面。

（一）砂的粗细程度及颗粒级配

在混凝土中，胶凝材料浆是通过骨料颗粒表面来实现有效黏结的，骨料的总表面积越小，胶凝材料越节省，所以混凝土对砂的第一个基本要求就是颗粒的总表面积要小，即砂尽可能粗。而砂颗粒间大小搭配合理，达到逐级填充，减小空隙率，以实现尽可能高的密实度，是对砂提出的又一基本要求，反映这一要求的即砂的颗粒级配。

砂的粗细程度和颗粒级配是由砂的筛分试验来进行测定的。筛分试验是采用过筛孔边长 9.50mm 方孔筛后 500g 烘干的待测砂，用一套筛孔边长从大到小（筛孔边长分别为 4.75mm、2.36mm、1.18mm、$600\mu m$、$300\mu m$、$150\mu m$）的标准金属方孔筛进行筛分，然后称其各筛上所得的粗颗粒的质量（称为筛余量），将各筛余量分别除以 500 得到分计筛余百分率（%）a_1、a_2、a_3、a_4、a_5、a_6，再将其累加得到累计筛余百分率（简称累计筛余率）β_1、β_2、β_3、β_4、β_5、β_6，其计算过程见表 6－1。

由筛分试验得出的 6 个累计筛余百分率作为计算砂平均粗细程度的指标细度模数（μ_t）和检验砂的颗粒级配是否合理的依据。

表 6－1　　　　　　　　　　　　**累计筛余率的计算过程**

筛孔边长	分计筛余		累计筛余百分率/%
	分计筛余量/g	分计筛余百分率/%	
4.75mm	m_1	a_1	$\beta_1 = a_1$
2.36mm	m_2	a_2	$\beta_2 = a_2 + a_1$
1.18mm	m_3	a_3	$\beta_3 = a_3 + a_2 + a_1$
$600\mu m$	m_4	a_4	$\beta_4 = a_4 + a_3 + a_2 + a_1$

续表

筛孔边长	分计筛余		累计筛余百分率/%
	分计筛余量/g	分计筛余百分率/%	
$300\mu m$	m_5	a_5	$\beta_5 = a_5 + a_4 + a_3 + a_2 + a_1$
$150\mu m$	m_6	a_6	$\beta_6 = a_6 + a_5 + a_4 + a_3 + a_2 + a_1$

注 与以上筛孔边长系列对应的筛孔的公称直径及砂的公称直径系列为 5.00mm、2.50mm、1.25mm、630μm、315μm、160μm。

细度模数是指各号筛的累计筛余百分率之和除以 100，即

$$\mu_t = \frac{\sum_{i=1}^{n} \beta_i}{100} \qquad (6-1)$$

因砂定义为公称粒径小于 5.00mm 的颗粒，故公式中的 i 应取 2～6。

若砂中含有公称粒径大于 5.00mm 的颗粒，即 $a_1 \neq 0$，则应在式（6-1）中考虑该项影响，式（6-1）变形为

$$\mu_t = \frac{\beta_2 + \beta_3 + \beta_4 + \beta_5 + \beta_6 - 5\beta_1}{100 - \beta_1} \qquad (6-2)$$

细度模数越大，砂越粗。JGJ 52－2006 按细度模数将砂分为粗砂（$\mu_t = 3.7$～3.1）、中砂（$\mu_t = 3.0$～2.3）、细砂（$\mu_t = 2.2$～1.6）、特细砂（$\mu_t = 1.5$～0.7）四级。普通混凝土在可能情况下应选用粗砂或中砂，以节约水泥。

细度模数的数值主要决定于 150μm 筛孔边长的筛到 2.36mm 筛孔边长的筛 5 个累计筛余量，由于在累计筛余的总和中，粗颗粒分计筛余的"权"比细颗粒大（如 a_2 的权为 5，而 a_6 的权仅为 1），所以 μ_t 的值很大程度上取决于粗颗粒的含量。此外，细度模数的数值与小于 150μm 的颗粒含量无关。可见细度模数在一定程度上反映砂颗粒的平均粗细程度，但不能反映砂粒径的分布情况，不同粒径分布的砂，可能有相同的细度模数。

颗粒级配是指粒径大小不同的砂相互搭配的情况。如图 6-1 所示，一种粒径的砂，颗粒间的空隙最大，随着砂径级别的增加，会达到中颗粒填充大颗粒间的空隙，而小颗粒填充中颗粒间的空隙的"逐级填充"理想状态。

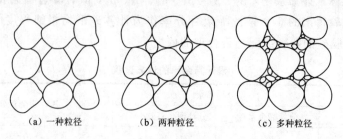

（a）一种粒径　　　　　　（b）两种粒径　　　　　　（c）多种粒径

图 6-1 砂的不同级配情况

可见用级配良好的砂配制混凝土，不仅空隙率小，节约水泥，而且因胶凝材料的用量减小，水泥石含量少，混凝土的密实度提高，从而强度和耐久性得以加强。

根据计算和实验结果，《建筑用砂》（GB/T 14684—2022）规定将砂的合理级配以 $600\mu m$ 级的累计筛余率为准，划分为三个级配区，分别称为I、II、III区，见表 6-2。任何一种砂，只要其累计筛余率 $\beta_1 \sim \beta_6$ 分别分布在某同一级配区的相应累计筛余率的范围内，即为级配合理，符合级配要求。具体评定时，除 4.75mm 及 $600\mu m$ 级外，其他级的累计筛余率允许稍有超出，但超出总量不得大于 5%。由表中数值可见，在三个级配区内，只有 $600\mu m$ 级的累计筛余率是不重叠的，故称其为控制粒级，控制粒级使任何一个砂样只能处于某一级配区内，避免出现同属两个级配区的现象。

评定砂的颗粒级配，也可采用作图法，即以筛孔直径为横坐标，以累计筛余率为纵坐标，将表 6-2 规定的各级配区相应累计筛余率的范围标注在图上形成级配区域，如图 6-2 所示。然后，把某种砂的累计筛余率 $\beta_1 \sim \beta_6$ 在图上依次描点连线，若所连折线都在某一级配区的累计筛余率范围内，即为级配合理。

表 6-2　　　　　　　　　　砂颗粒级配区（GB/T 14684—2022）

筛孔尺寸/mm	级配区		
	I	II	III
	累计筛余/%		
4.75	10～0	10～0	10～0
2.36	35～5	25～0	15～0
1.18	65～35	50～10	25～0
0.6	85～71	70～41	40～16
0.3	95～80	92～70	85～55
0.15	100～90	100～90	100～90

注　I 区人工砂中 $150\mu m$ 筛孔的累计筛余率可以放宽至 100%～85%；II 区人工砂中 $150\mu m$ 筛孔的累计筛余率可以放宽至 100%～80%；III 区人工砂 $150\mu m$ 筛孔的累计筛余率可以放宽至 100%～75%。

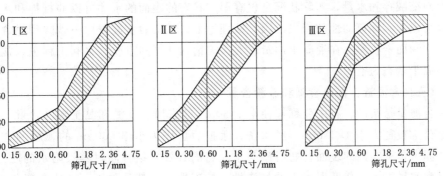

图 6-2　混凝土用砂级配范围曲线

如果砂的自然级配不符合级配的要求，可采用人工调整级配来改善，即将粗细不同的砂进行掺配或将砂筛除过粗、过细的颗粒。

配制混凝土时宜优先选用 II 区砂。当采用 I 区砂时，应提高砂率，并保持足够的水泥用量，满足混凝土的和易性；当采用 III 区砂时，宜适当降低砂率；当采用特细砂时，应符合相应的规定。配制泵送混凝土宜选用中砂。

（二）砂的含水状态

砂在实际使用时，一般是露天堆放的，受到环境温湿度的影响，往往处于不同的含水状态。在混凝土的配合比计算中，需要考虑砂的含水状态的影响。

砂的含水状态，从干到湿可分为以下四种状态：

（1）全干状态。或称烘干状态，是砂在烘箱中烘干至恒重，达到内、外部均不含水的状态，如图6-3（a）所示。

（2）气干状态。在砂的内部含有一定水分，而表层和表面是干燥无水的，砂在干燥的环境中自然堆放达到干燥往往是这种状态，如图6-3（b）所示。

（3）饱和面干状态。即砂的内部和表层均含水达到饱和状态，而表面的开口孔隙及面层却处于无水状态，如图6-3（c）所示，拌和混凝土的砂处于这种状态时，与周围水的交换最少，对配合比中水的用量影响最小。

（4）湿润状态。砂的内部不但含水饱和，其表面还被一层水膜覆裹，颗粒间被水所充盈，如图6-3（d）所示。

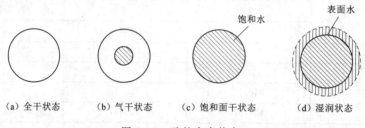

| (a) 全干状态 | (b) 气干状态 | (c) 饱和面干状态 | (d) 湿润状态 |

图6-3　砂的含水状态

一般情况下，混凝土的实验室配合比是按砂的全干状态考虑的，此时拌合混凝土的实际流动性要小一些。而在施工配合比中，又把砂的全部含水都考虑在用水量的调整中而缩减拌和水量，实际状况是仅有湿润状态的表面的水才可以冲抵拌和水量。因此也会出现实际流动性的损失。因此从理论上讲，实验室配合比中砂的理想含水状态应为饱和面干状态。在混凝土用量较大，需精确计算的市政、水利工程中，常以砂的饱和面干状态为准。

（三）含泥量、泥块含量和石粉含量

含泥量是指砂、石中公称粒径小于$80\mu m$的岩屑、淤泥和黏土颗粒含量。泥块含量是公称粒径大于$1.25mm$，经水洗、手捏后可成为小于$630\mu m$的颗粒的含量。砂中的泥可包裹在砂的表面，妨碍砂与水泥石的有效黏结，同时其吸附水的能力较强，使拌和水量加大，降低混凝土的抗渗性、抗冻性。尤其是黏土，其体积变化不稳定，潮胀干缩，对混凝土产生较大的有害作用，必须严格控制其含量。含泥量或泥块含量超量，可采用水洗的方法处理。

石粉含量是人工砂生产过程中不可避免产生的公称粒径小于$80\mu m$的颗粒的含量。石粉的粒径虽小，但与天然砂中的泥成分不同，粒径分布也不同。石粉对完善混凝土的细骨料的级配，提高混凝土的密实性，进而提高混凝土的整体性能起到有利作用，但其掺量也要适宜。

天然砂的含泥量、泥块含量应符合表 6-3 的规定。人工砂或混合砂中的石粉含量应符合表 6-4 的规定。表 6-4 中的亚甲蓝试验是专门用于检测公称粒径小于 $80\mu m$ 的物质是纯石粉还是泥土的试验方法。

表 6-3 天然砂中含泥量和砂中泥块含量（GB 51186—2016）

混凝土强度等级	≥C60	C55～C30	≤C25
含泥量（按质量计）/%	≤2.0	≤3.0	≤5.0
泥块含量（按质量计）/%	≤0.5	≤1.0	≤2.0

注 对于有抗冻、抗渗或其他特殊要求的小于或等于 C25 混凝土用砂，其含泥量不应大于 3.0%，泥块含量不应大于 1.0%。

表 6-4 人工砂或混合砂中石粉含量（GB 51186—2016）

混凝土强度等级		≥C60	C55～C30	≤C25
石粉含量 /%	MB<1.4（合格）	≤5.0	≤7.0	≤10.0
	MB≥1.4（不合格）	≤2.0	≤3.0	≤5.0

注 MB 为亚甲蓝试验的技术指标，称为亚甲蓝值，表示每千克 0～2.36mm 粒级试样所消耗的亚甲蓝克数。

（四）砂的有害物质

砂在生成过程中，由于环境的影响和作用，常混有对混凝土性质造成不利的物质，以天然砂尤为严重。砂中不应混有草根、树叶、树枝、塑料、煤块、炉渣等杂物。其他有害物质，包括云母、轻物质、有机物、硫化物和硫酸盐的含量控制应符合表 6-5 的规定。

表 6-5 砂中的有害物质含量（JGJ 52—2006）

项 目	质 量 指 标
云母含量（按质量计）/%	≤2.0
轻物质含量（按质量计）/%	≤1.0
硫化物及硫酸盐含量（折算成 SO_3 按质量计）/%	≤1.0
有机物含量（用比色法试验）	颜色不应深于标准色。当颜色深于标准色时，应按水泥胶砂强度试验方法进行强度对比试验，抗压强度比不应低于 0.95

1. 云母及轻物质

云母是砂中常见的矿物，呈薄片状，极易分裂和风化，会影响混凝土的工作性和强度。轻物质是密度小于 $2g/cm^3$ 的矿物（如煤或轻砂），其本身与水泥黏结不牢，会降低混凝土的强度和耐久性。

2. 有机物

有机物是指天然砂中混杂的动植物的腐殖质或腐殖土等。有机物减缓水泥的凝结，影响混凝土的强度。如砂中有机物过多，可采用石灰水冲洗、露天摊晒的方法处理解决。

3. 硫化物和硫酸盐

硫化物和硫酸盐是指砂中所含的二硫化铁（FeS_2）和石膏（$CaSO_4 \cdot 2H_2O$）会

与硅酸盐水泥石中的水化产物生成体积膨胀的水化硫铝酸钙，造成水泥石的开裂，降低混凝土的耐久性。

4. 氯盐

海水常会使海砂中的氯盐超标。氯离子会对钢筋造成锈蚀，所以对钢筋混凝土，尤其是预应力混凝土中的氯盐含量应严加控制，对于钢筋混凝土用砂和预应力混凝土用砂，其氯离子含量应分别不大于 0.06％和 0.02％（以干砂的质量百分率计）。氯盐超标可用水洗的方法给予处理。

5. 贝壳含量

海砂中贝壳含量应符合表 6-6 的规定，对于有抗冻、抗渗或其他特殊要求的小于或等于 C25 混凝土用砂，其贝壳含量不应大于 5％。

表 6-6　　　　　　　　海砂中贝壳含量（JGJ 52—2006）

混凝土强度等级	≥C40	C35～C30	C25～15
贝壳含量（按质量计）/%	≤3.0	≤5.0	≤8.0

三、粗骨料（石子）

课件 6.5

视频 6.6

粗骨料是指公称粒径大于 5.00mm 的岩石颗粒。常将人工破碎而成的石子称为碎石，即人工石子；而将天然形成的石子称为卵石，按其产源特点，也可分为河卵石、海卵石和山卵石。其各自的特点与相应的天然砂类似，虽各有其优缺点，但因用量大，故应按就地取材的原则给予选用。卵石的表面光滑，混凝土拌合物比碎石流动性要好，但与水泥砂浆黏结力差，故强度较低。在《建设用卵石、碎石》（GB/T 14685—2022）中，卵石和碎石按技术要求分为Ⅰ类、Ⅱ类、Ⅲ类三个等级。Ⅰ类用于强度等级大于 C60 的混凝土；Ⅱ类用于强度等级 C30～C60 及抗冻、抗渗或有其他要求的混凝土；Ⅲ类适用于强度等级小于 C30 的混凝土。

粗骨料的技术性能主要有以下各项。

（一）最大粒径及颗粒级配

与细骨料相同，混凝土对粗骨料的基本要求也是颗粒的总表面积要小和颗粒大小搭配要合理，以达到胶凝材料的节约和逐级填充形成最大的密实度。这两项要求分别用最大粒径和颗粒级配表示。

1. 最大粒径

粗骨料公称粒径的上限称为该粒级的最大粒径。如公称粒级 5～20mm 的石子其最大粒径即 20mm。最大粒径反映了粗骨料的平均粗细程度。拌合混凝土中粗骨料的最大粒径加大，总表面积减小，单位用水量减少。在用水量和水灰比固定不变的情况下，最大粒径加大，骨料表面包裹的水泥浆层加厚，混凝土拌合物可获较高的流动性。若在工作性一定的前提下，可减小水灰比，使强度和耐久性提高。通常加大粒径可获得节约水泥的效果。但最大粒径过大（大于 150mm）不但节约水泥的效率不再明显，而且会降低混凝土的抗拉强度，会对施工质量，甚至对搅拌机械造成一定的损害。根据《混凝土结构工程施工质量验收规范》（GB 50204—2002）的规定：混凝土用的粗骨料，其最大粒径不得超过构件截面最小尺寸的 1/4，且不得超过钢筋最小净间距的 3/4。对混凝土的实心板，骨料的最大粒径不宜超过板厚的 1/3，且不得超过 40mm。

【学习活动 6-1】

石子最大粒径的确定

在此活动中你将通过具体案例问题的解决，掌握配制混凝土时石子最大粒径确定原则的具体应用，逐步形成工程实践中对于多因素影响问题的解决能力。

步骤1：某高层建筑剪力墙施工中，商品混凝土供应方要求施工单位提供石子粒径，施工员查阅相应施工图，得到的技术信息为：剪力墙截面为 180mm×3000mm、纵向钢筋（双排）直径 15mm 间距 200mm、箍筋直径 8mm 间距 150mm。

步骤2：根据步骤1所获取的相关信息，画出剪力墙横截面配筋详图，确定应选石子最大粒径。

反馈：

（1）钢筋净距等于钢筋间距与钢筋直径之差。思考：构件截面最小尺寸如何确定？纵向钢筋间距、箍筋间距、双排纵向钢筋间距是否都需考虑？

（2）在满足确定的最大粒径的要求下，选定向混凝土供应方回复的粒径规格。

2. 颗粒级配

与砂类似，粗骨料的颗粒级配也是通过筛分实验来确定，所采用的标准筛孔边长为 2.36mm、4.75mm、9.50mm、16.0mm、19.0mm，26.5mm、31.5mm、37.5mm、53.0mm、63.0mm、75.0mm、90.0mm 等 12 个。根据各筛的分计筛余量计算而得的分计筛余百分率及累计筛余百分率的计算方法也与砂相同。根据累计筛余百分率，碎石和卵石的颗粒级配范围见表 6-7。

表 6-7　　　　　碎石和卵石的颗粒级配的范围（JGJ 52—2006）

公称粒径/mm		筛孔孔径/mm											
		2.36	4.75	9.50	16.0	19.0	26.5	31.5	37.5	53.0	63.0	75.0	90.0
		累计筛余/%											
连续粒级	5～10	95～100	80～100	0～15	0								
	5～16	95～100	85～100	30～60	0～10	0							
	5～20	95～100	90～100	40～80	—	0～10	0						
	5～25	95～100	90～100	—	30～70	—	0～5	0					
	5～31.5	95～100	90～100	70～90	—	15～45	—	0～5	0				
	5～40	—	95～100	70～90	—	30～65	—	—	0～5	0			
单粒粒级	10～20	—	95～100	85～100	—	0～15	—	0					
	16～31.5	—	95～100	—	85～100	—	—	0～10	0	—	—		
	20～40	—	—	95～100	—	80～100	—	—	0～10	0	—		
	31.5～63	—	—	—	95～100	—	75～100	45～75	—	0～10	0	—	
	40～80	—	—	—	—	95～100	—	—	70～100	30～60	0～10	0	

注　与以上筛孔尺寸系列对应的筛孔的公称直径和石子的公称粒径系列为 2.50mm、5.00mm、10.0mm、16.0mm、20.0mm、25.0mm、31.5mm、40.0mm、50.0mm、63.0mm、80.0mm、100.0mm。

粗骨料的颗粒级配按供应情况分为连续粒级和单粒粒级。按实际使用情况分为连续级配和间断级配两种。

连续级配是石子的粒径从大到小连续分级，每一级都占适当的比例。连续级配的颗粒大小搭配连续合理（最小公称粒径都从 5mm 起），用其配制的混凝土拌合物工作性好，不易发生离析，在工程中应用较多。但其缺点是，当最大粒径较大（大于40mm）时，天然形成的连续级配往往与理论最佳值有偏差，且在运输、堆放过程中易发生离析，影响级配的均匀合理性。实际应用时，除直接采用级配理想的天然连续级配外，常采用由预先分级筛分形成的单粒粒级进行掺配组合成人工连续级配。

间断级配是石子粒级不连续，人为剔去某些中间粒级的颗粒而形成的级配方式。间断级配能更有效降低石子颗粒间的空隙率，使水泥达到最大程度的节约，但由于粒径相差较大，故混凝土拌合物易发生离析，间断级配需按设计进行掺配而成。

无论连续级配还是间断级配，其级配原则是共同的，即骨料颗粒间的空隙要尽可能小；粒径过渡范围小；骨料颗粒间紧密排列，不发生干涉，如图 6-4 所示。

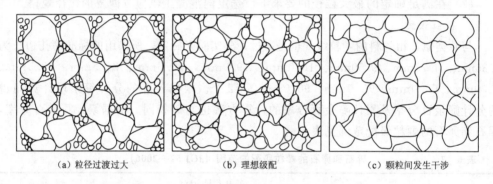

（a）粒径过渡过大　　　　（b）理想级配　　　　（c）颗粒间发生干涉

图 6-4　粗骨料级配情况的示意

（二）强度及坚固性

1. 强度

粗骨料在混凝土中要形成紧实的骨架，故其强度要满足一定的要求。粗骨料的强度有抗压强度和压碎指标值两种，碎石的强度可用岩石的抗压强度和压碎指标值表示，卵石的强度可用压碎指标值表示。

抗压强度是水中浸泡 48h 状态下的骨料母体岩石制成的 $50mm \times 50mm \times 50mm$ 立方体试件，在标准试验条件下测得的抗压强度值。要求该强度应比所配制的混凝土强度至少高 20%。当混凝土强度等级大于或等于 C60 时，应进行岩石的抗压强度检验。

压碎指标是对粒状粗骨料强度的另一种测定方法。该种方法是将气干的石子按规定方法填充于压碎指标测定仪（内径 152mm 的圆筒）内，其上放置压头，在实验机上均匀加荷至 200kN 并稳荷 5s，卸荷后称量试样质量 m_0，然后再用边长为 2.36mm 的筛进行筛分，称其筛余量 m_1，则压碎指标 δ_a 可用下式表示：

$$\delta_a = \frac{m_0 - m_1}{m_0} \times 100\% \qquad\qquad (6-3)$$

压碎指标值越大，说明骨料的强度越小。该种方法操作简便，在实际生产质量控制中应用较普遍。粗骨料的压碎指标值控制可参照表6-8选用。

表6-8　　　　　　　　碎石和卵石的压碎指标值（JGJ 52—2006）

石类型	岩石品种	混凝土强度等级	压碎指标值/%
碎石	沉积岩	C60～C40	≤10
		≤C35	≤16
	变质岩或深成的火成岩	C60～C40	≤12
		≤C35	≤20
	喷出的火成岩	C60～C40	≤13
		≤C35	≤30
卵石	不区分品种	C60～C40	≤12
		≤C35	≤16

注　沉积岩包括石灰岩、砂岩等；变质岩包括片麻岩、石英岩等；深成的火成岩包括花岗岩、正长岩、闪长岩和橄榄岩等；喷出的火成岩包括玄武岩和辉绿岩等。

2. 坚固性

骨料颗粒在气候、外力及其他物理力学因素作用下抵抗碎裂的能力称为坚固性。骨料的坚固性，采用硫酸钠溶液浸泡法来检验。该种方法是将骨料颗粒在硫酸钠溶液中浸泡若干次，取出烘干后，测其在硫酸钠结晶晶体的膨胀作用下骨料的质量损失率来说明骨料的坚固性，其指标应符合表6-9的规定。

（三）针片状颗粒

骨料颗粒的理想形状应为立方体。但实际骨料产品中常会出现颗粒长度大于平均粒径2.4倍的针状颗粒和厚度小于平均粒径0.4倍的片状颗粒。针片状颗粒的外形和较低的抗折能力，会降低混凝土的密实度和强度，并使其工作性变差，故其含量应予控制，见表6-10。

表6-9　　　　　　　砂、碎石和卵石的坚固性指标（JGJ 52—2006）

混凝土所处的环境条件及其性能要求	砂石类型	5次循环后的质量损失/%
在严寒及寒冷地区室外使用，并经常处于潮湿或干湿交替状态下的混凝土； 对于有抗疲劳、耐磨、抗冲击要求的混凝土； 有腐蚀介质作用或经常处于水位变化区的地下结构混凝土	砂	≤8
	碎石、卵石	≤8
其他条件下使用的混凝土	砂	≤10
	碎石、卵石	≤12

表6-10　　　　　　　　　针片状颗粒含量（JGJ 52—2006）

混凝土强度等级	≥C60	C55～C30	≤C25
针片状颗粒含量（按质量计）/%	≤8	≤15	≤25

（四）含泥量和泥块含量

卵石、碎石的含泥量和泥块含量应符合表6-11规定。

表6-11   卵石、碎石的含泥量和泥块含量（JGJ 52—2006）

混凝土强度等级	≥C60	C55～C30	≤C25
含泥量（按质量计）/%	≤0.5	≤1.0	≤2.0
泥块含量（按质量计）/%	≤0.2	≤0.5	≤0.7

（五）有害物质

与砂相同，卵石和碎石中不应混有草根、树叶、树枝、塑料、煤块和炉渣等杂物，且其中的有害物质（如卵石中有机物、碎石或卵石中的硫化物和硫酸盐）的含量应符合表6-12的规定。

表6-12   碎石或卵石中的有害物质含量（JGJ 52—2006）

项　目	质量指标
硫化物及硫酸盐含量（折算成SO_3按质量计）/%	≤1.0
卵石中的有机物含量（用比色法试验）	颜色应不深于标准色。当颜色深于标准色时，应配制成混凝土进行强度对比试验，抗压强度比不应低于0.95

当粗细骨料中含有活性二氧化硅（如蛋白石、凝灰岩、鳞石英等岩石）时，可与水泥中的碱性氧化物Na_2O或K_2O发生化学反应，生成体积膨胀的碱-硅酸凝胶体。该种物质吸水体积膨胀，会造成硬化混凝土的严重开裂，甚至造成工程事故，这种有害作用称为碱-骨料反应。JGJ 52—2006规定，对于长期处于潮湿环境的重要结构混凝土，其所使用的碎石或卵石应进行碱活性检验。当判定骨料存在潜在的碱-碳酸盐反应危害时，不宜用作混凝土骨料；否则，应通过专门的混凝土试验，作最后评定。当判定骨料存在潜在碱-硅反应危害时，应控制混凝土的碱含量不超过$3kg/m^3$，或采用能抑制碱-骨料反应的有效措施。

四、拌和用水

混凝土拌和用水按水源可分为饮用水、地表水、地下水、再生水、海水等。拌和用水所含物质对混凝土、钢筋混凝土和预应力混凝土不应产生以下有害作用：

（1）影响混凝土的工作性及凝结。

（2）有碍于混凝土强度发展。

（3）降低混凝土的耐久性，加快钢筋腐蚀及导致预应力钢筋脆断。

（4）污染混凝土表面。

根据以上要求，符合国家标准的生活用水（自来水、河水、江水、湖水）可直接拌制各种混凝土。海水只可用于拌制素混凝土（但不宜用于装饰混凝土）。混凝土拌和用水应符合表6-13的规定。对于设计使用年限为100年的结构混凝土，氯离子含量不得超过500mg/L；对于使用钢丝或经热处理钢筋的预应力混凝土，氯离子含量不得超过350mg/L。有关指标值在限值内才可作为拌和用水。表中不溶物指过滤可除去的物质。可溶物指各种可溶性的盐、有机物以及能通过滤膜干燥后留下的其他物质。

表 6-13 混凝土拌和用水水质要求（JGJ 63—2006）

项　　目	预应力混凝土	钢筋混凝土	素混凝土
pH 值	≥5.0	≥4.5	≥4.5
不溶物/(mg/L)	≤2000	≤2000	≤5000
可溶物/(mg/L)	≤2000	≤5000	≤10000
氯化物（以 Cl^- 计）/(mg/L)	≤500	≤1000	≤3500
硫化物（以 S^{2-} 计）/(mg/L)	≤600	≤2000	≤2700
碱含量/(mg/L)	≤1500	≤1500	≤1500

注　碱含量按 $Na_2O+0.658K_2O$ 计算值来表示。采用非碱性活性骨料时，可不检验碱含量。

课件 6.7

视频 6.8

任务三　混凝土拌合物的基本性质

混凝土的技术性质常以混凝土拌合物和硬化混凝土分别研究。混凝土拌合物的主要技术性质是工作性。

一、混凝土拌合物的工作性

（一）工作性的概念

工作性又称和易性，是指混凝土拌合物在一定的施工条件和环境下，是否易于各种施工工序的操作，以获得均匀密实混凝土的性能。工作性在搅拌时体现为各种组成材料易于均匀混合，均匀卸出；在运输过程中体现为拌合物不离析，稀稠程度不变化；在浇筑过程中体现为易于浇筑、振实、流满模板；在硬化过程中体现为能保证水泥水化以及水泥石和骨料的良好黏结。可见混凝土的工作性应是一项综合性质。目前普遍认为，它应包括流动性、黏聚性、保水性三个方面的技术要求。

1. 流动性

流动性是指混凝土拌合物在本身自重或机械振捣作用下产生流动，能均匀密实流满模板的性能，它反映了混凝土拌合物的稀稠程度及充满模板的能力。

2. 黏聚性

黏聚性是指混凝土拌合物的各种组成材料在施工过程中具有一定的黏聚力，能保持成分的均匀性，在运输、浇筑、振捣、养护过程中不发生离析、分层现象。它反映了混凝土拌合物的均匀性。

3. 保水性

保水性是指混凝土拌合物在施工过程中具有一定的保持水分的能力，不产生严重泌水的性能。保水性也可理解为水泥、砂、石子与水之间的黏聚性。保水性差的混凝土，会造成水的泌出，影响水泥的水化；会使混凝土表层疏松，同时泌水通道会形成混凝土的连通孔隙而降低其耐久性。它反映了混凝土拌合物的稳定性。

混凝土的工作性是一项由流动性、黏聚性、保水性构成的综合指标体系，各性能间有联系也有矛盾。如提高水灰比可提高流动性，但往往又会使黏聚性和保水性变差。在实际操作中，要根据具体工程特点、材料情况、施工要求及环境条件，既有所侧重，又要全面考虑。

（二）工作性的测定方法

混凝土拌合物的工作性测定常用的有坍落度试验法和维勃稠度试验法两种（图 6-5）。

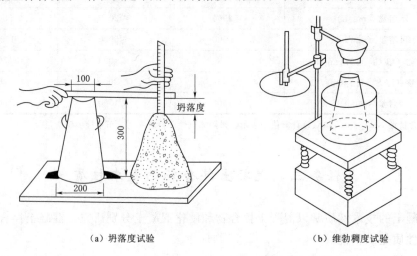

（a）坍落度试验 　　　　　　（b）维勃稠度试验

图 6-5　坍落度及维勃稠度试验（mm）

1. 坍落度试验法

坍落度法是将按规定配合比配制的混凝土拌合物按规定方法分层装填至坍落筒内，并分层用捣棒插捣密实，然后提起坍落度筒，测量筒高与坍落后混凝土试体最高点之间的高度差，即为坍落度值（以 mm 计），以 S 表示。坍落度是流动性（亦称稠度）的指标，坍落度值越大，流动性越大。

在测定坍落度的同时，观察确定黏聚性。用捣棒侧击混凝土拌合物的侧面，如其逐渐下沉，表示黏聚性良好；若混凝土拌合物发生坍塌，部分崩裂，或出现离析，则表示黏聚性不好。保水性以在混凝土拌合物中稀浆析出的程度来评定。坍落度筒提起后如有较多稀浆自底部析出，部分混凝土因失浆而骨料外露，则表示保水性不好。若坍落度筒提起后无稀浆或仅有少数稀浆自底部析出，则表示保水性好。具体操作过程，可参看书后所附的相关试验。

采用坍落度试验法测定混凝土拌合物的工作性，操作简便，故应用广泛。但该种方法的结果受操作技术的影响较大，尤其是黏聚性和保水性主要靠试验者的主观观测而定，不定量，人为因素较大。该法一般仅适用骨料最大粒径不大于 40mm，坍落度值不小于 10mm 的混凝土拌合物流动性的测定。

根据《普通混凝土配合比设计规程》（JGJ 55—2011），由坍落度的大小可将混凝土拌合物分为干硬性混凝土（$S<10mm$）、塑性混凝土（$S=10\sim90mm$）、流动性混凝土（$S=100\sim150mm$）和大流动性混凝土（$S\geq160mm$）四类。

2. 维勃稠度试验法

维勃稠度试验法主要适用于干硬性的混凝土，若采用坍落度试验，测出的坍落度值过小，不易准确说明其工作性。维勃稠度试验法是将坍落度筒置于一振动台的圆桶内，按规定方法将混凝土拌合物分层装填，然后提起坍落度筒，启动震动台。测定从起振开始至混凝土拌合物在振动作用下逐渐下沉变形直到其上部的透明圆盘的底面被水泥浆布满时的时间为维勃稠度（单位为 s）。维勃稠度值越大，说明混凝土拌合物的流动性越小。根据国家标准，该种方法适用于骨料粒径不大于 40mm、维勃稠度值在 5～30s 的混凝土拌合物工作性的测定。

二、影响混凝土拌合物工作性的因素

影响混凝土拌合物工作性的因素较复杂，大致分为组成材料、环境条件和时间三方面，如图 6-6 所示。

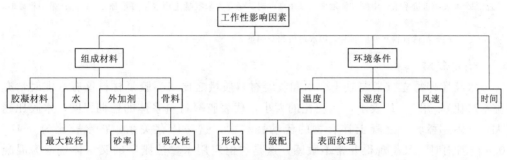

图 6-6　混凝土拌合物工作性的影响因素

（一）组成材料

1. 胶凝材料的特性

不同品种和质量的胶凝材料，其矿物组成、细度、所掺混合材料种类的不同都会影响拌和用水量。即使拌和水量相同，所得胶凝材料浆的性质也会直接影响混凝土拌合物的工作性，如矿渣硅酸盐水泥拌和的混凝土流动性较小而保水性较差。粉煤灰硅酸盐水泥拌和的混凝土则流动性、黏聚性、保水性都较好。水泥的细度越细，在相同用水量情况下其混凝土拌合物流动性小，但黏聚性及保水性较好。矿物掺合料的特性也是影响混凝土拌合物工作性的重要因素。

2. 用水量

在水胶比不变的前提下，用水量加大，则胶凝材料浆量增多，会使骨料表面包裹的胶凝材料浆层厚度加大，从而减小骨料间的摩擦，增加混凝土拌合物的流动性。大量试验证明，当水胶比在一定范围（0.40～0.80）内而其他条件不变时，混凝土拌合物的流动性只与单位用水量（每立方米混凝土拌合物的拌和水量）有关，这一现象称为"恒定用水量法则"，它为混凝土配合比设计中单位用水量的确定提供了一种简单的方法，即单位用水量可主要由流动性来确定。JGJ 55—2011 提供的混凝土用水量见表 6-14。

表 6-14　　　　　　　　　　混 凝 土 的 用 水 量　　　　　　　　　　单位：kg/m³

混凝土	拌合物稠度		卵石最大公称粒径/mm				碎石最大公称粒径/mm			
	项目	指标	10.0	20.0	40.0	—	16.0	20.0	40.0	—
干硬性混凝土	维勃稠度/s	16～20	175	160	145	—	180	170	155	—
		11～15	180	165	150	—	185	175	160	—
		5～10	185	170	155	—	190	180	165	—

续表

混凝土	拌合物稠度		卵石最大公称粒径/mm				碎石最大公称粒径/mm			
	项目	指标	10.0	20.0	31.5	40.0	10.0	20.0	31.5	40.0
塑性混凝土	坍落度/mm	10～30	190	170	160	150	200	185	175	165
		35～50	200	180	170	160	210	195	185	175
		55～70	210	190	180	170	220	205	195	185
		75～90	215	195	185	175	230	215	205	195

注 1. 本表用水量系采用中砂时的取值。采用细砂时，每立方米混凝土用水量可增加 5～10kg；采用粗砂时，可减少 5～10kg。

2. 掺用矿物掺合料和外加剂时，用水量应相应调整。

3. 水胶比

水胶比即每立方米混凝土中水和胶凝材料质量之比（当胶凝材料仅有水泥时，亦称水灰比），用 W/B 表示，水胶比的大小，代表胶凝材料浆体的稀稠程度，水胶比越大，浆体越稀软，混凝土拌合物的流动性越大，这一依存关系，在水胶比为 0.4～0.8 范围内时，又呈现得非常不敏感，这是"恒定用水量法则"的又一体现，为混凝土配合比设计中水胶比的确定提供了一条捷径。即在确定的流动性要求下，胶水比（水胶比的倒数）与混凝土的试配强度呈简单的线性关系。

【学习活动 6-2】
恒定用水量法则的实用意义

在此活动中你将通过学习资源包中对影响混凝土拌合物工作性影响因素的讲解，归纳恒定用水量法则的含义和实用意义。通过此学习活动，用以提高在学习中引申思维，在实践中拓展应用的能力。

步骤 1：学习对恒定用水量法则的讲解并结合文字教材的阐述，复述和解释恒定用水量法则两种表现形式。

步骤 2：根据步骤 1 所获取的相关信息，阐述恒定用水量法则的有效范围及在配合比设计中可引申应用的价值。

反馈：

(1) 恒定用水量法则的有效范围：$W/B = 0.4～0.8$。

(2) 在配合比设计中引申应用的价值；为用水量的确定提供了一种简单的方法；水胶比与试配强度间的简单线性关系，得到水胶比确定的捷径。

4. 骨料性质

(1) 砂率。砂率是每立方米混凝土中砂和砂石总质量之比，用下式表示：

$$\beta_s = \frac{m_s}{m_s + m_c} \times 100\% \qquad (6-4)$$

式中 β_s——砂率，%；

m_s——砂的质量，kg；

m_c——石子质量，kg。

砂率的高低说明混凝土拌合物中细骨料所占比例的多少。在骨料中，细骨料越多，则骨料的总表面积就越大，吸附的胶凝材料浆也越多，同时细骨料充填于粗骨料间也会减小粗骨料间的摩擦。砂率对混凝土拌合物的工作性是主要影响因素，图6-7所示是砂率对混凝土拌合物流动性和水泥用量影响的试验曲线。

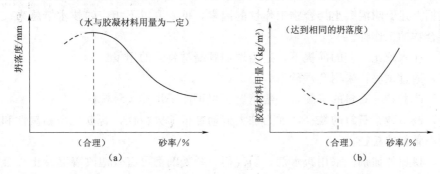

图6-7　砂率对混凝土拌合物的流动性和胶凝材料用量的影响

在图6-7（a）中，在胶凝材料用量和水胶比不变的前提下（即胶凝材料浆量不变），曲线的右半部表示当砂率提高时，骨料的总表面积加大，骨料表面包裹的胶凝材料浆层变薄，使拌合物的坍落度变小；曲线的左半部表示，当砂率变小时，粗骨料间的砂量减小，胶凝材料浆填充粗骨料间空隙，粗骨料表面胶凝材料浆变薄，石子间的摩擦变大，也使拌合物的坍落度变小。可见，砂率过大或过小，是影响流动性的主要因素，即粗骨料表面胶凝材料浆层的厚薄及粗骨料间的摩擦，依次变成为影响流动性的主要矛盾，都会引起流动性的变小，而曲线的最高点所对应的砂率，即在用水量和水胶比一定（即胶凝材料浆量）的前提下，能使混凝土拌合物获得最大流动性，且能保持良好黏聚性及保水性的砂率，称其为合理砂率。在图6-7（b）中，依据相似的解释方法，可得到合理砂率的第二种定义，即在流动性不变的前提下，所需胶凝材料浆总体积为最小的砂率。合理砂率的选择，除根据流动性及胶凝材料用量的原则来考虑外，还要根据所用材料及施工条件对混凝土拌合物的黏聚性和保水性的要求而确定。如砂的细度模数较小，则应采用较小的砂率；水胶比较小，应采用较小的砂率；流动性要求较大，应采用较大的砂率等。

（2）骨料粒径、级配和表面状况。在用水量和水胶比不变的情况下，加大骨料粒径可提高流动性，采用细度模数较小的砂，黏聚性和保水性可明显改善。级配良好、颗粒表面光滑圆整的骨料（如卵石）所配制的混凝土流动性较大。

5. 外加剂

外加剂可改变混凝土组成材料间的作用关系，改善流动性、黏聚性和保水性。

（二）环境条件

新搅拌的混凝土的工作性在不同的施工环境条件下往往会发生变化。尤其是当前推广使用集中搅拌的商品混凝土与现场搅拌最大的不同就是要经过长距离的运输，才能到达施工面。在这个过程中，若空气湿度较小，气温较高，风速较大，混凝土的工作性就会因失水而发生较大的变化。

新拌制的混凝土随着时间的推移，部分拌和水挥发、被骨料吸收，同时水泥矿物会逐渐水化，进而使混凝土拌合物变稠，流动性减小，造成坍落度损失，影响混凝土的施工质量。

三、改善混凝土拌合物工作性的措施

根据上述影响混凝土拌合物工作性的因素，可采取以下相应的技术措施来改善混凝土拌合物的工作性。

（1）在水胶比不变的前提下，适当增加胶凝材料浆的用量。

（2）通过试验，采用合理砂率。

（3）改善砂、石料的级配，一般情况下尽可能采用连续级配。

（4）调整砂、石料的粒径，如为加大流动性可加大粒径，若欲提高黏聚性和保水性可减小骨料的粒径。

（5）掺加外加剂。采用减水剂、引气剂、缓凝剂都可有效地改善混凝土拌合物的工作性。

（6）根据具体环境条件，尽可能缩短新拌混凝土的运输时间。若不允许，可掺缓凝剂、流变剂，减少坍落度损失。

任务四　硬化混凝土的技术性质

课件 6.9

视频 6.10

课件 6.11

视频 6.12

一、混凝土的强度

混凝土的强度有抗压强度、抗拉强度、抗剪强度、疲劳强度等多种，但以抗压强度最为重要。抗压是混凝土这种脆性材料最有利的受力状态，同时抗压强度也是判定混凝土质量的最主要依据。

（一）普通混凝土受压破坏的特点

混凝土受压一般有三种破坏形式：一是骨料先破坏；二是水泥石先破坏；三是水泥石与粗骨料的结合面发生破坏。在普通混凝土中第一种破坏形式不可能发生，因拌制普通混凝土的骨料强度一般都大于水泥石。第二种仅会发生在骨料少而水泥石过多的情况下，在一般配合比正常时也不会发生。最可能发生的受压破坏形式是第三种，即最早的破坏发生在水泥石与粗骨料的结合面上。水泥石与粗骨料的结合面由于水泥浆的泌水及水泥石的干缩存在早期微裂缝，随着所加外荷载的逐渐加大，这些微裂缝逐渐加大、发展，并迅速进入水泥石，最终造成混凝土的整体贯通开裂。由于普通混凝土这种受压破坏特点，水泥石与粗骨料结合面的黏结强度就成为普通混凝土抗压强度的主要决定因素。

（二）混凝土的抗压强度及强度等级

1. 立方体抗压强度

按照《混凝土物理力学性能试验方法标准》（GB/T 50081—2019）的规定，以边长为 150mm 的标准立方体试件，在标准养护条件〔温度（20±2）℃，相对湿度大于95%〕下养护 28d 进行抗压强度试验所测得的抗压强度称为混凝土立方体抗压强度，以 f_u 表示。

混凝土立方体抗压强度也可根据粗骨料的最大粒径而采用非标准试件得出的强度值得出，但必须经换算。换算系数见表 6-15。当混凝土强度等级不低于 C60 时，宜采用标准试件；使用非标准试件时，尺寸换算系数应由试验确定。

表 6-15　　　混凝土试件尺寸及强度的尺寸换算系数（GB 50204-2011）

试件尺寸/(mm×mm×mm)	强度的尺寸换算系数	骨料最大粒径/mm
100×100×100	0.95	≤31.5
150×150×150	1.00	≤40
200×200×200	1.05	≤63

注　对强度等级为 C60 及以上的混凝土试件，其强度的尺寸换算系数可通过试验确定。

混凝土立方体抗压强度试验，每组三个试件，应在同一盘混凝土中取样制作，三个强度值应按以下原则进行整理，得出该组试件的强度代表值：取三个试件强度的算术平均值；当一组试件中强度的最大值或最小值有一个与中间值之差超过中间值的 15% 时，取中间值作为该组试件的强度代表值；当一组试件中强度的最大值、最小值均与中间值之差超过中间值的 15% 时，该组试件的强度不应作为评定强度的依据。

2. 轴心抗压强度

立方体抗压强度是评定混凝土强度等级的依据，而实际工程中绝大多数混凝土构件都是棱柱体或圆柱体。同样的混凝土，试件形状不同，测出的强度值会有较大差别。为与实际情况相符，结构设计中采用混凝土的轴心抗压强度作为混凝土轴心受压构件设计强度的取值依据。根据 GB/T 50081—2019 规定，混凝土的轴心抗压强度是采用 150mm×150mm×300mm 的棱柱体标准试件，在标准养护条件下所测得的 28d 抗压强度值，以 f_a 表示。根据大量的试验资料统计，轴心抗压强度与立方体抗压强度间的关系为

$$f_a = (0.7 \sim 0.8) f_u \tag{6-5}$$

3. 立方体抗压强度标准值和强度等级

影响混凝土强度的因素非常复杂，大量的统计分析和试验研究表明，同一等级的混凝土，在龄期、生产工艺和配合比基本一致的条件下，其强度的分布（即在等间隔的不同的强度范围内，某一强度范围的试件的数量占试件总数量的比例）成正态分布，如图 6-8 所示。图中平均强度指该批混凝土的立方体抗压强度的平均值，若以此值作为混凝土的试验强度，则只有 50% 的混凝土的强度大于或等于试配强度。显然满足不了要求。为提高强度的保证率（我国规定为 95%），平均强度（即试配强度）必须要提高（图 6-8，图中 σ 为均方差，为正态分布曲线拐点处的相对强度范围，代表强度分布的不均匀性）。立方体抗压强度的标准值是指按标准试验方法测得的立方体抗压强度总体分布中的一个值，强度低于该值的百分率不超过 5%（即具有 95% 的强度保证率）。立方体抗压强度标准值用 $f_{cu,k}$ 表示（图 6-9）。

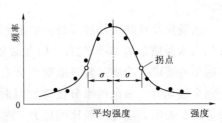

图 6-8　混凝土的强度分布

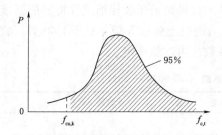

图6-9 混凝土的立方体抗压强度标准值

$20\text{MPa} \leqslant f_{\text{cu,k}} < 25\text{MPa}$ 的混凝土。

为便于设计和施工选用混凝土，将混凝土按立方体抗压强度的标准值分成若干等级，即强度等级。混凝土的强度等级采用符号 C 与立方体抗压强度的标准值（以 MPa 计）表示，普通混凝土划分为 C15、C20、C25、C30、C35、C40、C45、C50、C55、C60、C65、C70、C75、C80 等 14 个等级。

如强度等级为 C20 的混凝土，是指 $20\text{MPa} \leqslant f_{\text{cu,k}} < 25\text{MPa}$ 的混凝土。

（三）影响混凝土强度的因素

影响混凝土强度的因素很多，大致有各组成材料的性质、配合比及施工质量几个方面，如图 6-10 所示。

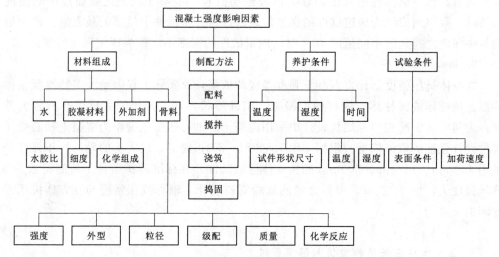

图6-10 混凝土强度的影响因素

1. 胶凝材料强度和水胶比

由前述混凝土的破坏形式可知，混凝土的破坏主要是水泥石与粗骨料间结合面的破坏。结合面的强度越高，混凝土的强度也越高，而结合面的强度又与胶凝材料强度及水胶比有直接关系。一般情况下，若水胶比不变，则胶凝材料强度与水泥石的强度之间成正比关系，水泥石强度越高，与骨料间的黏结力越强，则最终混凝土的强度也越高。

水胶比是反映水与胶凝材料质量之比的一个参数。一般而言，水泥水化需要的水分仅占水泥质量的 25% 左右，但此时胶凝材料浆稠度过大，混凝土的工作性满足不了施工的要求。为满足浇筑混凝土对工作性的要求，通常需提高水胶比，这样在混凝土完全硬化后，多余的水分就挥发而形成众多的孔隙，影响混凝土的强度和耐久性。大量试验表明，随着水胶比的加大，混凝土的强度将下降。图 6-11 所示即普通混凝土的抗压强度与水胶比间的关系。图 6-12 所示为普通混凝土的抗压强度与胶水比间的线性关系，该种关系极易通过试验样本值用线性拟合的方法求出。

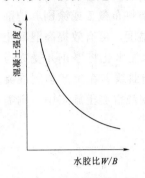

图 6-11　混凝土的抗压强度　　　图 6-12　混凝土的抗压强度
　　　与水胶比间的关系　　　　　　　与胶水比间的关系

混凝土的强度与胶凝材料强度和胶水比间的线性关系式，由下式表示：

$$f_{mp} = a_a f_b [b/w - a_b] \tag{6-6}$$

式中　f_{mp}——混凝土 28d 的立方体抗压强度；

　　　　f_b——胶凝材料 28d 胶砂抗压强度，其确定方法详见任务六相关介绍。

式（6-6）中 a_a、a_b 为回归系数，由实验所定。

JGJ 55—2011 给出的回归系数 a_a 和 a_b 见表 6-16。

表 6-16　　　　　　　　　　**回归系数 a_a、a_b 选用表（JGJ 55—2011）**

系数　　　　石子品种	碎　石	卵　石
a_a	0.53	0.49
a_b	0.20	0.13

2. 养护条件

混凝土浇筑后必须保持足够的湿度和温度，才能保证胶凝材料的不断水化，以使混凝土的强度不断发展。混凝土的养护条件一般情况下可分为标准养护和同条件养护，标准养护主要为确定混凝土的强度等级时采用。同条件养护是为检验浇筑混凝土工程或预制构件中混凝土强度时采用。

为满足水泥水化的需要，浇筑后的混凝土，必须保持一定时间的湿润，过早失水，会造成强度的下降，而且形成的结构疏松，产生大量的干缩裂缝，进而影响混凝土的耐久性。图 6-13 是以潮湿状态下，养护龄期为 28d 的强度为 100%，得出的不同的湿度条件对强度的影响曲线。

按《混凝土结构工程施工质量验收规范》（GB 50204—2015）规定，浇筑完毕的混凝土应采取以下保水措施：

（1）浇筑完毕 12h 以内对混凝土加以覆盖并保温养护。

（2）混凝土浇水养护的时间，对采用硅酸盐水泥、普通硅酸盐水泥或矿渣硅酸盐水泥拌制的混凝土，不得少于 7d；对掺用缓凝型外加剂或有抗渗要求的混凝土，不得少于 14d。浇水次数应能保持混凝土处于湿润状态。

（3）日平均气温低于5℃时，不得浇水。

（4）混凝土表面不便浇水养护时，可采用塑料布覆盖或涂刷养护剂（薄膜养护）。

水泥的水化是放热反应，维持较高的养护温度，可有效提高混凝土强度的发展速度。当温度降至0℃以下时，拌和用水结冰，水泥水化将停止并受冻遭破坏作用。图6-14是不同养护温度对混凝土强度发展的影响曲线。在生产预制混凝土构件时，可采用蒸汽高温养护来缩短生产周期。而在冬期现浇混凝土施工中，则需采用保温措施来维持混凝土中水泥的正常水化。

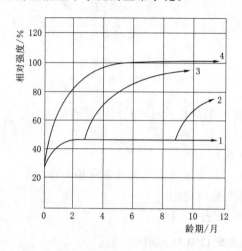

图6-13 养护湿度条件对混凝土强度的影响

1—空气养护；2—9个月后水中养护；3—3个月后水中养护；4—标准湿度条件下养护

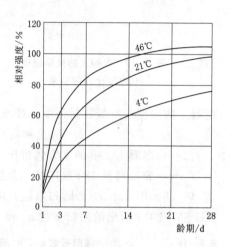

图6-14 养护温度条件对混凝土强度的影响

3. 龄期

在正常不变的养护条件下混凝土的强度随龄期的增长而提高，一般早期（7～14d）增长较快，以后逐渐变缓，28d后增长更加缓慢，但可延续几年，甚至几十年之久，如图6-15（a）所示。

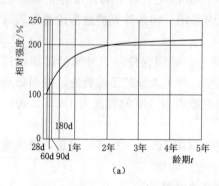

（a）

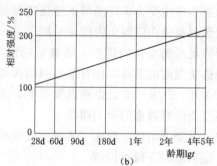

（b）

图6-15 普通混凝土强度与龄期的变化关系

混凝土强度和龄期间的关系，对于用早期强度推算长期强度和缩短混凝土强度判定的时间具有重要的实际意义。几十年来，国内外的工程界和学者对此进行了深入的研究，取得了一些重要成果，图 6-15（b）即 D. 艾布拉姆斯提出的在潮湿养护条件下，混凝土强度与龄期（以对数表示）间的直线表达式。我国对此也有诸多的研究成果，但由于问题较复杂，至今还没有统一严格的推算公式，各地、各单位常根据具体情况采用经验公式，式（6-7）是目前采用较广泛的一种经验公式。

$$f_n = f_a \frac{\lg n}{\lg a} \qquad\qquad (6-7)$$

式中　f_n——需推算龄期时 n 的强度，MPa；

　　　f_a——配制龄期为 a 时的强度，MPa；

　　　n——需推测强度的龄期，d；

　　　a——已测强度的龄期，d。

在工程实践中，通常采用同条件养护，以更准确地检验混凝土的质量。为此《混凝土结构工程施工质量验收规范》（GB 50204—2015）提出了同条件养护混凝土养护龄期的确定原则：

（1）等效养护龄期应根据同条件养护试件强度与在标准养护条件下 28d 龄期试件强度相等的原则确定。

（2）等效养护龄期可采用按日平均温度逐日累计达到 600℃·d 时所对应的龄期，0℃及以下的龄期不计入；等效养护龄期不应小于 14d，也不宜大于 60d。

4. 施工质量

混凝土的搅拌、运输、浇筑、振捣、现场养护是复杂的施工过程，受到各种不确定性随机因素的影响。配料的准确、振捣密实程度、拌合物的离析、现场养护条件的控制以至施工单位的技术和管理水平都会造成混凝土强度的变化。因此，必须采取严格有效的控制措施和手段，以保证混凝土的施工质量。

（四）提高混凝土强度的措施

现代混凝土的强度不断提高，C40、C50 强度等级的普通混凝土应用已很普遍，提高混凝土强度的技术措施主要有以下几项。

1. 采用高强度等级的水泥

提高水泥的强度等级可有效提高混凝土的强度，但由于水泥强度等级的提高受到原料、生产工艺的制约，故单纯靠提高水泥强度来达到提高混凝土强度的目的，往往是不现实的，也是不经济的。

2. 降低水胶比

降低水胶比是提高混凝土强度的有效措施。混凝土拌合物的水胶比降低，可降低硬化混凝土的孔隙率，明显增加胶凝材料与骨料间的黏结力，使强度提高。但降低水胶比，会使混凝土拌合物的工作性下降。因此，必须有相应的技术措施配合，如采用机械强力振捣、掺加提高工作性的外加剂等。

3. 湿热养护

除采用蒸气养护、蒸压养护、冬季骨料预热等技术措施外，还可利用蓄存水泥本身的水化热来提高强度的增长速度。

4. 龄期调整

如前所述，混凝土随着龄期的延续，强度会持续上升。实践证明，混凝土的龄期在 3～6 个月时，强度较 28d 会提高 25%～50%。工程某些部位的混凝土如在 6 个月后才能满载使用，则该部位的强度等级可适当降低，以节约水泥。但具体应用时，应得到设计、管理单位的批准。

5. 改进施工工艺

如采用机械搅拌和强力振捣，都可使混凝土拌合物在低水灰比的情况下更加均匀、密实地浇筑，从而获得更高的强度。近年来，国外研制的高速搅拌法、二次投料搅拌法及高频振捣法等新的施工工艺在国内的工程中应用，都取得了较好的效果。

6. 掺加外加剂

掺加外加剂是提高混凝土强度的有效方法之一，减水剂和早强剂都对混凝土的强度发展起到明显的作用。尤其是在高强混凝土（强度等级大于 C60）的设计中，采用高效减水剂已成为关键的技术措施。但需指出的是，早强剂只可提高混凝土的早期（≤10d）强度，而对 28d 的强度影响不大。

课件 6.13

视频 6.14

二、混凝土的耐久性

混凝土是当代建筑工程及市政、水利工程最主要的结构材料，不但要有设计的强度，以满足建筑物能安全承受荷载，还应有在所处环境及使用条件下经久耐用的性能，所谓经久耐用的概念也已从几十年扩展到了上百年，甚至数百年（如大型水库、海底隧道）。这就把混凝土的耐久性提到了更重要的地位，国内外的专家一致的看法是高耐久性的混凝土是现代高性能混凝土发展的主要方向，它不但可保证建筑物、构筑物的安全、长期使用，同时对资源的保护和环境污染的治理都有重要意义。

混凝土的耐久性主要由抗渗性、抗冻性、抗腐蚀性、抗碳化性及抗碱骨料反应等性能综合评定。每一项性能又都可从内部和外部影响因素两方面去分析。

（一）抗渗性

抗渗性是指混凝土抵抗压力水渗透的性能。它不但关系到混凝土本身的防渗性能（如地下工程、海洋工程等），还直接影响混凝土的抗冻性、抗腐蚀性等其他耐久性指标。

混凝土渗透的主要原因是其本身内部的连接孔隙形成的渗水通道，这些通道是由于拌和水的占据作用和养护过程中的泌水造成的，同时外界环境的温度和湿度不宜也会造成水泥石的干缩裂缝，加剧混凝土的抗渗能力下降。改善混凝土抗渗性的主要技术措施是采用低水灰比的干硬性混凝土，同时加强振捣和养护，以提高密实度，减少渗水通道的形成。

混凝土的抗渗性能试验是采用圆台体或圆柱体试件（视抗渗试验设备要求而定），6 个为一组，养护至 28d，套装于抗渗试验仪上，从下部通压力水，以 6 个试件中 3 个试件的端面出现渗水而第四个试件未出现渗水时的最大水压力（MPa）计，称为抗渗等级。

混凝土的抗渗性除与水胶比关系密切外，还与水泥品种、骨料的级配、养护条件、采用外加剂的种类等因素有关。

（二）抗冻性

混凝土在低温受潮状态下，经长期冻融循环作用，容易受到破坏，以至影响使用功能，因此要具备一定的抗冻性。即使是温暖地区的混凝土，虽没有冰冻的影响，但长期处于干湿循环作用，一定的抗冻能力也可提高其耐久性。

影响混凝土抗冻性的因素很多。从混凝土内部来说，主要因素是孔隙的多少、连通情况、孔径大小和孔隙的充水饱满程度。孔隙率越低、连通孔隙越少、毛细孔越少、孔隙的充水饱满程度越差，抗冻性越好。

从外部环境看，所经受的冻融、干湿变化越剧烈，冻害越严重。在养护阶段，水泥的水化热高，会有效提高混凝土的抗冻性。提高混凝土抗冻性的主要措施是降低水灰比，提高密实度，同时采用合适品种的外加剂也可改善混凝土的抗冻能力。

混凝土的抗冻性可由抗冻试验得出的抗冻等级来评定。它是将养护 28d 的混凝土试件浸水饱和后置于冻融箱内，在标准条件下测其重量损失率不超过 5％，强度损失率不超过 25％时所能经受的冻融循环的最多次数。如抗冻等级为 F8 的混凝土，代表其所能经受的冻融循环次数为 8 次。不同使用环境和工程特点的混凝土，应根据要求选择相应的抗冻等级。

（三）抗腐蚀性

当混凝土所处的环境水有侵蚀性时，会对混凝土提出抗腐蚀性的要求，混凝土的抗腐蚀性取决于水泥及矿物掺合料的品种及混凝土的密实性。密实度越高、连通孔隙越少，外界的侵蚀性介质越不易侵入，故混凝土的抗腐蚀性好。水泥品种的选择可参照项目四，提高密实度主要从提高混凝土的抗渗性的措施着手。

（四）抗碳化性

混凝土的碳化是指空气中的二氧化碳及水通过混凝土的裂隙与水泥石中的氢氧化钙反应生成碳酸钙，从而使混凝土的碱度降低的过程。

混凝土的碳化可使混凝土表面的强度适度提高，但对混凝土的有害作用却更为重要，碳化造成的碱度降低可使钢筋混凝土中的钢筋丧失碱性保护作用而发生锈蚀，锈蚀的生成物体积膨胀进一步造成混凝土的微裂。碳化还能引起混凝土的收缩，使碳化层处于受拉压力状态而开裂，降低混凝土的受拉强度。采用水化后氢氧化钙含量高的硅酸盐水泥比采用掺混合材料的硅酸盐水泥的混凝土碱度要高，碳化速度慢，抗碳化能力强。低水灰比的混凝土孔隙率低，二氧化碳不易侵入，故抗碳化能力强。此外，环境的相对湿度在 50％～75％时碳化最快，相对湿度小于 25％或达到饱和时，碳化会因为水分过少或水分过多堵塞了二氧化碳的通道而停止。此外，二氧化碳浓度以及养护条件也是影响混凝土碳化速度及抗碳化能力的原因。研究表明，钢筋混凝土当碳化达到钢筋位置时，钢筋发生锈蚀，其寿命终结。故对于钢筋混凝土来说，提高其抗碳化能力的措施之一就是提高保护层的厚度。

混凝土的碳化试验是将经烘烤处理后的 28d 龄期的混凝土试件置于碳化箱内，在标准条件下（温度 20℃±5℃，湿度 70％±5％）通入二氧化碳气，在 3d、4d、14d 及 28d 时，取出试件，用酚酞乙醇溶液作用于碳化层，测出碳化深度，然后以各龄期的平均碳化深度来评定混凝土的抗碳化能力及对钢筋的保护作用。

（五）抗碱骨料反应

碱骨料反应生成的碱-硅酸凝胶吸水膨胀会对混凝土造成胀裂破坏，使混凝土的耐久性严重下降。

产生碱骨料反应的原因：一是水泥中碱（Na_2O 或 K_2O）的含量较高；二是骨料中含有活性氧化硅成分；三是存在水分的作用。解决碱骨料反应的技术措施主要是选用低碱度水泥（含碱量＜0.6%）；在水泥中掺活性混合材料以吸取水泥中钠、钾离子；掺加引气剂，释放碱-硅酸凝胶的膨胀压力。对于有预防混凝土碱骨料反应设计要求的工程，宜掺用适量粉煤灰或其他矿物掺合料，混凝土中最大碱含量不应大于 $3.0kg/m^3$；对于矿物掺合料的碱含量，粉煤灰碱含量可取实测值的 $1/6$，粒化高炉矿渣粉可取实测值的 $1/2$。

（六）混凝土耐久性的分类及基本要求

混凝土结构应根据设计使用年限和环境类别进行耐久性设计，耐久性设计包括下列内容：

（1）确定结构所处的环境类别。

（2）提出对混凝土材料的耐久性基本要求。

（3）确定构件中钢筋的混凝土保护层厚度。

（4）不同环境条件下的耐久性技术措施。

（5）提出结构使用阶段的检测与维护要求。

对于临时性的混凝土结构，可不考虑混凝土的耐久性要求。混凝土结构暴露的环境类别应按表 6-17 的要求划分。

表 6-17 　　　　混凝土结构的环境类别（GB 50010—2010）

环境类别	条　　件
一	室内干燥环境；无侵蚀性静水浸没环境
二 a	室内潮湿环境；非严寒和非寒冷地区的露天环境；非严寒和非寒冷地区与无侵蚀性的水或土壤直接接触的环境；严寒和寒冷地区的冰冻线以下与无侵蚀性的水或土壤直接接触的环境
二 b	干湿交替环境；水位频繁变动环境；严寒和寒冷地区的露天环境；严寒和寒冷地区冰冻线以上与无侵蚀性的水或土壤直接接触的环境
三 a	严寒和寒冷地区冬季水位变动区环境；受除冰盐影响环境；海风环境
三 b	盐渍土环境；受除冰盐作用环境；海岸环境
四	海水环境
五	受人为或自然的侵蚀性物质影响的环境

注　1．室内潮湿环境是指构件表面经常处于结露或湿润状态的环境。

2．严寒和寒冷地区的划分应符合《民用建筑热工设计规范》（GB 50176—2016）的有关规定。

3．海岸环境和海风环境宜根据当地情况，考虑主导风向及结构所处迎风、背风部位等因素的影响，由调查研究和工程经验确定。

4．受除冰盐影响环境是指受到除冰盐盐雾影响的环境；受除冰盐作用环境是指被除冰盐溶液溅射的环境以及使用除冰盐地区的洗车房、停车楼等建筑。

5．暴露的环境是指混凝土结构表面所处的环境。

设计使用年限为 50 年的混凝土结构，其混凝土材料宜符合表 6-18 的规定。

表 6-18　　　　　　　结构混凝土材料的耐久性基本要求（GB 50010—2010）

环境等级	最大水胶化	最低强度等级	最大氯离子含量/%	最大碱含量/(kg/m³)
一	0.60	C20	0.30	不限制
二 a	0.55	C25	0.20	3.0
二 b	0.50（0.55）	C30（C25）	0.15	
三 a	0.45（0.50）	C35（C30）	0.15	
三 b	0.40	C40	0.10	

注　1. 氯离子含量系指其占胶凝材料总量的百分比。

　　2. 预应力构件混凝土中的最大氯离子含量为 0.06%，其最低混凝土强度等级宜按表中的规定提高两个等级。

　　3. 素混凝土构件的水胶比及最低强度等级的要求可适当放松。

　　4. 有可靠工程经验时，二类环境中的最低混凝土强度等级可降低一个等级。

　　5. 处于严寒和寒冷地区二 b、三 a 类环境中的混凝土应使用引气剂，并可采用括号中的有关参数。

　　6. 当使用非碱活性骨料时，对混凝土中的碱含量可不作限制。

（七）提高混凝土耐久性的措施

混凝土的耐久性要求主要应根据工程特点、环境条件而定。工程上主要应从材料的质量、配合比设计、施工质量控制等多方面采取措施予以保证。具体的有以下几点：

（1）选择合适品种的水泥。

（2）控制混凝土的最大水胶比和最小胶凝材料用量。水灰比的大小直接影响混凝土的密实性，而保证水泥的用量，也是提高混凝土密实性的前提条件。大量实践证明，耐久性控制的两个有效指标是最大水胶比和最小胶凝材料用量，这两项指标在国家相关规范中都有规定（详见配合比设计一节相关内容）。

（3）选用质量良好的骨料，并注意颗粒级配的改善。近年来的国内外研究成果表明，在骨料中掺加粒径在砂和水泥之间的超细矿物粉料，可有效改善混凝土的颗粒级配，提高混凝土的耐久性。

（4）掺加外加剂。改善混凝土耐久性的外加剂有减水剂和引气剂。

（5）严格控制混凝土施工质量，保证混凝土的均匀、密实。

任务五　混凝土的外加剂

课件 6.15

视频 6.16

在混凝土搅拌之前或拌制过程中加入的，用以改善新拌混凝土或硬化混凝土性能的材料，称为混凝土外加剂，简称外加剂。

混凝土外加剂的使用是近代混凝土技术发展的重要成果，种类繁多，虽掺量很少，但对混凝土工作性、强度、耐久性、水泥的节约都有明显的改善，常称为混凝土的第五组分。特别是高效能外加剂的使用成为现代高性能混凝土的关键技术，发展和推广使用外加剂具有重要的技术和经济意义。

一、外加剂的分类

根据《混凝土外加剂术语》（GB/T 8075—2017）的规定，混凝土外加剂按其主要使用功能分为四类。

（1）改善混凝土拌合物流变性能的外加剂，包括各种减水剂和泵送剂等。

（2）调节混凝土凝结时间、硬化性能的外加剂，包括缓凝剂、促凝剂、速凝剂等。

（3）改善混凝土耐久性的外加剂，包括引气剂、阻锈剂、防水剂和矿物外加剂等。

（4）改善混凝土其他性能的外加剂，包括膨胀剂、防冻剂、着色剂等。

混凝土外加剂大部分为化工制品，还有部分为工业副产品和矿物类产品。因其掺量小、作用大，故对掺量（占水泥质量的百分比）、掺配方法和适用范围要严格按产品说明和操作规程执行。以下重点介绍几种工程中常用的外加剂。

二、减水剂

减水剂是指在保持混凝土拌合物流动性的条件下，能减少拌和水量的外加剂。按其减水作用的大小，可分为普通减水剂和高效减水剂两类。

（一）减水剂的作用效果

根据使用目的的不同，减水剂有以下几方面的作用效果：

（1）增大流动性。在原配合比不变，即水、水胶比、强度均不变的条件下，增加混凝土拌合物的流动性。

（2）提高强度。在保持流动性及胶凝材料用量不变的条件下，可减少拌和用水，使水胶比下降，从而提高混凝土的强度。

（3）节约胶凝材料。在保持强度不变，即水胶比不变以及流动性不变的条件下，可减少拌和用水，从而使胶凝材料用量减少，达到保证强度而节约水泥的目的。

（4）改善其他性质。掺加减水剂还可改善混凝土拌合物的黏聚性、保水性；提高硬化混凝土的密实度，改善耐久性；降低、延缓混凝土的水化热等。

（二）减水剂的作用机理

减水剂属于表面活性物质（日常生活中使用的洗衣粉、肥皂都是表面活性物质），这类物质的分子分为亲水端和疏水端两部分。亲水端在水中可指向水，而疏水端则指向气体、非极性液体（油）或固态物质，可降低水-气、水-固相间的界面能，具有湿润、发泡、分散、乳化的作用，如图 6-16（a）所示。根据表面活性物质亲水端的电离特性，它可分为离子型和非离子型，又根据亲水端电离后所带的电性，分为阳离子型、阴离子型和两性型。

水泥加水拌和后，由于水泥矿物颗粒带有不同电荷，产生异性吸引或由于水泥颗粒在水中的热运动而产生吸附力，使其形成絮凝状结构［图 6-16（b）］，把拌和用水包裹在其中，对拌合物的流动性不起作用，降低了工作性。因此在施工中就必须增加拌和水量，而水泥水化的用水量很少（水灰比仅 0.23 左右即可完成水化），多余的水分在混凝土硬化后，挥发形成较多的孔隙，从而降低了混凝土的强度和耐久性。

加入减水剂后，减水剂的疏水端定向吸附于水泥矿物颗粒的表面，亲水端朝向水溶液，形成吸附水膜。由于减水剂分子的定向排列，水泥颗粒表面带有相同电荷，在电斥力的作用下，使水泥颗粒分散开来，由絮凝状结构变成分散状结构［图 6-

16（c）和（d）］，从而把包裹的水分释放出来，达到减水、提高流动性的目的。

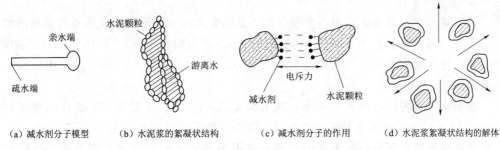

（a）减水剂分子模型　（b）水泥浆的絮凝状结构　（c）减水剂分子的作用　（d）水泥浆絮凝状结构的解体

图 6-16　减水剂作用机理

【学习活动 6-3】

减水剂作用的直观认知

在此活动中你将直接观察感知减水剂对混凝土拌合物工作性的影响，了解外加剂可使混凝土性能发生明显变化。通过此学习活动，可提高你对外加剂在近代混凝土应用技术发展中关键作用的认知。

步骤 1：在试验室内按一般配合比拌和够充满坍落度筒 2 次的混凝土试样，试样黏稠一些，坍落度控制在 10～20mm 为宜。然后准备分置的适量高效减水剂溶液和等量的净水。先按标准程序将 2 只坍落度筒同时充满混凝土拌合物，桶提起后，将高效减水剂溶液和净水分别撒浇在两个混凝土试样上。观察其发生的变化。

步骤 2：测定两个试样的坍落度，以认知减水剂增加流动性的作用效果。

反馈：

（1）在其他条件不变的前提下，掺加该高效减水剂，可明显提高拌合混凝土的流动性。

（2）复述并解释在流动性、水泥用量不变和保持强度不变、流动性不变的前提下，掺加减水剂可达到的技术经济效果。

（三）常用的减水剂

常用的减水剂，按其化学成分可分为以下几类。

1. 木质素系减水剂

木质素系减水剂又称木质素磺酸盐减水剂（M 型减水剂），是提取乙醇后的木浆废液，经蒸发、磺化浓缩、喷雾、干燥所制成的棕黄色粉状物。木质素磺酸钙是一种传统的阳离子型减水剂，常用的掺量为 0.2%～0.3%。由于其采用工业废料，成本低廉，生产工艺简单，曾在我国广泛应用。

M 型减水剂的技术经济效果为：在保持工作性不变的前提下，可减水 10% 左右；在保持水灰比不变的条件下，使坍落度增大 100mm 左右；在保持水泥用量不变的情况下，提高 28d 抗压强度 10%～20%；在保持坍落度及强度不变的条件下，可节约水泥用量 10%。

M 型减水型是缓凝型减水剂，在 0.25% 的掺量下可缓凝 1～3h，故可延缓水化热，但掺量过多，会造成严重缓凝，以致强度下降的后果。M 型减水剂不适宜蒸养也不利于冬期施工。

2. 萘系减水剂

萘系减水剂属芳香族磺酸盐类缩合物，是以煤焦油中提炼的萘或萘的同系物磺酸盐与甲醛的缩合物。国内常用的该类品种很多，常用的有 UNF、FDN、NNU、MF等，是一种高效减水剂。常用的适宜掺量为 $0.2\%\sim1.0\%$，是目前广泛应用的减水剂品种。

萘系减水剂的经济技术效果为：减水率 $15\%\sim20\%$；混凝土 28d 抗压强度可提高 20% 以上；在坍落度及 28d 抗压强度不变的前提下可节约水泥用量 20% 左右。

萘系减水剂大部分品种为非引气型，可用于要求早强或高强的混凝土，少数品种（MF、NNO 等型号）属引气型，适用于抗渗性、抗冻性等要求较高的混凝土。该类减水剂具有耐热性，适于蒸养。

3. 树脂系减水剂

树脂系减水剂（亦称水溶性密胺树脂），是一种水溶性高分子树脂非引气型高效减水剂。国产的品种有 SM 减水剂等，其合适的掺量为 $0.5\%\sim2\%$。因其价格较高，故应用受到限制。

SM 减水剂经济技术效果极优：减水率可达 $20\%\sim27\%$；混凝土 1d 抗压强度可提高 $30\%\sim100\%$，28d 抗压强度可提高 $30\%\sim600\%$；强度不变，可节约水泥 25% 左右；混凝土的抗渗、抗冻等性能也明显改善。

该类减水剂特别适宜配置早强、高强混凝土，泵送混凝土和蒸养预制混凝土。

按减水剂的性能特点，可分为高性能减水剂、高效减水剂和普通减水剂三类，每类中又可分为早强型、标准型和缓凝型（GB 8076—2008），各类型的代号分别为：

早强型高性能减水剂：HPWR－A；早强型普通减水剂：WR－A。

标准型高性能减水剂：HPWR－S；标准型普通减水剂：WR－S。

缓凝型高性能减水剂：HPWR－R；缓凝型普通减水剂：WR－R。

标准型高效减水剂：HWR－S；引气减水剂：AEWR。

缓凝型高效减水剂：HWR－R。

三、早强剂（代号 Ac）

早强剂是能加速混凝土早期强度发展，但对后期强度无显著影响的外加剂。早强剂按其化学组成分为无机早强剂和有机早强剂两类。无机早强剂常用的有氯盐、碳酸盐、亚硝酸盐等，有机早强剂有尿素、乙醇、三乙醇胺等。为更好地发挥各种早强剂的技术特性，实践中常采用复合早强剂。早强剂或对水泥的水化产生催化作用，或与水泥成分发生反应生成固相产物从而有效提高混凝土的早期（<7d）强度。

（一）氯盐早强剂

氯盐早强剂包括钙、钠、钾的氯化物，其中应用最广泛的为氯化钙。

氯化钙的早强机理是可与水泥中的铝酸三钙作用生成水化氯铝酸钙（$3CaO\cdot Al_2O_3\cdot 3CaCl_2\cdot 32H_2O$），同时还与水泥的水化产物 $Ca(OH)_2$ 反应生成氧氯化钙 $CaCl_2\cdot 3Ca(OH)_2\cdot 12H_2O$ 和 $CaCl_2\cdot Ca(OH)_2\cdot H_2O$，以上产物都是不溶性复盐，可从水泥浆中析出，增加水泥浆中固相的比例，形成骨架，从而提高混凝土的早期强度。同时，氯化钙与 $Ca(OH)_2$ 的反应降低了水泥的碱度，从而使 C3S 水化反应更易于进行，相应地也提高了水泥的早期强度。

氯化钙的掺量为 $1\%\sim2\%$，它可使混凝土 1d 强度增长 $70\%\sim100\%$，3d 强度提高 $40\%\sim70\%$，7d 强度提高 25%，28d 强度便无差别。氯盐早强剂还可同时降低水的冰点，因此适用于混凝土的冬期施工，可作为早强促凝抗冻剂。

在混凝土中掺加氯化钙后，可增加水泥浆中的 Cl^- 浓度，从而对钢筋造成锈蚀，进而使混凝土发生开裂，严重影响混凝土的强度及耐久性。《混凝土质量控制标准》（GB 50164—2011）中对混凝土拌合物中的水溶性氯离子含量作出了以下规定：

（1）对素混凝土，不得超过水泥质量的 1%。

（2）对处于干燥环境的钢筋混凝土，不得超过水泥质量的 3%。

（3）对处于潮湿而不含氯离子环境或潮湿且含有氯离子环境中的钢筋混凝土，应分别不超过水泥质量的 0.2% 或 1%。

（4）对预应力混凝土及处于除冰盐等侵蚀性物质环境中的钢筋混凝土，不得超过水泥质量的 0.06%。

（二）硫酸盐早强剂

硫酸盐早强剂包括硫酸钠、硫代硫酸钠、硫酸钙等。应用最多的硫酸钠（Na_2SO_4）是缓凝型的早强剂。

硫酸钠掺入混凝土中后，会迅速与水泥水化产生的氢氧化钙反应生成高分散性的二水石膏（$Ca_2SO_4 \cdot 2H_2O$），它比直掺的二水石膏更易与 C3A 迅速反应生成水化硫铝酸钙的晶体，有效提高了混凝土的早期强度。

硫酸钠的掺量为 $0.5\%\sim2\%$，可使混凝土 3d 强度提高 $20\%\sim40\%$。硫酸钠常与氯化钠、亚硝酸钠、三乙醇胺、重铬酸盐等制成复合早强剂，可取得更好的早强效果。

硫酸钠对钢筋无锈蚀作用，可用于不允许使用氯盐早强剂的混凝土中。但硫酸钠与水泥水化产物反应后可生成 NaOH，与碱骨料可发生反应，故其严禁用于含有活性骨料的混凝土中。

（三）三乙醇胺复合早强剂

三乙醇胺 $[N(C_2H_4OH)_3]$ 是一种非离子型的表面活性物质，为淡黄色 C3A 的油状液体。

三乙醇胺可对水泥水化起到"催化作用"，本身不参与反应，但可促进与石膏间生成水化硫铝酸钙的反应。三乙醇胺属碱性，对钢筋无锈蚀作用。

三乙醇胺掺量为 $0.02\%\sim0.05\%$，由于掺量极微，单独使用早强效果不明显，故常采用与其他外加剂组成三乙醇胺复合早强剂。国内工程实践表明，以 0.05% 三乙醇胺、1% 亚硝酸钠（$NaNO_2$）、2% 二水石膏掺配而成的复合早强剂是一种效果较好的早强剂，三乙醇胺不但直接催化水泥的水化，而且还能在其他盐类与水泥反应中起到催化作用，它可使混凝土 3d 强度提高 50%，对后期强度也有一定提高，使混凝土的养护时间缩短近一半，常用于混凝土的快速低温施工。

四、引气剂（代号 AE）

引气剂是在混凝土搅拌过程中能引入大量均匀分布、稳定而封闭的微小气泡，且能保留在硬化混凝土中的外加剂。引气剂可减少混凝土拌合物泌水离析、改善工作性，并能显著提高硬化混凝土抗冻耐久性。引气剂于 20 世纪 30 年代在美国问世，我国在 20 世纪 50 年代后，在海港、水坝、桥梁等长期处于潮湿及严寒环境中的抗海水腐蚀要求较高的混凝土工程中应用引气剂，取得了很好的效果。引气剂是外加剂中重要的一类。引气剂的种类按化学组成可分为松香树脂类、烷基苯磺酸类、脂肪酸磺酸类等。其中，应用较为普遍的是松香树脂类中的松香热聚物和松香皂，其掺量极微，均为 $0.005\% \sim 0.015\%$。

引气剂也是一种憎水型表面活性剂，它与减水剂类表面活性剂的最大区别在于其活性作用不是发生在液-固界面上，而是发生在液-气界面上，掺入混凝土中后，在搅拌作用下能引入大量直径在 $200\mu m$ 以下的微小气泡，吸附在骨料表面或填充于水泥硬化过程中形成的泌水通道中，这些微小气泡从混凝土搅拌一直到硬化都会稳定存在于混凝土中。在混凝土拌合物中，骨料表面的这些气泡会起到滚珠轴承的作用，减小摩擦，增大混凝土拌合物的流动性，同时气泡对水的吸附作用也使黏聚性、保水性得到改善。在硬化混凝土中，气泡填充于泌水开口孔隙中，会阻隔外界水的渗入。而气泡的弹性，则有利于释放孔隙中水结冰引起的体积膨胀，因而大大提高混凝土的抗冻性、抗渗性等耐久性指标。

掺入引气剂形成的气泡，使混凝土的有效承载面积减少，故引气剂可使混凝土的强度受到损失。同时气泡的弹性模量较小，会使混凝土的弹性变形加大。

长期处于潮湿及严寒环境中的混凝土，应掺用引气剂或引气减水剂。引气剂的掺量根据混凝土的含气量要求并经试验确定。最小含气量与骨料的最大粒径有关，见表 6-19，最大含气量不宜超过 7%。

表 6-19　长期处于潮湿及严寒环境中混凝土的最小含气量（JGJ 55—2011）

粗骨料最大粒径/mm	最小含气量/%	
	潮湿或水位变动的寒冷和严寒环境	盐冻环境
40	4.5	5.0
25	5.0	5.5
20	5.5	6.0

注　含气量的百分比为体积比。

由于外加剂技术的不断发展，近年来引气剂已逐渐被引气型减水剂所代替，引气型减水剂不仅能起到引气作用，而且对强度有提高作用，还可节约水泥，因此应用范围逐渐扩大。

五、缓凝剂（代号 Rc）

缓凝剂是能延长混凝土的凝结时间的外加剂。缓凝剂常用的品种有多羟基碳水化合物、木质素磺酸盐类、羟基羧酸及其盐类、无机盐等。其中，我国常用的为木钙（木质素磺酸盐类）和糖蜜（多羟基碳水化合物类）。

缓凝剂因其在水泥及其水化物表面的吸附或与水泥矿物反应生成不溶层而延缓水泥的水化达到缓凝的效果。糖蜜的掺量为 0.1％～0.3％，可缓凝 2～4h。木钙既是减水剂又是缓凝剂，其掺量 0.1％～0.3％，当掺量为 0.25％时，可缓凝 2～4h。羟基羧酸及其盐类，如柠檬酸或酒石酸钾钠等，当掺量为 0.03％～0.1％时，凝结时间可达 8～19h。

缓凝剂有延缓混凝土的凝结、保持工作性、延长放热时间、消除或减少裂缝以及减水增强等多种功能，对钢筋也无锈蚀作用，适于高温季节施工和泵送混凝土、滑模混凝土以及大体积混凝土的施工或远距离运输的商品混凝土。但缓凝剂不宜用于日最低气温在 5℃ 以下施工的混凝土，也不宜单独用于有早强要求的混凝土或蒸养混凝土。

六、矿物掺合料

矿物掺合料亦称矿物外加剂，是在混凝土搅拌过程中加入具有一定细度和活性的用于改善新拌和硬化混凝土性能（特别是混凝土耐久性）的某些矿物类的产品。矿物外加剂与水泥混合材料的最大不同点是具有更高的细度（比表面积为 350～15000m^2/kg）。

矿物掺合料分为磨细矿渣、磨细粉煤灰、磨细天然沸石、硅灰四类。

磨细矿渣是粒状高炉渣经干燥、粉磨等工艺达到规定细度的产品。粉磨时可添加适量的石膏和水泥粉磨用工艺外加剂。

磨细粉煤灰是干燥的粉煤灰经粉磨达到规定细度的产品。粉磨时可添加适量的水泥粉磨用工艺外加剂。

磨细天然沸石是以一定品位纯度的天然沸石为原料，经粉磨至规定细度的产品。粉磨时可添加适量的水泥粉磨用工艺外加剂。

硅灰是在冶炼硅铁合金或工业硅时，通过烟道排出的硅蒸气氧化后，经收尘器收集得到的以无定形二氧化硅为主要成分的产品。

矿物掺合料是一种辅助胶凝材料，特别在近代高强、高性能混凝土中是一种有效的、不可或缺的主要组分材料。其主要用途是：掺入水泥作为特殊混合材料；作为建筑砂浆的辅助胶凝材料；作为混凝土的辅助胶凝材料；用作建筑功能性（保温、调湿、电磁屏蔽等）外加剂。

（一）矿物掺合料特性与作用机理

1. 改善硬化混凝土力学性能

矿物掺合料对硬化混凝土力学性能的改善作用主要表现为复合胶凝效应（化学作用）和微集料效应（物理作用）。

复合胶凝效应主要是由于水泥的二次水化作用促进矿物掺合料通过诱导激活、表面微晶化和界面耦合等效应，形成水化、胶凝、硬化的作用。微集料效应体现为：其一，磨细矿物粒径微小（10μm 左右），可有效填充水泥颗粒间隙，对混凝土粗集料、细集料和水泥颗粒间形成的逐级填充起到了明显的补充和加强；其二，矿物掺合料颗粒的形状和表面粗糙度对紧密填充及界面黏结强度也起到加强效应。

上述化学和物理两方面的综合作用，使掺矿物掺合料的混凝土具有致密的结构和优良的界面黏结性能，表现出良好的物理力学性能。在改善混凝土性能的前提下，矿物掺合料可等量替代水泥30％～50％配制混凝土，大幅度降低了水泥用量。

2. 改善拌合混凝土和易性

矿物掺合料可显著降低水泥浆屈服应力，因此可改善拌合混凝土的和易性。矿物掺合料是经超细粉磨工艺制成的，颗粒形貌比较接近鹅卵石。它在新拌水泥浆中具有轴承效果，可增大水泥浆的流动性，还可有效地控制混凝土的坍落度损失。

矿物掺合料的比表面积为350～1500m²/kg，由于大比表面积颗粒对水的吸附起到了保水作用，不但进一步抑制了混凝土坍落度损失，且减弱了泌水性，从而使黏聚性明显改善。

3. 改善混凝土耐久性

由于掺矿物掺合料的混凝土可形成比较致密的结构，且显著改善了新拌混凝土的泌水性，避免形成连通的毛细孔，因此可改善混凝土的抗渗性。同理，由于水泥石结构致密，二氧化碳难以侵入混凝土内部，所以矿物掺合料混凝土也具有优良的抗碳化性能。

（二）矿物掺合料的技术要求

矿物掺合料的技术要求应符合表6-20的规定。

表6-20　　　　　　　矿物掺合料的技术要求（GB/T 18736—2017）

试验项目			指　标						
			磨细矿渣			磨细粉煤灰		磨细天然沸石		硅灰
			Ⅰ	Ⅱ	Ⅲ	Ⅰ	Ⅱ	Ⅰ	Ⅱ	
化学性能	MgO/%，≤		14			—		—		—
	SO₃/%，≤		4			3		—		—
	烧失量/%，≤		6			5	8	—		6
	Cl/%，≤		0.02			0.02		0.02		0.02
	SiO₂/，%≥		—			—		—		85
	吸收值/(mmol/100g)，≥		—			—		130	100	—
物理性能	比表面积/(m²/kg)，≥		750	550	350	600	400	700	500	15000
	含水量/%，≥		1.0			1.0		—		3.0
胶砂性能	需水量比/%，≤		100			95	105	110	115	125
	活性指数	3d/%，≥	85	70	55	—		—		—
		7d/%，≥	100	85	75	80	75	—		—
		28d/%，≥	115	105	100	90	85	90	85	85

各种矿物掺合料均应测定其总碱量，根据工程要求，由供需双方商定供货指标。

矿物掺合料在混凝土中的掺量应通过试验确定。钢筋混凝土中矿物掺合料最大掺量宜符合表6-21的规定；预应力钢筋混凝土中矿物掺合料最大掺量宜符合表6-22的规定。

表 6-21　　钢筋混凝土中矿物掺合料最大掺量（JGJ 55—2011）

矿物掺合料种类	水胶比	最大掺量/%	
		硅酸盐水泥	普通盐水泥
粉煤灰	≤0.40	45	35
	>0.40	40	30
粒化高炉矿渣粉	≤0.40	65	55
	>0.40	55	45
钢渣粉	—	30	20
磷渣粉	—	30	20
硅灰	—	10	10
复合掺合料	≤0.40	65	55
	≤0.40	55	45

注　1. 采用硅酸盐水泥和普通硅酸盐水泥之外的通用硅酸盐水泥时，混凝土中水泥混合材和矿物掺合料用量之和应不大于按普通硅酸盐水泥用量 20% 计算混合材和矿物掺合料用量之和。

2. 对基础大体积混凝土，粉煤灰、粒化高炉矿渣粉和复合掺合料的最大掺量可增加 5%。

3. 复合掺合料中各组分的掺量不宜超过任一组分单掺时的最大掺量。

表 6-22　　预应力钢筋混凝土中矿物掺合料最大掺量（JGJ 55—2011）

矿物掺合料种类	水胶比	最大掺量/%	
		硅酸盐水泥	普通盐水泥
粉煤灰	≤0.40	35	30
	>0.40	25	20
粒化高炉矿渣粉	≤0.40	55	45
	>0.40	45	35
钢渣粉	—	20	10
磷渣粉	—	20	10
硅灰	—	10	10
复合掺合料	≤0.40	55	45
	>0.40	45	35

（三）矿物掺合料的等级、代号和标记

依据性能指标将磨细矿渣分为三级，磨细粉煤灰和磨细天然沸石分为两级。

矿物掺合料用代号 MA 表示。各类矿物外加剂用不同代号表示：磨细矿渣 S，磨细粉煤灰 F，磨细天然沸石 Z，硅灰 SF。

矿物掺合料的标记依次为：矿物掺合料分类—等级—标准号。

如：Ⅱ级磨细矿渣，标记为"MAS Ⅱ GB/T 18736—2002"。

（四）矿物掺合料的包装、标志、运输及储存

矿物掺合料可以袋装或散装。袋装每袋净质量不得少于标志质量的 98%，随机抽取 20 袋，其总质量不得少于标志质量的 20 倍。包装应符合《水泥包装袋》（GB/T 9774—2020）的规定，散装由供需双方商量确定，但有关散装质量的要求必须符合上述原则规定。

所有包装容器均应在明显位置注明以下内容：执行的国家标准号、产品名称、等级、净质量或体积、生产厂名、生产日期及出厂编号。

运输过程中应防止淋湿及包装破损，或混入其他产品。

在正常的运输、储存条件下，矿物掺合料的储存期从产品生产之日起计算为半年。矿物掺合料应分类、分等级储存在仓库或储仓中，不得露天堆放，以易于识别，便于检查和提货为原则。储存时间超过储存期的产品，应予复验，检验合格后才能出库使用。

七、其他品种的外加剂

1. 膨胀剂

膨胀剂是能使混凝土在硬化过程中产生一定的体积膨胀的外加剂。膨胀剂可补偿混凝土的收缩，使抗裂性、抗渗性提高，掺量较大时可在钢筋混凝土中产生自应力。膨胀剂常用的品种有硫铝酸钙类（如明矾石膨胀剂）、氧化镁类（如氧化镁膨胀剂）、复合类（如氧化钙硫铝酸钙膨胀剂）等。膨胀剂主要应用于屋面刚性防水、地下防水、基础后浇缝、堵漏、底座灌浆、梁柱接头及自应力混凝土。

2. 速凝剂

速凝剂是使混凝土能迅速凝结硬化的外加剂。速凝剂与水泥和水拌和后立即反应，使水泥中的石膏失去缓凝作用，促成 C3A 迅速水化，并在溶液中析出其化合物，导致水泥迅速凝结。国产速凝剂"711"和"782"型，当其掺量为 2.5%～4.0% 时，可使水泥在 5min 内初凝，10min 内终凝，并能提高早期强度，虽然 28d 强度比不掺速凝剂时有所降低，但可长期保持稳定值不再下降。速凝剂主要用于道路、隧道、机场的修补、抢修工程以及喷锚支护时的喷射混凝土施工。

3. 防冻剂

防冻剂是指能使混凝土在负温下硬化，并在规定养护条件下达到预期性能的外加剂。防冻剂常由防冻组分、早强组分、减水组分和引气组分组成，形成复合防冻剂。其中防冻组分有以下几种：亚硝酸钠和亚硝酸钙（兼有早强、阻锈功能），掺量 1%～8%；氯化钙和氯化钠，掺量 0.5%～1.0%；尿素，掺量不大于 4%；碳酸钾，掺量不大于 10%。某些防冻剂（如尿素）掺量过多时，混凝土会缓慢向外释放对人产生刺激的气体，如氨气等，使竣工后的建筑室内有害气体含量超标。对于此类防冻剂要严格控制其掺量，并要依有关规定进行检测。

4. 加气剂

加气剂是指在混凝土制备过程中，因发生化学反应，放出气体，使硬化混凝土中形成大量均匀分布气孔的外加剂。加气剂有铝粉、双氧水、碳化钙、漂白粉等。铝粉可与水泥水化产物 $Ca(OH)_2$ 发生反应，产生氢气，使混凝土体积剧烈膨胀，形成大量气孔，虽使混凝土强度明显降低，但可显著提高混凝土的保温隔热性能。加气剂（铝粉）的掺量为 0.005%～0.02%，在工程上主要用于生产加气混凝土和堵塞建筑物的缝隙。加气剂与水泥作用强烈，一般应随拌随用，以免降低使用效果。

八、外加剂使用的注意事项

外加剂掺量虽小，但可对混凝土的性质和功能产生显著影响，在具体应用时要严格按产品说明操作，稍有不慎，便会造成事故，故在使用时应注意以下事项：

1. 对产品质量严格检验

外加剂常为化工产品，应采用正式厂家的产品。粉状外加剂应用有塑料衬里的编织袋包装，每袋 20～25kg，液体外加剂应采用塑料桶或有塑料袋内衬的金属桶。包装容器上应注明：产品名称、型号、净重或体积（包括含量或浓度）、推荐掺量范围、毒性、腐蚀性、易燃性状况、生产厂家、生产日期、有效期及出厂编号等。

2. 对外加剂品种的选择

外加剂品种繁多，性能各异，有的能混用，有的严禁互相混用，如不注意可能会发生严重事故。选择外加剂应依据现场材料条件、工程特点、环境情况，根据产品说明及有关规定〔如《混凝土外加剂应用技术规范》（GB 50119—2013）及国家有关环境保护的规定〕进行品种的选择。有条件的应在正式使用前进行试验检验。

3. 外加剂掺量的选择

大多数化学外加剂用量微小，有的掺量才几万分之一，而且推荐的掺量往往是在某一范围内。外加剂的掺量和水泥品种、环境温湿度、搅拌条件等都有关。掺量的微小变化对混凝土的性质会产生明显影响，掺量过小，作用不显著；掺量过大，有时会物极必反起反作用，酿成事故。故在大批量使用前要通过基准混凝土（不掺加外加剂的混凝土）与试验混凝土的试验对比，取得实际性能指标的对比后，再确定应采用的掺量。

4. 外加剂的掺入方法

外加剂不论是粉状还是液态状，为保持作用的均匀性，一般不能采用直接倒入搅拌机的方法。合适的掺入方法应该是：可溶解的粉状外加剂或液态状外加剂，应预先配成适宜浓度的溶液，再按所需掺量加入拌和水中，与拌和水一起加入搅拌机内；不可溶解的粉状外加剂，应预先称量好，再与适量的水泥、砂拌和均匀，然后倒入搅拌机中。外加剂倒入搅拌机内，要控制好搅拌时间，以满足混合均匀、时间又在允许范围内的要求。

【工程实例分析 6-1】

粉煤灰混凝土超强分析

现象：长江三峡工程第二阶段采用了高效缓凝减水剂、优质引气剂和Ⅰ级粉煤灰联合掺加技术，有效地降低了混凝土的用水量。实践证明，按照配合比配制的混凝土具有高性能混凝土的所有特点，混凝土的抗渗性能、抗冻性能和抗压强度都满足设计要求，在抗压强度方面则普遍超过设计强度，试分析其原因。

原因分析：①粉煤灰效应，包括形态效应、火山灰效应和微集料效应三个方面，分别起到润滑、胶凝和改善颗粒级配的功效，提高了混凝土的性能；②Ⅰ级粉煤灰具有较大的比表面积，具有更好的火山灰活性，特别是在混凝土硬化后期，效应更为突出，尤其是配合掺有高效减水剂、引气剂的情况下，如果对粉煤灰的火山灰效应估计不足，就有可能导致混凝土超强；③粉煤灰混凝土后期强度有较大的增长趋势，90d

接近不掺粉煤灰的混凝土，180d 则可能超过。长江三峡工程中，设计龄期为 90d 粉煤灰掺量为 40% 的混凝土，都存在超强问题。

课件 6.17

视频 6.18

任务六　混凝土的配合比设计

混凝土配合比是指混凝土中各组成材料数量之间的比例关系。混凝土由水泥、砂、石、矿物掺合料、外加剂和水组成，它们之间的数量关系直接影响混凝土拌合物的和易性、强度及耐久性。科学地确定这种比例关系，使混凝土满足工程所要求的技术经济指标，即为配合比设计。

配合比常用的表示方法有两种：一种是以 $1m^3$ 混凝土中各项材料的质量表示，如水泥 320kg、砂 710kg、石子 1200kg、水 180kg；另一种是以各项材料相互间的质量比来表示（以水泥质量为 1），将上例换算成质量比，水泥：砂：石：水 = 1：2.22：3.75：0.56。

混凝土配合比设计根据 JGJ 55—2011 进行计算，并经实验室试配、调整后确定。

一、混凝土配合比设计的基本要求

混凝土配合比设计应综合考虑建筑物的结构特点、原材料性能、施工工艺及设备、施工环境、质量管理等因素，满足混凝土配制强度、拌合物性能、力学性能和耐久性能等要求，获得经济合理、性能优良的混凝土。

普通混凝土配合比设计的四项基本要求为：

（1）满足施工要求的和易性。

（2）满足设计的强度等级。

（3）满足工程所处环境对混凝土的耐久性要求。

（4）经济合理，最大限度节约水泥，降低混凝土的成本。

此外，随着新型混凝土品种的出现，混凝土的配比还会涉及矿物掺合料、外加剂的类型及掺量，特殊混凝土的性能要求等。

二、混凝土配合比设计的资料准备

在设计混凝土配合比之前，必须预先掌握下列基本资料：

（1）了解工程设计要求的强度等级、强度标准差或施工质量水平，以便于确定混凝土的配制强度。

（2）了解工程所处环境对混凝土耐久性的要求，以便于确定配制混凝土所需的水泥品种、最大水灰比和最小水泥用量。

（3）了解混凝土工程的施工方法、结构断面尺寸以及钢筋配置情况，以便于确定混凝土拌合物的坍落度及骨料最大粒径。

（4）合理选择原材料，预先检验并充分掌握原材料的基本性能指标，包括：水泥的品种、强度等级、密度等；粗细骨料的品种、级配、表观密度、堆积密度、含水率、石子的最大粒径等；拌和用水的水质以及来源；外加剂及掺合料的品种、适宜掺量、掺加方法等。

三、混凝土配合比设计的三大参数

混凝土配合比设计，实际上就是确定胶凝材料、水、砂子与石子这四项基本组成材料用量之间的比例关系。要得到适宜的胶凝材料浆体，就必须确定合理的水和胶凝材料的比例关系，即水胶比；要使砂石在混凝土中组成密实的骨架，就必须合理地确定砂和石的比例关系，即砂率；在此基础上，要保证有充分的浆体能够包裹集料并填充空隙，即浆体与集料的比例关系，用单位用水量来表示。需正确地确定这三个参数，以满足混凝土配合比设计的四项基本要求。

1. 水胶比 W/B

水胶比是混凝土中水与胶凝材料质量的比值（通常在不掺加掺合料的情况下，指的是水与水泥质量的比值，即水灰比 W/C）是影响混凝土强度和耐久性的重要因素。其确定原则是：在满足强度和耐久性的前提下，尽量选择较大值，以节约水泥。

2. 砂率 β_s

砂率是指砂子质量占砂石总质量的百分率。砂的用量以填充石子的空隙并略有富余为原则。砂率是影响混凝土拌合物和易性的重要指标，在保证混凝土拌合物和易性要求的前提下，取较小值。

3. 单位用水量 m_{w0}

单位用水量是指 $1m^3$ 混凝土中水的用量，反映混凝土中水泥浆用量的多少，显著影响混凝土的和易性，同时也影响其强度和耐久性。确定的原则是在达到流动性要求的前提下，取较小值。

水胶比、砂率、单位用水量是混凝土配合比设计的三个重要参数，正确地确定这三个参数，是合理设计混凝土配合比的基础。

四、混凝土配合比设计的方法及步骤

进行混凝土配合比设计时，应根据原材料性能及混凝土的技术性质，计算 $1m^3$ 混凝土中各材料用量（以干燥状态骨料为基准），得出"初步配合比"；经过试验室试拌、调整，得出混凝土"基准配合比"；再经过强度检验、复核，确定出满足设计和施工要求且经济合理的"设计配合比"（又称"试验室配合比"）；最后根据施工现场砂石的实际含水率，对设计配合比进行调整，得出"施工配合比"。

（一）初步配合比的计算

1. 确定混凝土配制强度 $f_{cu,0}$

为使混凝土的强度保证率达到 95%，在设计混凝土配合比时必须使混凝土的配制强度 $f_{cu,0}$ 高于设计要求的强度标准值 $f_{cu,k}$。

（1）当混凝土的设计强度等级小于 C60 时，配制强度应按下式确定：

$$f_{cu,0} = f_{cu,k} + 1.645\sigma \tag{6-8}$$

式中　　$f_{cu,0}$——混凝土配制强度，MPa；

$f_{cu,k}$——混凝土立方体抗压强度标准值，MPa，即混凝土的设计强度等级；

1.645——达到 95% 强度保证率的系数；

σ——混凝土强度标准差，MPa。

式中 σ 的大小反映混凝土的生产质量水平，σ 值越小，说明混凝土施工质量越稳

定。如施工单位具有近期的同一品种混凝土强度资料时，其混凝土强度标准差可按公式进行计算；如无历史统计资料时，其强度标准差按表 6 - 23 规定选用。

表 6 - 23   混 凝 土 强 度 标 准 差

混凝土强度等级	≤C20	C25～C45	C50～C55
σ /MPa	4.0	5.0	6.0

（2）当设计强度等级不小于 C60 时，配制强度应按下式确定：

$$f_{cu,0} = 1.15 f_{cu,k} \tag{6-9}$$

2. 初步确定水胶比 W/B

当混凝土强度等级小于 C60 时，混凝土水胶比宜按下式计算：

$$\frac{W}{B} = \frac{a_a f_b}{f_{cu,0} + a_a a_b f_b} \tag{6-10}$$

$$f_b = r_f r_s f_{ce} \tag{6-11}$$

$$f_{ce} = r_c f_{ce,g} \tag{6-12}$$

式中 $f_{cu,0}$——混凝土的配制强度，MPa；

    a_a、a_b——回归系数，通过试验建立的水胶比与混凝土强度关系式来确定；当不具备试验统计资料时，用碎石配制混凝土取 $a_a = 0.53$，$a_b = 0.20$；用卵石配制混凝土取 $a_a = 0.49$，$a_b = 0.13$；

        f_b——胶凝材料 28d 胶砂抗压强度，MPa，可实测，试验方法应按《水泥胶砂强度检验方法（ISO 法）》（GB/T 17671—2021）执行，当无实测值时，可按式（6 - 11）确定；

    r_f、r_s——粉煤灰影响系数和粒化高炉矿渣粉影响系数，具体取值见表 6 - 24，不掺加掺合料时，两值均取 1；

        f_{ce}——水泥 28d 胶砂抗压强度，MPa，可实测；当水泥 28d 胶砂抗压强度无实测值时，可按式（6 - 12）计算；

      $f_{ce,g}$——水泥强度等级值，MPa；

        r_c——水泥强度等级值的富余系数，可按实际统计资料确定；缺乏实际统计资料时，按表 6 - 25 选用。

表 6 - 24   粉煤灰影响系数 r_f 和粒化高炉矿渣粉影响系数 r_s（JGJ 55—2011）

种类 掺量/%	粉煤灰影响系数 r_f	粒化高炉矿渣粉影响系数 r_s
0	1.00	1.00
10	0.85～0.95	1.00
20	0.75～0.85	0.95～1.00
30	0.65～0.75	0.90～1.00
40	0.55～0.65	0.80～0.90
50		0.70～0.85

注 1. 采用 Ⅰ 级、Ⅱ 级粉煤灰宜取上限值。

2. 采用 S75 级粒化高炉矿渣粉宜取下限值，采用 S95 级粒化高炉矿渣粉宜取上限值，采用 S105 级粒化高炉矿渣粉可取上限值加 0.05。

3. 当超出表中的掺量时，粉煤灰影响系数和粒化高炉矿渣粉影响系数应经试验确定。

表 6-25　　　　　　　　　　水泥强度富余系数

水泥强度等级	32.5	42.5	52.5
r_c	1.12	1.16	1.10

由上式计算出的水胶比应符合表 6-18 中规定的最大水胶比。若计算所得的水胶比大于规范规定的最大水胶比，则取最大水胶比，以保证混凝土的耐久性。

3. 确定单位用水量 m_{w0}

单位用水量主要由混凝土拌合物的坍落度及所用骨料的种类、最大粒径等来确定。当水胶比在 0.40～0.80 范围时，可按表 6-14 选取；当水胶比小于 0.40 时，可通过试验确定。

掺外加剂时，每立方米流动性或大流动性混凝土的用水量（m_{w0}）可按下式计算：

$$m_{w0} = m'_{w0}(1-\beta) \tag{6-13}$$

式中　m_{w0}——掺外加剂时每立方米混凝土的用水量，kg/m³；

　　　m'_{w0}——未掺外加剂时推定的满足实际坍落度要求的每立方米混凝土用水量，kg/m³，以表 6-26 中 90mm 坍落度的用水量为基础，按每增大 20mm 坍落度相应增加 5kg/m³ 用水量来计算；

　　　β——外加剂的减水率，%，应经混凝土试验确定。

4. 胶凝材料、矿物掺合料和水泥用量（m_{b0}、m_{f0}、m_{c0}）

（1）根据已选定的水胶比 W/B 和单位用水量 m_{w0}，由下式可计算出胶凝材料用量 m_{b0}：

$$m_{b0} = \frac{m_{w0}}{W/B} \tag{6-14}$$

式中　m_{b0}——每立方米混凝土中胶凝材料用量，kg/m³。

由上式计算出的胶凝材料用量应大于表 6-26 中规定的最小胶凝材料用量。若计算所得的胶凝材料用量小于最小胶凝材料用量，应选取表中允许的最小用量，以保证混凝土的耐久性。

表 6-26　　　　　混凝土的最小胶凝材料用量（JGJ 55—2011）

最大水胶比	最小胶凝材料用量/(kg/m³)		
	素混凝土	钢筋混凝土	预应力混凝土
0.60	250	280	300
0.55	280	300	300
0.50	320		
≤0.45	330		

（2）矿物掺合料的用量 m_{f0} 应按下式计算：

$$m_{f0} = m_{b0}\beta_f \tag{6-15}$$

式中　m_{f0}——每立方米混凝土中矿物掺合料用量，kg/m³；

　　　β_f——矿物掺合料的掺量，%，矿物掺合料掺量应通过试验确定。

（3）水泥用量 m_{c0} 应按下式计算：

$$m_{c0} = m_{b0} - m_{f0} \qquad (6-16)$$

式中　m_{c0}——每立方米混凝土中水泥用量，kg/m^3。当不掺加掺合料时，水泥用量 $m_{c0} = m_{b0}$。

5. 选用合理的砂率 β_s

砂率应根据骨料的技术指标、混凝土拌合物性能和施工要求，参考既有历史资料确定。如缺乏历史资料，坍落度小于 10mm 的混凝土，其砂率应经试验确定；坍落度为 10～60mm 的混凝土的砂率可根据粗骨料品种、最大公称粒径及水胶比按表 6-27 选取；坍落度大于 60mm 的混凝土的砂率，可经试验确定，也可在表 6-27 的基础上，按坍落度每增大 20mm，砂率增大 1% 的幅度予以调整。

表 6-27　　　　　　　　混凝土的砂率（JGJ 55—2011）　　　　　　　　　%

水胶比 W/B	卵石最大公称粒径/mm			碎石最大公称粒径/mm		
	10	20	40	16	20	40
0.40	26～32	25～31	24～30	30～35	29～34	27～32
0.50	30～35	29～34	28～33	33～38	32～37	30～35
0.60	33～38	32～37	31～36	36～41	35～40	33～38
0.70	36～41	35～40	34～39	39～44	38～43	36～41

注　1. 本表数值系中砂的选用砂率，对细砂或粗砂，可相应地减少或增大砂率。
　　 2. 采用人工砂配制混凝土时，砂率可适当增大。
　　 3. 只用一个单粒级粗骨料配制混凝土时，砂率应适当增大。

6. 计算粗、细骨料用量（m_{s0}、m_{g0}）

粗、细骨料的用量可用质量法或体积法求得。

（1）质量法。如果混凝土用原材料比较稳定，混凝土拌合物的表观密度将接近一个固定值，因此可先假设 $1m^3$ 混凝土拌合物的质量为 m_{cp}，等于其各种组成材料质量之和，据此可由下式求得粗、细骨料的用量，即

$$\left. \begin{array}{l} m_{c0} + m_{f0} + m_{g0} + m_{s0} + m_{w0} = m_{cp} \\[2mm] \beta_s = \dfrac{m_{s0}}{m_{s0} + m_{g0}} \times 100\% \end{array} \right\} \qquad (6-17)$$

式中　m_{c0}、m_{f0}、m_{s0}、m_{g0}、m_{w0}——每立方米混凝土中的水泥、矿物掺合料、细骨料（砂）、粗骨料（石子）、水的质量，kg；

　　　　　m_{cp}——每立方米混凝土拌合物的假定质量，可取 2350～2450kg。

经过计算，可得 m_{g0} 和 m_{s0}。

（2）体积法。假定混凝土拌合物的体积等于各组成材料的体积与拌合物中所含空气的体积之和，则按体积关系可得

$$\left. \begin{array}{l} \dfrac{m_{c0}}{\rho_c} + \dfrac{m_{f0}}{\rho_f} + \dfrac{m_{g0}}{\rho_g} + \dfrac{m_{s0}}{\rho_s} + \dfrac{m_{w0}}{\rho_w} + 0.01\alpha = 1 \\[3mm] \beta_s = \dfrac{m_{s0}}{m_{s0} + m_{g0}} \times 100\% \end{array} \right\} \qquad (6-18)$$

式中　ρ_c——水泥的密度，kg/m^3，可取 $2900 \sim 3100kg/m^3$；

$\qquad \rho_f$——矿物掺合料的密度，kg/m^3；

$\qquad \rho_g$——粗骨料（石子）的表观密度，kg/m^3；

$\qquad \rho_s$——细骨料（砂）的表观密度，kg/m^3；

$\qquad \rho_w$——水的密度，kg/m^3，可取 $1000kg/m^3$；

$\qquad \alpha$——混凝土的含气量百分数，在不使用引气型外加剂时，α 可取 1。

经过计算，可得 m_{g0} 和 m_{s0}。

这样，得到混凝土的初步配合比为 $m_{c0}:m_{f0}:m_{w0}:m_{s0}:m_{g0}$。

（二）混凝土配合比的试配、调整与基准配合比的确定

按初步配合比进行混凝土配合比的试配和调整。试拌时，每盘混凝土的最小搅拌量应符合表 6-28 的规定，并不应小于搅拌机公称容量的 1/4 且不应大于搅拌机公称容量。

表 6-28　　　　　　　　　混凝土试配的最小搅拌量（JGJ 55—2011）

粗骨料最大公称粒径/mm	拌合物数量/L
≤31.5	20
40	25

试拌后立即测定混凝土的工作性。当试拌得到的拌合物坍落度小于设计要求时，应保持水胶比不变，适当增加水和胶凝材料用量；当坍落度大于设计要求时，应保持砂率不变，增加砂、石用量；当黏聚性、保水性不良时，可适当增加砂率。每次调整后再试拌，直到和易性满足要求。

当试拌调整工作完成后，测出混凝土拌合物的实际表观密度（ρ_{ct}），并记录各组成材料调整后的拌和用量（m_{cb}，m_{fb}，m_{wb}，m_{sb}，m_{gb}），则调整后的混凝土试样总质量为 $m_{cb}+m_{fb}+m_{sb}+m_{gb}+m_{wb}$（体积≥初始试拌体积），由此得出基准配合比（经试拌调整后 $1m^3$ 混凝土中各材料用量）

$$\left.\begin{array}{l} m_{cj}=\dfrac{m_{cb}}{m_{cb}+m_{fb}+m_{sb}+m_{gb}+m_{wb}}\rho_{ct} \\[3mm] m_{fj}=\dfrac{m_{fb}}{m_{cb}+m_{fb}+m_{sb}+m_{gb}+m_{wb}}\rho_{ct} \\[3mm] m_{sj}=\dfrac{m_{sb}}{m_{cb}+m_{fb}+m_{sb}+m_{gb}+m_{wb}}\rho_{ct} \\[3mm] m_{gj}=\dfrac{m_{gb}}{m_{cb}+m_{fb}+m_{sb}+m_{gb}+m_{wb}}\rho_{ct} \\[3mm] m_{wj}=\dfrac{m_{wb}}{m_{cb}+m_{fb}+m_{sb}+m_{gb}+m_{wb}}\rho_{ct} \end{array}\right\} \qquad (6-19)$$

式中　m_{cj}、m_{fj}、m_{sj}、m_{gj}、m_{wj}——基准配合比中水泥用量、矿物掺合料用量、细骨料用量、粗骨料用量、水用量，kg；

$\qquad\qquad\qquad\qquad\quad \rho_{ct}$——混凝土拌合物表观密度实测值，$kg/m^3$。

这样，得到混凝土的基准配合比为 $m_{cj} : m_{fj} : m_{wj} : m_{sj} : m_{gj}$。

（三）确定设计配合比（试验室配合比）

基准配合比工作性已满足要求，但是否真正满足强度的要求还需进行强度检验。检验强度时，至少应采用三个不同的配合比，其中一个为基准配合比，另外两个配合比的水胶比宜较基准配合比分别增加和减少 0.05；用水量应与基准配合比的用水量相同，砂率可分别增加和减少 1%。

制作混凝土强度试验试件时，应检验混凝土拌合物的和易性及表观密度，并以此结果代表相应配合比的混凝土拌合物的性能。进行混凝土强度试验时，每种配合比至少应制作一组（三块）试件，标准养护到 28d 或设计龄期时试压。

根据试验结果绘出混凝土强度与其相对应的胶水比 B/W 的线性关系图，用作图法或计算法求出略大于混凝土配制强度 $f_{cu, 0}$ 相对应的胶水比，并应按下列原则调整每立方米混凝土的材料用量：

（1）用水量 m_w 应在基准配合比用水量的基础上，根据坍落度或维勃稠度进行调整确定。

（2）胶凝材料用量 m_b 应以用水量乘以选定出来的胶水比计算确定。

（3）粗骨料和细骨料用量 m_g 和 m_s 应在基准配合比的粗骨料和细骨料用量的基础上，按选定的胶水比进行调整后确定。

调整后，经试配确定配合比，尚应按下列步骤进行校正。

（1）根据已确定的材料用量按下式计算混凝土的表观密度计算值 $\rho_{c,c}$：

$$\rho_{c,c} = m_c + m_f + m_g + m_s + m_w \qquad (6-20)$$

（2）按下式计算混凝土配合比校正系数 δ：

$$\delta = \frac{\rho_{c,t}}{\rho_{c,c}} \qquad (6-21)$$

式中 $\rho_{c,t}$——混凝土表观密度实测值，kg/m^3；

     $\rho_{c,c}$——混凝土表观密度计算值，kg/m^3。

（3）当混凝土表观密度实测值与计算值之差的绝对值不超过计算值的 2% 时，之前的配合比即为确定的设计配合比；当两者之差超过 2% 时，应将配合比中每项材料用量均乘以校正系数 δ，即为最终确定的设计配合比。对耐久性有设计要求的混凝土应经耐久性试验确定并满足设计要求时，方可确定为设计配合比，表示为 $m_c : m_f : m_s : m_g : m_w$。

（四）确定施工配合比

试验室得出的设计配合比，骨料是以干燥材料状态为准的，而施工现场的骨料都含有一定的水分。因此，应根据骨料的含水率对配合比进行修正，修正后的配合比称为施工配合比。

假设现场砂的含水率为 $a\%$、石子的含水率为 $b\%$，则上述试验室配合比可按下式换算成施工配合比（每 $1m^3$ 混凝土各材料用量，单位 kg）

$$
\left.\begin{array}{l}
m'_c = m_c \\
m'_f = m_f \\
m'_s = m_s(1 + a\%) \\
m'_g = m_g(1 + b\%) \\
m'_w = m_w - m_s a\% - m_g b\%
\end{array}\right\} \tag{6-22}
$$

这样，得到混凝土的施工配合比，表示为 $m'_c : m'_f : m'_s : m'_g : m'_w$。

五、混凝土配合比设计实例

【例 6-1】 某住宅楼工程，现浇钢筋混凝土梁，混凝土设计强度等级为 C30，施工采用机械搅拌、振捣，施工要求坍落度为 35～50mm，该施工单位无历史统计资料。该混凝土拟不掺加矿物掺合料及外加剂，所采用的材料如下：

水泥：普通硅酸盐水泥，强度等级 32.5，密度 $\rho_c = 3.1\text{g/cm}^3$，实测强度 37.5MPa；

砂：中砂，表观密度 $\rho_{0s} = 2.65\text{g/cm}^3$，含水率为 3%；

石子：碎石，粒径 5～40mm，表观密度 $\rho_{0g} = 2.70\text{g/cm}^3$，含水率为 1%；

水：自来水。

试设计该混凝土的配合比，并求施工配合比。

解：1. 初步配合比计算

(1) 确定配制强度 $f_{cu,0}$。根据混凝土设计强度等级 C30，查表 6-23 得 $\sigma = 5.0\text{MPa}$。

$$f_{cu,0} = 30 + 1.645 \times 5.0 = 38.2(\text{MPa})$$

(2) 确定水胶比 W/B。用碎石，取 $a_a = 0.53$，$a_b = 0.20$，则

$$\frac{W}{B} = \frac{a_a f_{ce}}{f_{cu,0} + a_a a_b f_{ce}} = \frac{0.53 \times 37.5}{38.2 + 0.53 \times 0.20 \times 37.5} = 0.47$$

考虑耐久性要求，对照表 6-18，对于一类干燥环境，最大水胶比为 0.6，故取 $W/B = 0.47$。

(3) 确定单位用水量 m_{w0}。查表 6-14，取 $m_{w0} = 175\text{kg}$。

(4) 计算胶凝材料用量 m_{b0}。

$$m_{b0} = m_{w0} \times \frac{1}{W/B} = 175 \times \frac{1}{0.47} = 372(\text{kg})$$

考虑耐久性要求，对照表 6-26，大于表中规定的最小胶凝材料用量，故取 372kg，本工程不掺加矿物掺合料，胶凝材料用量即为水泥用量 $m_{b0} = m_{c0} = 372\text{kg}$。

(5) 确定砂率 β_s。查表 6-27，取 $\beta_s = 33\%$。

(6) 计算粗、细骨料用量（m_{g0}、m_{s0}）。

1) 质量法。

$$
\begin{cases}
m_{c0} + m_{f0} + m_{g0} + m_{s0} + m_{w0} = m_{cp} \\
\beta_s = \dfrac{m_{s0}}{m_{s0} + m_{g0}} \times 100\%
\end{cases}
$$

假定 1m³ 混凝土拌合物的质量为 2400kg，解联立方程

$$\begin{cases} 372 + m_{g0} + m_{s0} + 175 = 2400 \\ \dfrac{m_{s0}}{m_{s0} + m_{g0}} \times 100\% = 33\% \end{cases}$$

得 $m_{s0} = 611\text{kg}$，$m_{g0} = 1242\text{kg}$，则初步配合比为 $m_{c0} : m_{s0} : m_{g0} : m_{w0} = 372 : 611 : 1242 : 175 = 1 : 1.64 : 3.34 : 0.47$。

2）体积法。

$$\begin{cases} \dfrac{m_{c0}}{\rho_c} + \dfrac{m_{f0}}{\rho_f} + \dfrac{m_{g0}}{\rho_g} + \dfrac{m_{s0}}{\rho_s} + \dfrac{m_{w0}}{\rho_w} + 0.01\alpha = 1 \\ \beta_s = \dfrac{m_{s0}}{m_{s0} + m_{g0}} \times 100\% \end{cases}$$

$\alpha = 1$，解联立方程

$$\begin{cases} \dfrac{372}{3100} + \dfrac{m_{g0}}{2700} + \dfrac{m_{s0}}{2650} + \dfrac{175}{1000} + 0.01 \times 1 = 1 \\ \dfrac{m_{s0}}{m_{s0} + m_{g0}} \times 100\% = 33\% \end{cases}$$

得 $m_{s0} = 615\text{kg}$，$m_{g0} = 1249\text{kg}$，则初步配合比为 $m_{c0} : m_{s0} : m_{g0} : m_{w0} = 372 : 615 : 1249 : 175 = 1 : 1.65 : 3.36 : 0.47$。

可见，两种方法求得的配合比很接近。

2. 试拌调整，确定基准配合比

以体积法所求初步配合比为例，试拌 25L 混凝土，则各材料用量为

水泥　　　　　　　　$0.025 \times 372 = 9.3 (\text{kg})$
砂　　　　　　　　　$0.025 \times 615 = 15.38 (\text{kg})$
石　　　　　　　　　$0.025 \times 1249 = 31.23 (\text{kg})$
水　　　　　　　　　$0.025 \times 175 = 4.38 (\text{kg})$

搅拌均匀后，做坍落度试验，测得坍落度为 20mm，达不到要求的坍落度 35～50mm，故需在水胶比不变的前提下，增加水和水泥用量。增加水泥浆用量 3%，搅拌后测得坍落度为 45mm，黏聚性、保水性良好。调整后各材料用量为：水泥 9.58kg，砂 15.38kg，碎石 31.23kg，水 4.51kg，其总量为 60.7kg，经测定，混凝土拌合物的实测表观密度为 2420kg/m³。

根据式（6-19），混凝土经调整后每立方米的材料用量为

$$m_{cj} = \dfrac{m_{cb}}{m_{cb} + m_{fb} + m_{sb} + m_{gb} + m_{wb}} \rho_{ct} = \dfrac{9.58}{60.7} \times 2420 = 382 (\text{kg})$$

同理可得

$$m_{sj} = \dfrac{15.38}{60.7} \times 2420 = 613 (\text{kg})$$

$$m_{gj} = \dfrac{31.23}{60.7} \times 2420 = 1245 (\text{kg})$$

$$m_{wj} = \dfrac{4.51}{60.7} \times 2420 = 180 (\text{kg})$$

则基准配合比为 $m_{cj} : m_{sj} : m_{gj} : m_{wj} = 382 : 613 : 1245 : 180 = 1 : 1.60 : 3.26 : 0.47$。

3. 强度复核，确定设计配合比

采用 0.42、0.47 和 0.52 三个不同水灰比，用水量均采用基准配合比的 180kg，砂率分别采用 32%、33%、34%，经过坍落度试验，和易性满足要求，同时测定三个配合比混凝土拌合物表观密度。养护 28d，进行强度试验，三组中水灰比为 0.47 的一组，既满足配制强度要求，又较节约水泥，也不需修正，可定为混凝土的设计配合比，故设计配合比为 $m_c : m_s : m_g : m_w = 382 : 613 : 1245 : 180 = 1 : 1.60 : 3.26 : 0.47$。

4. 确定施工配合比

现场砂含水率 3%，碎石含水率 1%，各材料用量为

$$m'_c = m_c = 382kg$$

$$m'_s = m_s(1 + a\%) = 613 \times (1 + 3\%) = 631(kg)$$

$$m'_g = m_g(1 + b\%) = 1245 \times (1 + 1\%) = 1257(kg)$$

$$m'_w = m_w - m_s a\% - m_g b\% = 180 - 613 \times 3\% - 1245 \times 1\% = 149(kg)$$

所以现场施工配合比为

$$m'_c : m'_s : m'_g : m'_w = 382 : 631 : 1257 : 149 = 1 : 1.65 : 3.29 : 0.39$$

任务七　混凝土的质量控制与强度评定

一、混凝土的质量控制

混凝土在施工过程中由于原材料、施工条件、试验条件等许多复杂因素的影响，其质量总是波动的。为了确保混凝土工程质量，必须加强对混凝土的原材料、设计、施工等各个方面的质量控制和检验。混凝土的抗压强度作为一个反映混凝土综合性能的重要指标，常作为混凝土质量控制和评定的一项重要技术指标。

1. 原材料的质量控制

拌和混凝土用的原材料需具有出厂合格证和品质试验报告，使用单位还应进行验收检验。下面仅对水泥和骨料作简单介绍。

（1）水泥。水泥品种与强度等级的选用应根据设计、施工要求以及工程环境确定。水泥质量的主要控制项目有凝结时间、安定性、胶砂强度、氧化镁和氯离子含量、碱含量等，均应符合现行国家标准，并满足工程实际要求。

（2）骨料。粗骨料应符合《普通混凝土用砂、石质量及检验方法标准》（JGJ 52—2006）的规定，主要控制项目应包括颗粒级配、针片状颗粒含量、含泥量、泥块含量、压碎值指标和坚固性等；细骨料主要控制项目包括颗粒级配、细度模数、含泥量、泥块含量、坚固性、氯离子含量和有害物质含量等，人工砂主要控制项目除包括上述指标外尚应包括石粉含量和压碎值指标等。

2. 混凝土性能要求

（1）拌合物根据《普通混凝土拌合物性能试验方法标准》（GB/T 50080—2016）进行测定。

（2）力学性能包括抗压强度、轴压强度、弹性模量、劈裂抗拉强度和抗折强度。

（3）长期性能和耐久性能控制以满足设计要求为目标。

3. 配合比控制

混凝土配合比设计应符合《普通混凝土配合比设计规程》（JGJ 55—2011）的有关规定。混凝土配合比不仅应满足强度要求，还应满足施工性能和耐久性能的要求。目前应通过配合比控制加强对混凝土耐久性能的控制。首次使用、使用间隔时间超过三个月的混凝土配合比，在使用前应进行配合比审查和核准。

4. 生产与施工质量控制

（1）混凝土生产施工前应制定完整的技术方案，并做好各项准备工作。

（2）原材料进场控制的重点是检查合格证明文件，无证明文件者不得进场。混凝土的原材料必须称量准确，每盘称量的允许偏差应控制在胶凝材料±2%；粗、细骨料±3%；水、外加剂±1%。

（3）混凝土拌合物在运输和浇筑成型过程中严禁加水。

（4）在运输过程中，应控制混凝土不离析、不分层，并应控制混凝土拌合物性能满足施工要求。混凝土浇筑完毕后，应按施工技术方案及时采取有效的养护措施，并应随时观察且检查施工记录。

二、混凝土强度的检验评定

（一）合格性评定的数理统计方法

混凝土质量的合格性一般以抗压强度进行评定。受各方面因素影响，在正常生产施工条件下，混凝土的强度值随机波动，并呈一定的规律性分布，一般接近正态分布规律，其分布曲线如图 6-17 所示。

图 6-17 所示正态分布曲线是一中心对称曲线，对称轴的横坐标值即平均值，曲线左右半部的凹凸交界点（拐点）与对称轴间的偏离强度值即标准差 σ，曲线与横轴间所围面积代表概率的总和，即 100%。

用数理统计方法研究混凝土的强度分布及评定其质量的合格性时，常用混凝土强度的算术平均值、标准差、强度保证率等指标，来综合评定混凝土的强度。

1. 强度平均值 m_{fcu}

$$m_{fcu} = \frac{1}{n} \sum_{i=1}^{n} f_{cu,i} \qquad (6-23)$$

式中　n——混凝土试件组数；

$f_{cu,i}$——第 i 组混凝土试件的抗压强度值，MPa。

2. 强度标准差 σ

$$\sigma = \sqrt{\frac{\sum_{i=1}^{n} f_{cu,i}^2 - n m_{fcu}^2}{n-1}} \qquad (6-24)$$

σ 值越大，说明其强度离散程度越大，

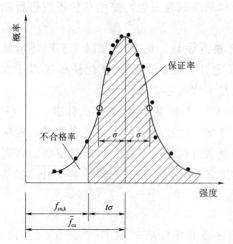

图 6-17　混凝土强度的正态分布曲线

混凝土质量也越不稳定。

3. 变异系数 δ

$$\delta = \frac{\sigma}{m_{fcu}} \tag{6-25}$$

变异系数代表混凝土强度的相对离散程度。例如混凝土 A 和混凝土 B 的强度标准差均为 2MPa。但 A、B 的平均强度分别为 40MPa 和 60MPa，两者相比，混凝土 B 的强度离散性相对较小，质量的均匀性更好。

δ 值越小，说明混凝土质量越稳定，混凝土生产的质量水平越高。

从生产和使用的角度来说，要得到质量均匀、波动较小的混凝土强度，要求 σ（或 δ）较小。在施工质量控制中，可用这两个参数作为评定混凝土均匀性的指标。

4. 强度保证率 P

混凝土强度保证率是指混凝土强度总体分布中，大于或等于设计强度等级的概率，以正态分布曲线上大于某设计强度值的曲线下面积值表示，如图 6-17 所示。

强度保证率 P 可用下式表达：

$$P = \frac{1}{\sqrt{2\pi}} \int_{t}^{+\infty} e^{\frac{t^2}{2}} dt \tag{6-26}$$

式中　t ——概率度，其值可用下式表达：

$$t = \frac{f_{cu,k} - m_{fcu}}{\sigma} = \frac{f_{cu,k} - m_{fcu}}{\delta m_{fcu}} \tag{6-27}$$

由概率度再根据正态分布曲线可求出强度保证率 P，或通过表 6-29 查到相应的 P 值。

表 6-29　　　　　　　　　概率度与保证率间的关系

t	0	−0.524	−0.70	−0.842	−1.00	−1.04	−1.282	−1.645	−2.00	−2.05	−2.33	−3.00
$P/\%$	50	70	75.8	80	84.1	85	90	95	97.7	98	99	99.87

对选定的强度保证率，可由下式求出满足该保证率所需的混凝土的配制强度 $f_{cu,0}$（即平均强度 m_{fcu}）：

$$f_{cu,0} = f_{cu,k} - t\sigma \tag{6-28}$$

可见，混凝土配制强度的计算公式 $f_{cu,0} = f_{cu,k} + 1.645\sigma$，即代表使混凝土强度具有 95% 的保证率。

（二）混凝土强度检验评定标准

根据《混凝土强度检验评定标准》（GB/T 50107—2010）的规定，混凝土强度检验评定分为统计方法和非统计方法两种。

1. 统计方法评定

（1）当连续生产的混凝土，生产条件在较长时间内保持一致，且同一品种、同一强度等级混凝土的强度变异性保持稳定，可确定强度标准差时，评定方法如下：

一个检验批的样本容量应为连续的 3 组试件，其强度应同时符合下列规定：

$$m_{fcu} \geqslant f_{cu,k} + 0.70\sigma_0 \tag{6-29}$$

$$f_{cu,min} \geqslant f_{cu,k} - 0.70\sigma_0 \qquad (6-30)$$

其中，检验批混凝土立方体抗压强度的标准差应按下式计算：

$$\sigma_0 = \sqrt{\frac{\sum_{i=1}^{n} f_{cu,i}^2 - nm_{fcu}^2}{n-1}} \qquad (6-31)$$

当混凝土强度等级不高于 C20 时，其强度的最小值尚应满足下式的要求：

$$f_{cu,min} \geqslant 0.85 f_{cu,k} \qquad (6-32)$$

当混凝土强度等级高于 C20 时，其强度的最小值尚应满足下式的要求：

$$f_{cu,min} \geqslant 0.90 f_{cu,k} \qquad (6-33)$$

式中　m_{fcu}——同一检验批混凝土立方体抗压强度的平均值，N/mm²，精确至 0.1，N/mm²；

$f_{cu,k}$——混凝土立方体抗压强度标准值，N/mm²，精确至 0.1，N/mm²；

σ_0——检验批混凝土立方体抗压强度的标准差，N/mm²，精确到 0.01N/mm²；当检验批混凝土强度标准差 σ_0 计算值小于 2.0N/mm² 时，应取 2.5N/mm²；

$f_{cu,i}$——前一个检验期内同一品种、同一强度等级的第 i 组混凝土试件的立方体抗压强度代表值，N/mm²，精确到 0.1N/mm²；该检验期不应少于 60d，也不得大于 90d；

n——前一检验期内的样本容量，在该期间内样本容量不应少于 45；

$f_{cu,min}$——同一检验批混凝土立方体抗压强度的最小值，N/mm²，精确到 0.1N/mm²。

（2）当生产连续性较差，生产条件不稳定或生产周期较短，不能确定验收批混凝土强度标准差时，评定方法如下：

样本容量不少于 10 组，其强度应同时满足下列要求：

$$m_{fcu} \geqslant f_{cu,k} + \lambda_1 S_{fcu} \qquad (6-34)$$

$$f_{cu,min} \geqslant \lambda_2 f_{cu,k} \qquad (6-35)$$

$$S_{fcu} = \sqrt{\frac{\sum_{i=1}^{n} f_{cu,i}^2 - nm_{fcu}^2}{n-1}} \qquad (6-36)$$

式中　S_{fcu}——同一检验批混凝土立方体抗压强度的标准差，N/mm²，精确至 0.01N/mm²，当检验批混凝土强度标准差 S_{fcu} 的计算值小于 2.5N/mm² 时，取 2.5N/mm²；

λ_1、λ_2——合格评定系数，按表 6-30 取用；

n——本检验期（为确定检验批强度标准差而规定的统计时段）内的样本容量。

表 6 - 30　　混凝土强度的合格评定系数（GB/T 50107—2010）

试件组数	10～14	15～19	≥20
λ_1	1.15	1.05	0.95
λ_2	0.90		0.85

2. 非统计方法评定

当用于评定的样本容量小于 10 组时，应采用非统计方法评定混凝土强度，其强度应同时符合下列规定：

$$m_{f_{cu}} \geqslant \lambda_3 f_{cu,k} \tag{6-37}$$

$$f_{cu,min} \geqslant \lambda_4 f_{cu,k} \tag{6-38}$$

式中　λ_3、λ_4——合格评定系数，按表 6 - 31 选用。

表 6 - 31　　混凝土强度的非统计方法合格评定系数（GB/T 50107—2010）

试件组数	C60	≥C60
λ_3	1.15	1.10
λ_4	0.95	

3. 混凝土强度的合格性评定

混凝土强度应分批进行检验评定，当检验结果能满足以上规定时，该批混凝土强度应评定为合格；当不能满足上述规定时，评定为不合格。对不合格批混凝土制成的结构或构件，可采用从结构或构件中钻取试件的方法或采用非破损检验等方法，进行进一步鉴定。对不合格混凝土，可按国家现行的有关标准进行处理。

任务八　其他种类混凝土

近年来，随着工程对混凝土性能的新要求，在普通混凝土基础上，根据添加材料和施工工艺等的不同，派生出了名目繁多、性能各异的新型混凝土材料。本节介绍几种目前工程中常用的混凝土品种，以及近年来新兴的特殊性能混凝土。

一、高强混凝土（HS）与高性能混凝土（HPC）

高强混凝土是指强度等级为 C60 及 C60 以上的混凝土，强度等级 C100 以上的混凝土称为超高强混凝土；高性能混凝土是以耐久性和混凝土材料的可持续发展为基本要求，并适合工业化生产和施工的新一代混凝土。

过去认为高性能混凝土必须具有高的强度，但高强混凝土往往流动性、可泵性等相对较差。因此，经吴中伟院士提出，将高性能混凝土的强度低限延伸到中等强度（C30），"高性能"更多地关注的是混凝土的高耐久性，这为高性能混凝土的大范围推广奠定了基础。

高强混凝土的特点是强度高、耐久性较好、变形小，能满足现代工程结构向大跨度、重载、高耸发展和承受恶劣环境条件的需求。但高强混凝土比普通混凝土突出的问题是脆性大，强度的拉压比降低，其次由于水胶比小带来流动性、可泵性、均匀性差等问题，单位水泥用量大带来稳定性和经济性等问题。在实际工程中，根据工程要求，突出选择重要性能进行配合比调整。高强混凝土的主要配制特点是：低用水量、低水泥用量、以矿物掺合料和化学外加剂作为必需成分。

高性能混凝土不像高强混凝土，用单一的强度指标予以明确定义，不同的工程和使用区域对混凝土性能有着不同的要求。针对不同用途，对耐久性、施工性、适用性、强度、体积稳定性和经济性等性能加以保证，在大幅度提高普通混凝土性能的基础上采用现代混凝土技术制作混凝土。高性能混凝土的主要配制特点是：掺用矿物掺合料、降低水泥用量、使用高效减水剂和其他外加剂、降低水胶比、优选骨料等。高性能混凝土目前主要用于高层建筑、大跨度工程、大荷载工程、特殊使用条件和严酷使用环境以及对建设速度、经济、节能等有更高要求的工程中。在大规模进行基础设施建设的今天，为高质量的工程设施建设提供性能可靠、经济耐久且符合持续发展要求的结构材料，还有赖于高性能混凝土的进一步发展应用。已用的典型工程如广州珠江新城西塔工程大量采用高强高性能混凝土。

二、轻混凝土

轻混凝土是指干表观密度不大于 $1950kg/m^3$ 的混凝土。已应用的典型工程如武汉天河机场新航站楼、武汉世茂锦绣长江 2 号楼、济南邮电大厦实验楼等。

普通混凝土的表观密度较大，使混凝土工程往往自重较大，降低混凝土工程自重一直是混凝土技术的研究方向。轻混凝土的主要特点是：轻质，热工性能良好，力学性能良好，耐火、抗渗、抗冻，易于加工等。目前较为成熟的轻混凝土主要有轻骨料混凝土、大孔混凝土、多孔混凝土。

1. 轻骨料混凝土

轻骨料混凝土是指用轻粗骨料、轻砂（或普通砂）、水泥和水配制而成的干表观密度不大于 $1950kg/m^3$ 的混凝土。为进一步改善轻骨料混凝土的各项技术性能，轻骨料混凝土中还常掺入各种化学外加剂和掺合料（如粉煤灰等）。

常用的轻骨料主要有：工业废料轻骨料（由粉煤灰、煤渣等加工制成），天然轻骨料（火山渣、浮石等），人工轻骨料（页岩陶粒、黏土陶粒等）。

轻骨料混凝土的强度等级按立方体抗压强度标准值划分为 C5、C7.5、C10、C15、C20、C25、C40、C45、C50、C55、C60。轻骨料混凝土与普通混凝土的最大不同在于骨料中存在大量孔隙，因此其自重轻、弹性模量小，有很好防震性能，同时导热系数小，有良好的保温隔热性及抗冻性，是一种典型的轻质、高强、多功能的新型建筑材料，适用于各种工业与民用建筑的结构承重和围护保温，以及高层及大跨度建筑。

2. 大孔混凝土

大孔混凝土是主要以粒径相近的粗骨料、水泥、水配制而成的混凝土，有时掺入外加剂，一般不掺或仅掺少量细骨料。该种混凝土由于特殊的骨料级配，造成较严重的粒径干扰，同时控制水泥浆用量，使其只起黏结骨料的作用，而不是起到填充空隙的作用，因而在内部形成大量空隙。

大孔混凝土按掺砂与否分为无砂大孔混凝土和少砂大孔混凝土。大孔混凝土的主要特点是：导热率小，保温性能好，吸湿性小，收缩小，抗冻性一般能抵抗 15～25 次冻融循环，水泥用量少。

大孔混凝土主要用于制作墙体用的小型空心砌块和各种板材，也可用于浇注墙体。普通无砂大孔混凝土还可制成滤水管、滤水板等，广泛应用于市政工程。

3. 多孔混凝土

多孔混凝土指不用粗骨料，内部分布着大量小气孔的轻质混凝土。根据制作工艺（发泡机制）不同，可分为加气混凝土、泡沫混凝土和充气混凝土。它们靠添加加气剂（主要为铝粉膏）、泡沫剂和高压空气来产生多孔结构。

多孔混凝土质轻，其表观密度通常为 $300～800kg/m^3$，保温性能优良，可加工性好，可锯、可刨、可钉、可钻，并可用胶粘剂黏结，如图 6-18 所示。

图 6-18　多孔混凝土

蒸压加气混凝土适用于承重和非承重的内墙和外墙，框架结构中的非承重墙，也可用作承重和保温合一的屋面板和隔墙板，也可将加气混凝土和普通混凝土预制成复合墙板，用作外墙板。蒸压加气混凝土还可做成各种保温制品，如管道保温壳等。

泡沫混凝土的技术性质和应用与相同表观密度的加气混凝土大体相同，也可在现场直接浇筑，用作屋面保温层。

三、纤维混凝土

纤维混凝土又称纤维增强混凝土，是以混凝土为基材，均匀掺入各种非连续的短纤维为增强材料而形成的水泥基复合材料。纤维在复合材料中主要起三方面的作用：阻裂作用、增强作用、增韧作用。合成纤维的掺入可提高混凝土的韧性，特别是可以阻断混凝土内部毛细管通道，因而减少混凝土暴露面的水分蒸发，大大减少混凝土塑性裂缝和干缩裂缝。纤维混凝土已广泛应用于桥梁、机场、公路、隧道、水利等各领域中，成为蓬勃发展的新型建筑复合材料。已用的典型工程有广州白云国际机场、江苏宜兴水利大坝、湖北巴东长江大桥桥面、常州大酒店地下车库工程。

土木工程中目前应用较广的纤维混凝土主要包括四种：钢纤维混凝土、玻璃纤维混凝土、碳纤维混凝土以及合成纤维混凝土，合成纤维混凝土中又以聚丙烯纤维混凝土应用最广。

1. 钢纤维混凝土

钢纤维混凝土广泛应用于道路工程、机场地坪及跑道、防爆及防振结构，以及要求抗裂、抗冲刷和抗气蚀的水利工程、地下洞室的衬砌、建筑物的维修等。

2. 玻璃纤维混凝土

玻璃纤维混凝土是采用抗碱玻璃纤维和低碱水泥配制而成的。玻璃纤维混凝土的抗冲击性、耐热性、抗裂性等都十分优越，但其长期耐久性有待进一步考查，故现阶段主要用于非承重结构或次要承重结构，如屋面瓦、天花板、下水道管、渡槽、粮仓等。

3. 碳纤维混凝土

碳纤维具有极高的强度，高阻燃，耐高温，具有非常高的拉伸模量，与金属接触电阻低，具有良好的电磁屏蔽效应，故能制成智能材料，在航空、航天、电子、机械、化工、医学材料、体育娱乐用品等工业领域中广泛运用。碳纤维混凝土的力学性能机敏，通过监测碳纤维混凝土的电阻变化率，就能够掌握碳纤维混凝土结构的应力应变状态，以实现对结构物损伤的定位及损伤程度的评估，可用于大坝、桥梁及重要的建筑结构，实现对结构的实时在线监测。

4. 聚丙烯纤维混凝土

聚丙烯纤维价格低廉，但纤维与水泥基的黏结力不足，对混凝土增强效果并不显著，但可显著提高混凝土的韧性、抗冲击性和阻裂能力。聚丙烯纤维不锈蚀，具有良好的耐酸、耐碱性能，但会氧化，应包裹一定厚度的混凝土。常见纤维混凝土的主要特性见表 6-32。

表 6-32　　　　　　　　　　各种纤维混凝土特性

纤维混凝土种类	主要优点	主要缺点
钢纤维混凝土	抗拉、抗弯、耐磨、抗冲击性能都较普通混凝土有很大提高	价格较高，钢的锈蚀问题
碳纤维混凝土	高耐腐蚀性和热学性能	价格过高
玻璃纤维混凝土	不燃、耐高温、电绝缘、拉伸强度高、化学稳定性好	纤维在碱环境中老化很快，必须采用低碱水泥和耐碱玻璃纤维，目前在长期应力状态下的耐久性问题还缺乏充分的数据
合成纤维混凝土	耐化学腐蚀性能较好，对提高混凝土的耐磨性也是有效的	受阳光辐射老化是影响纤维长期性能的一个重要因素
普通天然纤维混凝土	来源极广、可再生	有机纤维增强水泥和混凝土的强度和韧性随时间有较大幅度的下降

四、喷射混凝土

喷射混凝土是将水泥、砂、石和速凝剂装入喷射机，利用压缩空气经管道混合输送到喷头与高压水混合后，以很高的速度喷射到岩石或混凝土的表面并迅速硬化（图6-19）。

图 6-19　喷射混凝土施工

喷射混凝土采用的水灰比一般为0.40～0.45，混凝土较密实，强度较高。喷射混凝土要求水泥快凝、早强、保水性好，多采用强度等级为32.5MPa 以上的新鲜普通水泥，并需加入速凝剂，也可再加入减水剂，以改善混凝土性能。

喷射混凝土的强度及密实性均较高，一般 28d 抗压强度均在 20MPa以上，抗拉强度在 1.5MPa 以上，抗渗等级在 P8 以上。喷射混凝土广泛应用于薄壁结构、地下工程、边坡及基坑的加固、结构物维修工程、耐热工程、防护工程等。在高空或施工场所狭小的工程中,喷射混凝土更有明显的优越性。

五、自密实混凝土（SCC）

自密实混凝土（self-compacting concrete）不需机械振捣,而是依靠自重使混凝土密实（图 6-20）。该种混凝土的流动度高,但不易离析。自密实混凝土应具有良好的流动性、填充性和保水性。通过骨料的级配控制以及高效减水剂来实现混凝土的高流动性和高填充性。由于自密实混凝土水胶比较低、胶凝材料用量较高,混凝土早期收缩较大,尤其是早期的自收缩。因此对外加剂的主要要求为:与水泥的相容性好;减水率大;缓凝、保塑。配制这种混凝土的方法有:①粗骨料的体积为固体混凝土体积

图 6-20 自密实混凝土施工

的 50%;②细骨料的体积为砂浆体积的 40%;③水灰比为 0.9~1.0;④进行流动性试验,确定超塑化剂用量及最终的水灰比,使材料获得最优的组成。

这种混凝土的优点有:现场施工无振动噪声,可进行夜间施工,不扰民;对工人健康无害;混凝土质量均匀、耐久;钢筋布置较密或构件体型复杂时也易于浇筑;施工速度快,现场劳动量小。已用典型工程如北京恒基中心过街通道工程、江苏润扬长江大桥、广州珠江新城西塔、苏通大桥承台。

六、活性微粉混凝土

活性微粉混凝土是一种超高强的混凝土,其立方体抗压强度可达 200~800MPa,抗拉强度可达 25~150MPa,单位体积质量为 2.5~3.0t/m³。在普通混凝土基础上制成活性微粉混凝土的主要措施有:减小颗粒的最大尺寸,改善混凝土的均匀性;使用微粉及极微粉材料,达到最优堆积密度;减少混凝土用水量,使用非水化水泥颗粒作为填料,以增大堆积密度;增放钢纤维以改善其延性;在硬化过程中加压及加温,使其达到很高的强度等。

七、再生混凝土

再生混凝土是指将废弃的混凝土块经过破碎、清洗、分级后,按一定比例与级配混合,部分或全部代替砂石等天然集料（主要是粗集料）,再加入水泥、水等配制而成的新混凝土。再生混凝土按集料的组合形式可以有以下几种情况:集料全部为再生集料;粗集料为再生集料、细集料为天然砂;粗集料为天然碎石或卵石、细集料为再生集料;再生集料替代部分粗集料或细集料。

再生混凝土的开发应用从根本上解决了天然骨料日益缺乏及大量混凝土废弃物造成生态环境日益恶化等问题,保证了人类社会的可持续发展。目前,国内外对再生混凝土基本特性的研究成果都表明了再生混凝土基本性能满足普通混凝土的性能要求,

将其应用于工程结构是可行的。

八、绿化混凝土

绿化混凝土（又称植生混凝土）是指能够适应绿色植物生长、进行绿色植被培育的混凝土及其制品（图6-21）。多以混凝土为基本构架，内部是一定比例的连通孔隙，为混凝土表面的绿色植物提供根部生长、吸取养分的空间。基本构造由多孔混凝土骨架、保水填充料、表面土等组成。绿化混凝土用于城市的道路两侧及中央隔离带、水边护坡、楼顶、停车场等部位，可以增加城市的绿色空间，调节人们的生活情绪，同时能够吸收噪声和粉尘，对城市气候的生态平衡也起到积极作用，与自然协调、具有环保意义。已应用的典型工程如镇江"生态堤-滨江带-湿地系统的修复和污染控制"水环境处理工程。

图6-21 绿化混凝土

九、透水混凝土

透水混凝土是既有透水性又有一定强度的多孔混凝土，其内部为多孔堆聚结构。透水的原理是利用总体积小于骨料总空隙体积的胶凝材料部分地填充粗骨料颗粒之间的空隙，即剩余部分空隙，并使其形成贯通的孔隙网，因而具有透水效果。

透水混凝土一般用于市政道路、住宅小区、城市休闲广场、园林景观道路、商业广场、停车场等路面工程。我国已用的典型工程如奥运公园透水混凝土路面工程、上海世博园透水混凝土地面工程、郑州国际会展中心混凝土路面工程等。

十、其他新型混凝土

智能混凝土：在混凝土原有组分基础上复合智能型组分，使混凝土具有自感知和记忆，自适应，自修复特性的多功能材料。

补偿收缩混凝土：在混凝土中掺入适量膨胀剂或用膨胀水泥配制的混凝土，具有同步抑制混凝土结构自身的孔隙和裂缝产生渗漏水的特性。

防辐射混凝土：采用普通水泥或密度很大、水化合结合水很多的水泥与特重的集料或含结合水很多的重集料制成，表观密度可达 $2700\sim7000\text{kg/m}^3$，防护效果好，能降低防护结构的厚度。硬化速度和早期强度比快硬和早强混凝土高出数倍。

彩色混凝土：用所要求的颜料掺入拌合物中使其具有美感的混凝土。

透明混凝土：在混凝土中混入可传导光线的光学纤维，以使混凝土达到半透明的外观效果。

此外，还有碾压混凝土、聚合物混凝土、橡胶混凝土、防水混凝土、耐酸混凝土、大体积混凝土等都在工程中发挥不同的功能。随着工程需求的变化及混凝土技术的发展，将不断研发出一些新型的混凝土及特种混凝土。这些混凝土较传统混凝土性能上有很大的提升，对保护环境、提高建筑结构稳定性、美观性、减轻结构的自重、缩短施工工期等方面都起到积极的作用。

任务九　混凝土用骨料及混凝土性能试验

一、取样方法

1. 细骨料的取样方法

（1）分批方法：细骨料取样应按批取样，在料堆上取样一般以 400m³ 或 600t 为一批。

（2）抽取试样：在料堆上取样时，应在料堆均匀分布的 8 个不同的部位，各取大致相等的试样一份，取样时先将取样部位的表层除去，于较深处铲取，由各部位大致相等的 8 份试样，组成一组试样。

（3）取样数量：每组试样的取样数量，对于每一单项试验应不少于表 6-33 所规定的取样重量。如确能保证试样经一项试验后不致影响另一项试验结果，可用一组试样进行几项不同的试验。

表 6-33　　　　　　　　　　　单项试验取样数量　　　　　　　　　　　单位：kg

序号	试验项目	最少取样数量	序号	试验项目	最少取样数量
1	颗粒级配	4.4	10	坚固性	分成公称粒级
2	含泥量	4.4			5.00～2.50mm、
3	石粉含量	1.6			2.50～1.25mm、
4	泥块含量	20.0			1.25～0.63mm、
5	云母含量	0.6			0.63～0.315mm、
6	轻物质含量	3.2			0.315～0.16mm，每个粒级各需 100g
7	有机物含量	2.0	11	表观密度	2.6
8	硫化物与硫酸盐含量	0.05	12	堆积密度与空隙率	5.0
9	氯化物含量	2.0	13	碱集料反应	20.0

（4）试样缩分：试样缩分可用分料器法与人工四分法。分料器法是将样品在潮湿状态下拌和均匀，然后通过分料器，将接料斗中的其中一份再次通过分料器。重复上述过程，直到把样品缩分至试验所需量为止。人工四分法是将所取的样品置于平板上，在潮湿的状态下拌和均匀，并堆成厚度约为 20mm 的圆饼。然后沿互相垂直的两条直径把圆饼分成大致相等的 4 份，取其中对角线的两份重新拌匀，再堆成圆饼。重复上述过程，直到把样品缩分至试验所需量为止。

2. 粗骨料的取样方法

（1）分批方法：粗骨料取样应按批进行，一般以 400m³ 为一批。

（2）抽取试样：取样应自料堆的顶、中、底三个不同高度处，在均匀分布的 5 个不同部位，取大致相等的试样一份，共取 15 份，组成一组试样，取样时先将取样部位的表面铲除，于较深处铲取。从皮带运输机上取样时，应用接料器在皮带运输机机尾的出料处，定时抽取大致等量的石子 8 份，组成一组样品。从火车、汽车、货船上取样时，由不同部位和深度抽取大致等量的石子 16 份，组成一组样品。

（3）取样数量：单项试验的最少取样数量应符合表 6-33 的规定。做几项试验时，如确能保证试样经一项试验后不致影响另一项试验的结果，可用同一试样进行几项不同的试验。

（4）试样缩分：将所取样品置于平板上，在自然状态下拌和均匀，并堆成锥体，然后用前述四分法把样品缩分至试验所需量为止。堆积密度试验所用试样可不经缩分，在拌匀后直接进行试验。

（5）若试验不合格应重新取样，对不合格项应进行加倍复检，若仍有一个试样不能满足标准要求，按不合格处理。

二、砂的筛分试验

1. 目的

测定砂子的颗粒级配并计算细度模数，为混凝土配合比设计提供依据。

2. 主要仪器设备

标准筛（孔径边长为 9.5mm、4.75mm、2.36mm、1.18mm、0.6mm、0.3mm、0.15mm）、天平、烘箱、摇筛机、浅盘、毛刷等。

3. 试验步骤

（1）按规定取样，并将试样缩分至 1100g，放在烘箱中于 (105 ± 5)℃ 下烘干至恒重，等冷却至室温后，筛除大于 9.50mm 的颗粒（并算出其筛余百分率），分为大致相等的两份备用。

（2）取试样 500g，精确至 1g。将试样倒入按孔径大小从上到下组合的套筛（附筛底）上，然后进行筛分。

（3）将套筛置于摇筛机上，摇 10min（也可用手筛）。取下套筛，按筛孔大小顺序再逐个用手筛，筛至每分钟通过量小至试样总量 0.1% 为止。通过的试样放入下一号筛中，并和下一号筛中的试样一起过筛，按顺序进行，直至各号筛全部筛完。

（4）称出各号筛的筛余量，精确至 1g，试样在各号筛上的筛余量不得超过按下式计算出的量，否则应将该筛的筛余试样分成两份或数份，再次进行筛分，并以筛余量之和作为该筛的筛余量。

$$G = A\sqrt{d}/200 \tag{6-39}$$

式中　G——在一个筛上的筛余量，g；

　　　A——筛面面积，mm²；

　　　d——筛孔边长，mm。

4. 试验结果确定

(1) 分计筛余百分率：各号筛的筛余量与试样总量之比，计算精确至 0.1%。

(2) 累计筛余百分率：该号筛的分计筛余百分率加上该号筛以上各分计筛余百分率之和，精确至 0.1%。筛分后，如每号筛的筛余量与筛底的剩余量之和同原试样质量之差超过 1% 时，须重新试验。

5. 试验结果鉴定

(1) 级配的鉴定：根据各筛两次试验累计筛余的平均值（精确至 1%）绘制级配曲线，对照国家规范规定的级配区范围，判定其是否都处于一处级配区内（注：除 4.75mm 和 0.6mm 筛孔外，其他各筛的累计筛余百分率允许略有超出，超出总量不应大于 5%）。

(2) 粗细程度鉴定：砂的粗细程度用细度模数的大小来判定。细度模数按下式计算（精确到 0.01）：

$$\mu = [(\beta_2 + \beta_3 + \beta_4 + \beta_5 + \beta_6) - 5\beta_1]/(100 - \beta_1) \qquad (6-40)$$

式中　β_1、β_2、β_3、β_4、β_5、β_6——筛孔边长 4.75mm、2.36mm、1.18mm、0.6mm、0.3mm、0.15mm 筛上的累计筛余百分率。根据细度模数的大小，可确定砂的粗细程度。

(3) 筛分试验应采用两个试样平行进行，取两次结果的算术平均值作为测定结果，精确至 0.1；如两次所得的细度模数之差大于 0.2，应重新进行试验。

三、碎石或卵石的筛分试验

1. 目的

测定粗骨料的颗粒级配及粒级规格，以便于选择优质粗骨料，达到节约水泥和提高混凝土强度的目的，同时为使用骨料和混凝土配合比设计提供依据。

2. 主要仪器设备

方孔筛（孔径尺寸为 2.36mm、4.75mm、9.50mm、16.0mm、19.0mm、26.5mm、31.5mm、37.5mm、53.0mm、63.0mm、75.0mm、90.0mm 的各一只）、托盘、台秤、烘箱、摇筛机、容器、浅盘等。

3. 试样制备

从取回的试样中用四分法缩取不少于表 6-34 规定的试样数量，经烘干或风干后备用（所余试样做表观密度、堆积密度试验）。

表 6-34　　　　　　　　　　粗骨料筛分试验取样数量

最大公称粒径/mm	10.0	16.0	20.0	25.0	31.5	40.0	63.0	80.0
试样质量/kg，≥	8	15	16	20	25	32	50	64

4. 试验方法与步骤

(1) 按表 6-34 规定称取试样。

(2) 按试样的粒径选用一套筛，按孔径由大到小顺序叠置于干净、平整的地面或铁盘上，然后将试样倒入上层筛中，将套筛置于摇筛机上，摇 10min。

(3) 按孔径尺寸由大到小顺序取下各筛，分别于洁净的铁盘上摇筛，直至每分钟通过量不超过试样总量的0.1%，通过的颗粒并入下一筛中。顺序进行，直到各号筛全部筛完为止。当试样粒径大于19.0mm，筛分时，允许用手拨动试样颗粒，使其通过筛孔。

（4）称取各筛上的筛余量，精确至1g。在筛上的所有分计筛余量和筛底剩余的总和与筛分前测定的试样总量相比，相差不得超过1%。否则，须重做试验。

（5）试验结果确定。

1）分计筛余百分率：各号筛上筛余量除以试样总质量的百分数（精确到0.1%）。

2）累计筛余百分率：该号筛上分计筛余百分率与大于该号筛的各号筛上的分计筛余百分率之总和（精确至1%）。

粗骨料各号筛上的累计筛余百分率应满足国家规范规定的粗骨料颗粒级配范围要求。

四、普通混凝土试验

（一）混凝土拌合物的取样与试验

1. 混凝土工程施工取样

（1）混凝土强度试样应在混凝土的浇筑地点随机取样。

（2）试件的取样频率和数量应符合下列规定：

1）每100盘，但不超过100m³的同配合比混凝土，取样次数不应少于一次。

2）每一工作班拌制的同配合比的混凝土不足100盘和100m³时，其取样次数不应少于一次。

3）当一次连续浇筑同配合比混凝土超过1000m³时，每200m³取样不应少于一次。

4）对房屋建筑，每一楼层、同一配合比的混凝土，取样不应少于一次。

5）同一组混凝土拌合物的取样应从同一盘混凝土或同一车混凝土中取样。取样量应多于试验所需量的1.5倍，且应不低于20L。

6）混凝土拌合物的取样应具有代表性，宜采用多次采样的方法。一般在同一盘混凝土或同一车混凝土中的约1/4处、1/2处和3/4处之间分别取样，从第一次取样到最后一次取样不宜超过15min，然后人工搅拌均匀。从取样完毕到开始做各项性能试验不宜超过5min。

（3）每批混凝土试样应制作的试件总组数，除满足标准规定的混凝土强度评定所必需的组数外，还应留置为检验结构或构件施工阶段混凝土强度所必需的试件。

2. 混凝土试件的制作与养护

（1）每次取样应至少制作一组标准养护试件。

（2）检验评定混凝土强度用的混凝土试件，其成型方法及标准养护条件应符合GB/T 50081—2019的规定。

（3）在试验室拌制混凝土进行试验时，拌和用的骨料应提前运入室内。拌和时试验室内的温度应保持在（20±5）℃。

（4）试验室拌制混凝土时，材料用量以质量计，称量的精确度：骨料为±1%；

水泥、水和外加剂均为±0.5%。

(5) 拌合物拌和后应尽快进行试验。实验前，试样应经人工略加搅拌，以保证其质量均匀。

（二）普通混凝土拌合物和易性试验

新拌混凝土拌合物的和易性是保证混凝土便于施工、质量均匀、成型密实的性能，它是保证混凝土施工和质量的前提。

1. 适用范围

本试验方法适用于坍落度值大于 10mm，骨料最大粒径不大于 40mm 的混凝土拌合物测定。

2. 主要仪器设备

坍落度筒（图 6-22）、捣棒、小铲、木尺、钢尺、拌板、抹刀、下料斗等。

3. 试验方法及步骤

(1) 按配合比计算 15L 材料用量并拌制混凝土（骨料以全干状态为准）。

人工拌和：将称好的砂子、水泥（和混合料）倒在铁板上，用平头铁锹翻至颜色均匀，再放入称好的石子与之拌和至少翻拌三次，然后堆成锥形，将中间扒一凹坑，加入拌和用水（外加剂一般随水一同加入）小心拌和，至少翻拌六次，每翻拌一次，应用铁锹将全部混凝土铲切一次。拌和时间从加水完毕时算起，在 10min 内完成。

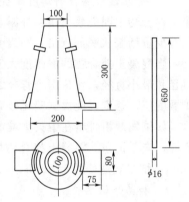

图 6-22 标准坍落度筒

机械拌和：拌和前应将搅拌机冲洗干净，并预拌少量同种混凝土拌合物或与拌合混凝土水灰比相同的砂浆，使搅拌机内壁挂浆。向搅拌机内依次加入石子、砂和水泥，干拌均匀，再将水徐徐加入，全部加料时间不超过 2min，水全部加入后，继续拌和 2min。将混合料自搅拌机卸出备用。

(2) 湿润坍落度筒及其他用具，把筒放在铁板上，用双脚踏紧踏板。

(3) 用小方铲将混凝土拌合物分三层均匀地装入筒内，每层高度约为筒高的 1/3。每层用捣棒沿螺旋方向在截面上由外向中心均匀插捣 25 次。插捣深度要求为：底层应穿透该层，上层应插到下层表面以下 10～20mm。

(4) 顶层插捣完毕后，用抹刀将混凝土拌合物沿筒口抹平，并清除筒外周围的混凝土。

(5) 将坍落度筒徐徐垂直提起，轻放于试样旁边。坍落度筒的提离过程应在 5～10s 内完成，从开始装料到提起坍落度筒的整个过程应不间断地进行，并在 150s 内完成。用钢尺量出试样顶部中心与坍落度筒的高度之差，即为坍落度值（图 6-23）。

4. 试验结果确定

(1) 坍落度测定。提起坍落度筒后，立即测量筒高与坍落后混凝土试件最高点之间的高度差，此值即为混凝土拌合物的坍落度值，单位 mm，并精确至 5mm。

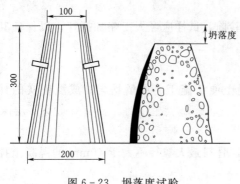

图6-23 坍落度试验

坍落度筒提起后，如混凝土拌合物发生崩塌或一边剪切破坏，则应重新取样进行测定，如仍然出现上述现象，则该混凝土拌合物和易性不好，并应记录备查。

（2）黏聚性和保水性的评定。黏聚性和保水性测定是在测量坍落度后，再用目测观察判定黏聚性和保水性。

1）黏聚性检验方法：用捣棒在已坍落的混凝土锥体侧面轻轻敲打，此时，如锥体渐渐下沉，则表示黏聚性良好，如锥体崩裂或出现离析现象，则表示黏聚性不好。

2）保水性检验：坍落度筒提起后，如有较多的稀浆从底部析出，锥体部分的混凝土拌合物也因失浆而集料外露，则表明保水性不好。坍落度筒提起后，如无稀浆或仅有少量稀浆从底部析出，则表明混凝土拌合物保水性良好。

当混凝土拌合物的坍落度大于220mm时，用钢尺测量混凝土扩展后最终的最大直径和最小直径，在这两个直径之差小于50mm的条件下，用其算术平均值作为坍落扩展度值；否则，此次试验无效。

如果发现粗骨料在中央集堆或边缘有水泥浆析出，表示此混凝土拌合物抗离析性不好，应予记录。混凝土拌合物坍落度和坍落扩展度值以mm为单位，测量精确至1mm，结果表达修约至5mm。

5. 和易性的调整

（1）当坍落度低于设计要求时，可在保持水胶比不变的前提下，适当增加水泥浆量，其数量可为原来计算用量的5%～10%。当坍落度高于设计要求时，可在保持砂率不变的条件下，增加骨料用量。

（2）若出现含砂量不足，导致黏聚性、保水性不良时，可适当增大砂率，反之则减小砂率。

（三）普通混凝土立方体抗压强度试验

1. 目的

学会混凝土抗压强度试件的制作方法，用以检验混凝土强度，确定、校核混凝土配合比，并为控制混凝土施工质量提供依据。

2. 主要仪器设备

压力试验机、上下承压板、振动台、试模、捣棒、小铲、钢直尺等。

3. 制作方法

（1）制作试件前首先检查试模，拧紧螺栓，清刷干净，并在其内壁涂上一薄层矿物油脂。

（2）试件的成型方法应根据混凝土的坍落度来确定。

1）坍落度小于70mm的混凝土拌合物应采用振动成型。其方法为将拌好的混凝土拌合物一次装入试模，装料时应用抹刀沿试模内壁略加插捣并使混凝土拌合物稍有富余，然后将试模放到振动台上，用固定装置予以固定，开动振动台并计时，当拌合物表面出现水泥浆时，停止振动并记录时间，不得过振。用抹刀沿试模边缘刮去多余拌合物，并抹平。

2）坍落度大于 70mm 的混凝土拌合物采用人工捣实成型。其方法为将混凝土拌合物分两层装入试模，每层装料的厚度大致相同，插捣时用垂直的捣棒按螺旋方向由边缘向中心进行，插捣底层时捣棒应达到试模底面，插捣上层时，捣棒应贯穿下层深度 20～30mm，并用抹刀沿试模内侧插入数次，以防止麻面，每层插捣次数随试件尺寸而定：100mm×100mm×100mm 的试件插捣 12 次；150mm×150mm×150mm 的试件插捣 25 次；200mm×200mm×200mm 的试件插捣 50 次。捣实后，刮去多余混凝土，并用抹刀刮平。

4. 试件养护

（1）采用标准养护的试件成型后应覆盖表面，防止水分蒸发，并在（20±5）℃的室内静置 24～48h，然后编号拆模。

（2）拆模后的试件应立即放入标准养护室［温度为（20±2）℃，相对湿度为 95％以上］养护，或在温度为（20±2）℃不流动的 $Ca(OH)_2$ 饱和溶液中养护。每一龄期试件的个数一般为一组三个，试件之间彼此相隔 10～20mm，并应避免用水直接冲淋试件。

（3）试件成型后需与构件同条件养护的，应覆盖其表面，试件拆模时间可与实际构件拆模时间相同，拆模后，试件仍需与构件保持同条件养护。

5. 抗压强度测定

到达试验龄期时，从养护室取出试件并擦拭干净，将上下承压板面擦干净，检查试件外观并测量试件尺寸（准确至 1mm），当试件有严重缺陷时应废弃。将试件放在试验机的下压板正中，加压方向应与试件捣实方向垂直。调整球座，使试件受压面接近水平位置。在试验过程中应连续均匀地加荷，混凝土强度等级＜C30 时，加荷速度取 0.3～0.5MPa/s，混凝土强度等级≥C30 且＜C60 时，取 0.5～0.8MPa/s，混凝土强度等级≥C60 时，取 0.8～1.0MPa/s。当试件接近破坏而开始迅速变形时，停止调整试验机油门，直至试件破坏，然后记录破坏荷载 F(N)。

6. 试验结果确定

（1）混凝土立方体试件抗压强度按下式计算（精确至 0.1MPa）：

$$f_{cu,k} = F/A \qquad\qquad (6-41)$$

式中　$f_{cu,k}$——混凝土立方体试件抗压强度，MPa；

　　　F——破坏荷载，N；

　　　A——试件受压面积，mm^2。

（2）以三个试件抗压强度的算术平均值作为每组试件的强度代表值，精确到 0.1MPa。如果一组试件中强度的最大值或最小值与中间值之差超过中间值的 15％时，取中间值作为该组试件的强度代表值；如果一组试件中强度的最大值和最小值与中间值之差均超过中间值的 15％时，则该组试验作废（根据设计规定，可采用大于 28d 龄期的混凝土试件）。

（3）混凝土抗压强度是以 150mm×150mm×150mm 的立方体试件作为抗压强度的标准试件，混凝土强度等级＜C60 时，用非标准试件测得的强度值均应乘以尺寸换算系数，其值为对 200mm×200mm×200mm 试件的换算系数为 1.05，对 100mm×100mm×100mm 试件的换算系数为 0.95。当混凝土强度等级≥C60 时，宜采用标准试件；使用非标准试件时，尺寸换算系数应由试验确定，其试件数量不应少于 30 个。

【本章小结】

本章以普通混凝土为主，同时介绍了混凝土的最新发展，是全书的核心章节。重点为普通混凝土的组成、性质、质量检验和应用。

掌握混凝土的四项基本要求；骨料的颗粒级配的评定、细骨料的细度模数和粗骨料最大粒径的确定；混凝土拌合物的工作性、影响混凝土拌合物工作性的因素、调整工作性的原则、水灰比和砂率对配制混凝土的重要意义；混凝土的立方体抗压强度、立方体抗压强度的标准值及强度等级的确定；影响混凝土强度的因素；混凝土强度公式的运用；提高混凝土强度的措施；普通混凝土的耐久性；混凝土配制强度的确定；混凝土配合比设计的过程；混凝土外加剂的种类、主要性质、选用和应用要点。

理解混凝土对粗、细骨料的质量要求；混凝土质量的评定原则。

了解混凝土的组成及特点；普通混凝土的结构及破坏类型；轻骨料混凝土的配合比设计要点；其他外加剂；其他混凝土的特点及应用要点。

思 考 题

1. 普通混凝土是由哪些材料组成的？它们各起什么作用？

2. 建筑工程对混凝土提出的基本技术要求是什么？

3. 在配制混凝土时为什么要考虑骨料的粗细及颗粒级配？评定指标是什么？

4. 混凝土拌合物的工作性含义是什么？影响因素有哪些？

5. 何谓"恒定用水量法则"和"合理砂率"，它们对混凝土的设计和使用有什么重要意义？

6. 决定混凝土强度的主要因素是什么？如何有效地提高混凝土的强度？

7. 描述混凝土耐久性的主要性质指标有哪些？如何提高混凝土的耐久性？

8. 混凝土的立方体抗压强度与立方体抗压强度标准值间有何关系？混凝土的强度等级的含义是什么？

9. 混凝土的配制强度如何确定？

10. 混凝土配合比的三个基本参数是什么？与混凝土的性能有何关系？如何确定这三个基本参数？

11. 从混凝土的强度分布特点（正态分布），说明提高混凝土强度的主要措施有哪几种？

12. 混凝土配合比设计中的基准配合比公式的本质是什么？

13. 根据普通混凝土的优缺点，你认为今后混凝土的发展趋势是什么？

习 题

1. 浇筑钢筋混凝土梁，要求配制强度为 C20 的混凝土，用强度等级为 42.5 的普通硅酸盐水泥（不掺矿物掺合料）和碎石，如水胶比为 0.60，问是否能满足强度要求？（标准差为 4.0MPa，水泥强度值的富裕系数取 1.13。）

2. 某混凝土的实验室配合比为 $1:2:1:4$，$W/B=0.60$，混凝土实配表观密度为 2400kg/m^3，求 1m^3 混凝土各种材料的用量（不掺矿物掺合料）。

3. 按初步配合比试拌 30L 混凝土拌合物，各种材料用量为：水泥 9.63kg，水 5.4kg，砂 18.99kg，经试拌增加 5% 的用水量，（W/B 保持不变）满足和易性要求并测得混凝土拌合物的表观密度为 2380kg/m^3，试计算该混凝土的基准配合比。

4. 已知混凝土的水胶比为 0.5，设每立方米混凝土的用水量为 180kg，砂率为 33%，假定混凝土的表观密度为 2400kg/m^3，试计算 1m^3 混凝土各项材料用量（不掺矿物掺合料和化学外加剂）。

5. 在测定混凝土拌合物工作性时，遇到如下四种情况应采取什么有效和合理的措施进行调整？

①坍落度比要求的大；②坍落度比要求的小；③坍落度比要求的小且黏聚性较差；④坍落度比要求的大，且黏聚性、保水性都较差。

项目七 建 筑 砂 浆

【学习目标】

①掌握砌筑砂浆和易性的概念及测定方法，砌筑砂浆的配合比设计；②了解其他砂浆的品种、特点及应用，砂浆组成材料的技术要求；③在学习砂浆时，可在已掌握普通混凝土知识的基础上进行对比掌握。

【能力目标】

①能够进行砂浆的稠度、分层度等性能检测；②能够完成规范的检测报告。

任务一 砌 筑 砂 浆

课件 7.1

视频 7.2

一、砌筑砂浆的组成材料

砌筑砂浆的主要功能是将砖、石及砌块黏结成为砌体，起传递荷载和协调变形的作用，是决定砌体工程质量的主要因素。

（一）胶凝材料

砌筑砂浆常用的胶凝材料有水泥、石灰、石膏等，应根据砂浆的使用环境和用途来选择胶凝材料的品种。在干燥条件下使用的砂浆即可选用气硬性胶凝材料（石灰、石膏），也可选用水硬性胶凝材料（水泥）；若在潮湿环境或水中使用的砂浆则必须选用水泥作为胶凝材料。通常，对砂浆强度要求不高，因此一般中、低强度等级的水泥就能满足砂浆的强度要求。

（二）掺合料

为改善砂浆和易性和节约水泥，可掺入混合料，如石灰膏、黏土膏、电石膏、粉煤灰等。

1. 石灰膏

为了保证砂浆质量，需将生石灰熟化成石灰膏后方可使用。生石灰熟化成石灰膏时，应用孔径不大于 3mm×3mm 的网过滤，熟化时间不得少于 7d；磨细生石灰粉的熟化时间不得少于 2d。由于消石灰粉是未充分熟化的石灰，颗粒太粗，起不到改善砂浆和易性的作用，因此消石灰粉不得直接用于砌筑砂浆中。

2. 黏土膏

黏土膏必须达到所需的细度，才能起到塑化作用。采用黏土或亚黏土制备黏土膏时，宜用搅拌机加水搅拌，并用孔径不大于 3mm×3mm 的网过滤。黏土中有机物含量过高会降低砂浆强度，因此用比色法鉴定黏土中的有机物含量时应浅于标准色。

当加入粉煤灰、电石灰等工业废料时，必须经过砂浆的技术性能检验，合格后才能使用，以保证不影响砂浆的质量。

（三）砂

建筑砂浆用砂，应符合混凝土用砂的技术要求。砌筑砂浆用砂一般宜采用中砂，既可满足和易性要求，又可节约水泥。毛石砌体宜选用粗砂。

强度等级为 M5 及以上的砂浆，其砂的含泥量不应超过 5％；M2.5 的水泥混合砂浆，砂的含泥量不应超过 10％。

（四）水

对水质的要求与混凝土的要求基本相同。

（五）外加剂

砂浆掺入外加剂是发展方向。砂浆中掺入的外加剂，应具有法定检测机构出具的该产品砌体强度检验报告，并经砂浆性能试验合格后，方可使用。应用于建筑砂浆的外加剂常用的是引气剂。

二、砌筑砂浆的技术性质

（一）新拌砂浆的和易性

新拌砂浆的和易性是指砂浆拌合物是否便于施工，并能保证质量均匀的综合性质。和易性好的砂浆，在运输和施工过程中不易产生分层、泌水现象，能在粗糙的砌筑底面上铺成均匀的薄层，使灰缝饱满密实，且能与底面很好地黏结成整体。砂浆的和易性包括流动性和保水性两个方面。

1. 流动性

砂浆的流动性又称稠度，可用砂浆稠度仪测定，以沉入度的大小来表示。沉入度即标准圆锥体在砂浆中沉入的深度。沉入度越大，砂浆的流动性越大，如图 7-1 所示。

砂浆的流动性与水泥的品种和用量、骨料粒径和级配以及用水量有关，主要取决于用水量。砂浆稠度应根据砌体种类、施工条件及气候条件等按表 7-1 选择。对于吸水性强的砌体材料和高温干燥的天气，要求砂浆稠度大一些；反之，对于密实不吸水的砌体材料和湿冷天气，砂浆稠度可小些。

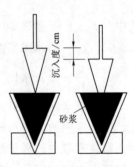

图 7-1 沉入度测定示意

表 7-1 砌筑砂浆流动性稠度选择

砌体种类	砂浆稠度/mm	砌体种类	砂浆稠度/mm
烧结普通砖砌体	70～90	烧结普通砖平拱式过梁 空斗墙、筒拱	50～70
轻骨料混凝土小型 空心砌块砌体	60～90	普通混凝土小型空心砌块 砌体，加气混凝土砌块砌体	
烧结多孔砖、空心砖砌体	60～80	石砌体	30～50

2. 保水性

保水性是指砂浆拌合物保持水分的能力，用分层度表示。分层度试验方法是：砂浆拌合物测定其稠度后，再装入分层度测定仪中，静置 30min 后取底部 1/3 砂浆再测其稠度，两次稠度之差值即为分层度（以 mm 表示）。砂浆的分层度不得大于30mm。分层度过大（如大于 30mm），砂浆容易泌水、分层或水分流失过快，不便于施工。但如果分层度过小（如小于10mm），砂浆过于干稠不易操作，易出现干缩开裂。

（二）硬化砂浆的技术性质

1. 砂浆的抗压强度及强度等级

砂浆的强度用强度等级来表示。砂浆强度等级是以边长为70.7mm的立方体试件，在标准温度 [（20±3）℃] 及规定湿度（水泥砂浆大于90%，混合砂浆60%～80%）条件下养护28d，用标准试验方法测得的抗压强度值（单位MPa）确定。砌筑砂浆的强度等级宜采用M20、M15、M10、M7.5、M5、M2.5等六个等级。

影响砂浆强度的因素很多，除砂浆的组成材料、配合比、施工工艺等因素外，砌体材料的吸水率也会对砂浆强度产生影响。

（1）不吸水砌体材料。当所砌筑的砌体材料不吸水或吸水率很小时（如致密的石材），砂浆组成材料与其强度之间的关系与混凝土相似，主要取决于水泥强度和水灰比。计算公式如下：

$$f_{m,cu} = 0.29 f_{ce} \left(\frac{C}{W} - 0.4 \right) \qquad (7-1)$$

式中　$f_{m,cu}$——砂浆28d抗压强度，MPa；

　　　f_{ce}——水泥实测强度，MPa；

　　　$\dfrac{C}{W}$——灰水比。

（2）吸水砌体材料。当砌体材料具有较高的吸水率时，虽然砂浆具有一定的保水性，但砂浆中的部分水分仍会被砌体吸走。因而，即使砂浆用水量不同，经基底吸水后保留在砂浆中的水分却大致相同。在这种情况下，砌筑砂浆的强度主要取决于水泥的强度及水泥的用量，而与拌和水量无关。强度计算公式如下：

$$f_{m,cu} = \frac{\alpha f_{ce} Q_c}{1000} + \beta \qquad (7-2)$$

式中　Q_c——每立方米砂浆的水泥用量，kg；

　　　α、β——砂浆的特征系数，其中$\alpha = 3.03$，$\beta = -15.09$。

2. 砂浆的黏结强度

砂浆与砌体材料的黏结力大小，对砌体的强度、耐久性、抗震性都有较大影响。一般情况下，砂浆的抗压强度越高，其黏结强度也越高。另外，砂浆的黏结强度与所砌筑材料的表面状态、清洁程度、湿润状态、施工水平及养护条件等也密切相关。

3. 耐久性

水工砂浆因受环境水的作用，必须满足抗渗、抗冻、抗冲磨、抗侵蚀等要求。影响砂浆耐久性的因素与混凝土基本相同。通过对这些影响因素的合理调整，可改善砂浆的耐久性，严格控制水灰比是一个重要措施，砂浆耐久性要求的最大允许水灰比见表7-2。

表7-2		砂浆耐久性要求的最大允许水灰比	
建筑物的部位		最大允许水灰比	
		普通水泥及矿渣水泥	火山灰水泥
水位升降区	恶劣的气候	0.55	0.60
	中等温和气候	0.60	0.65
地下及经常位于水下或经常受水压的部位		0.60	0.65

【案例分析7-1】

砌筑砂浆在应用时应注意的几个问题

（1）水泥的品种及强度等级选择不当，致使低强度等级的砂浆水泥用量少、砂子用量多，砂浆和易性差，砌筑时挤浆十分困难，同时砂浆易产生沉淀和表面泛水现象。

（2）水泥混合砂浆中掺入的塑化材料质量较差，或直接使用脱水硬化的石灰膏和直接使用消石灰粉，不但起不到改善和易性的作用，还会影响砂浆强度。

（3）同等级的水泥砂浆不能代替水泥混合砂浆。其原因主要是水泥混合砂浆与块体材料的黏结力好，水泥混合砂浆的保水性、流动性均比水泥砂浆好，且砂浆中的水分不易蒸发，促进水泥继续水化，提高了最终强度，所以用同等级的水泥砂浆代替水泥混合砂浆会导致整个砌体强度的降低。

课件7.3

视频7.4

三、砌筑砂浆的配合比设计

（一）水泥混合砂浆的配合比计算

1. 计算砂浆的试配强度

$$f_{m,0} = f_m + 0.645\sigma \tag{7-3}$$

式中 $f_{m,0}$——砂浆的试配强度，MPa，精确至0.1MPa；

       f_m——砂浆抗压强度平均值（强度等级），MPa，精确至0.1MPa；

       σ——砂浆现场强度标准差，MPa，精确至0.01MPa，应根据统计资料确定，当不具备近期统计资料时，其砂浆现场强度标准差 σ 可按表7-3取用。

表7-3		砂浆现场强度标准差 σ 选用值				
施工水平	砂浆强度等级					
	M2.5	M5	M7.5	M10	M15	M20
优良	0.50	1.00	1.50	2.00	3.00	4.00
一般	0.62	1.25	1.88	2.50	3.75	5.00
较差	0.75	1.50	2.25	3.00	4.50	6.00

2. 计算水泥用量

$$Q_c = \frac{1000(f_{m,0} - \beta)}{\alpha f_{ce}} \tag{7-4}$$

式中　Q_c——每立方米砂浆的水泥用量，kg，精确至 1kg；

f_{ce}——水泥的实测强度，MPa，精确至 0.1MPa；

α、β——砂浆的特征系数，其中 $\alpha=3.03$，$\beta=-15.09$；

其他符号含义同前。

在无法取得水泥的实测强度值时，可按下式计算：

$$f_{ce}=\gamma_c f_{ce,k} \tag{7-5}$$

式中　$f_{ce,k}$——水泥强度等级对应的强度值；

γ_c——水泥强度等级的富余系数，按实际统计资料确定，无统计资料时 γ_c 取 1；

其他符号含义同前。

3. 计算掺合料的用量

根据大量实践，每立方米砂浆胶结料与掺合料的总量达 300～350kg，基本上可满足砂浆的塑性要求。因而，掺合料用量的确定可按下式计算：

$$Q_D=Q_A-Q_c \tag{7-6}$$

式中　Q_D——每立方米砂浆掺合料的用量，kg，精确至 1kg，石灰膏、黏土膏使用时的稠度为（120±5）mm；

Q_A——每立方米砂浆中胶结料和掺合料的总量，精确至 1kg，一般应在 300～350kg；

其他符号含义同前。

4. 确定砂的用量

砂浆中的水、胶结料和掺合料是用来填充砂子空隙的，$1m^3$ 砂子就构成了 $1m^3$ 砂浆。因此，每立方米砂浆中的砂子用量，应按干燥状态（含水率小于 0.5%）砂的堆积密度值作为计算值，单位以 kg/m^3 计。

5. 水的用量

由于用水量的多少对砂浆的强度影响不大，因此砂浆中的用水量一般可根据经验按砂浆施工所需稠度来选用。每立方米砂浆中的用水量，根据砂浆稠度等要求可选用 240～310kg。用水量选用时应注意以下问题：混合砂浆中的用水量，不包括石灰膏或黏土膏中的水；当采用细砂或粗砂时，用水量分别取上限和下限；稠度小于 70mm 时，用水量可小于下限；施工现场气候炎热或干燥季节，可酌情增加用水量。

（二）水泥砂浆配合比选用

水泥砂浆如按水泥混合砂浆的方法计算水泥用量，则水泥用量普遍偏少，因为水泥与砂浆相比，其强度太高，造成计算出现不太合理的结果。因此，水泥砂浆材料用量可按表 7-4 选用。表 7-4 中每立方米水泥砂浆用水量范围仅供参考，不必加以限制，以达到稠度要求为依据。

（三）配合比试配、调整与确定

无论是由计算得到的配合比还是查表得到的配合比，都要通过试配调整求出强度满足要求且水泥用量最省的配合比。

表 7-4　　　　　　　　　　每立方米水泥砂浆材料用量

强度等级	水泥用量/kg	砂子用量/kg	用水量/kg
M5	200～230		
M7.5	230～260		
M10	260～290		
M15	290～330	1m³ 砂子的 堆积密度值	270～330
M20	340～400		
M25	360～410		
M30	430～480		

注　1. M15 及 M15 以下强度等级水泥砂浆，水泥强度等级为 32.5 级；M15 以上强度等级水泥砂浆，水泥强度等级为 42.5 级。

2. 根据施工水平合理选择水泥用量。

3. 当采用细砂或粗砂时，用水量分别取上限或下限。

4. 稠度小于 70mm 时，用水量可小于下限。

5. 施工现场气候炎热或干燥季节，可酌量增加水量。

6. 试配强度的确定与水泥混合砂浆相同。

试配时应采用工程中实际使用的材料，搅拌应符合要求。按计算或查表所得的配合比进行试拌时，应测定其拌合物的稠度和分层度，当不能满足要求时，则应调整材料用量，直到符合要求为止，然后确定为试配时的砂浆基准配合比。

在基准配合比的基础上，分别使水泥用量增减 10%，得到另外两个配合比的砂浆。在保证稠度和分层度合格的条件下，可调整用水量和掺合料，按《建筑砂浆基本性能试验方法标准》（JGJ/T 70—2009）的规定成型试件，测定砂浆强度，并选定符合试配强度要求的，且水泥用量最低的配合比作为砂浆配合比。

（四）配合比设计举例

【例 7-1】 要求设计用于砌砖墙用水泥石灰混合砂浆，强度等级为 M7.5，稠度为 70～100mm。原材料的主要参数：强度等级为 32.5 的普通硅酸盐水泥；中砂，堆积密度为 1450kg/m³，现场砂含水率为 2%；石灰膏的稠度为 120mm；施工水平一般。

解（1）计算试配强度 $f_{m,0}$。

$$f_{m,0} = f_m + 0.645\sigma$$

式中 $f_m = 7.5\text{MPa}$，查表 7-3，$\sigma = 1.88\text{MPa}$，则

$$f_{m,0} = f_m + 0.645\sigma = 7.5 + 0.645 \times 1.88 = 8.7(\text{MPa})$$

（2）计算水泥用量 Q_c。

$$Q_c = \frac{1000(f_{m,0} - \beta)}{\alpha f_{ce}} = \frac{1000 \times [8.7 - (-15.09)]}{3.03 \times 32.5} = 242(\text{kg})$$

（3）计算石灰膏用量 Q_D。

$$Q_D = Q_A - Q_c$$

式中 Q_A 取 330kg，则

$$Q_D = 330 - 242 = 88(kg)$$

（4）计算砂子用量 Q_s。根据砂子的含水率和堆积密度，砂子用量为

$$Q_s = 1450 \times (1 + 2\%) = 1479(kg)$$

（5）选择用水量 Q_w。由于砂浆使用中砂，稠度为 $70 \sim 100$mm，故在 $240 \sim 310$kg 取中间值 $Q_w = 280$kg。

（6）试配时各材料的用量比。水泥：石灰膏：砂：水 $= 242 : 88 : 1479 : 280 = 1 : 0.36 : 6.11 : 1.16$。

（7）配合比试拌调整，强度检验，确定最终配合比。（略）

任务二 抹 面 砂 浆

一、抹面砂浆的概念及分类

凡涂抹在建筑物表面或构件表面的砂浆统称为抹面砂浆。根据功能的不同，抹面砂浆分为普通抹面砂浆、装饰砂浆、防水砂浆和具有特殊功能的砂浆，例如绝热砂浆、耐酸砂浆、防辐射砂浆、吸声砂浆等。根据使用部位不同，抹面砂浆又分为底层砂浆和面层砂浆。

底层砂浆起初步找平和黏结底层的作用，应有较好的和易性。砖墙底层可用石灰砂浆；混凝土底层可用混合砂浆；板条墙及金属网基层采用麻刀石灰砂浆、纸筋石灰砂浆或混合砂浆；对有防水和防潮要求的结构物，应采用水泥砂浆。底层砂浆还应有比较好的保水性，以防止水分被地面材料吸收而影响砂浆的黏结力，稠度一般为 $100 \sim 120$mm。

面层砂浆主要起装饰作用，应采用较细的骨料，使表面平滑细腻。室内墙面和顶棚通常采用纸筋石灰或麻刀石灰砂浆。面层砂浆所用的石灰必须充分熟化，陈伏时间不少于 1 个月，以防止表面抹灰出现鼓包、爆裂等现象。受雨水作用的外墙、室内受潮和易碰撞的部位，如墙裙、踢脚板、窗台、雨棚等，一般采用 $1 : 2.5$ 的水泥砂浆抹面。面层砂浆的稠度一般为 100mm。普通抹面砂浆的配合比，可参考表 7-5 选用。

表 7-5 普通抹面砂浆参考配合比

材料	体积配合比	材料	体积配合比
水泥：砂	$1 : 2 \sim 1 : 3$	水泥：石灰：砂	$1 : 1 : 1.6 \sim 1 : 2 : 9$
石灰：砂	$1 : 2 \sim 1 : 4$	石灰：黏土：砂	$1 : 1 : 4 \sim 1 : 1 : 8$

二、与砌筑砂浆的比较

与砌筑砂浆相比，抹面砂浆的特点和技术要求有：

（1）抹面层不承受荷载。

（2）抹面砂浆应具有良好的和易性，容易抹成平整的薄层，便于施工。

（3）抹面层与基底层要有足够的黏结强度，使其在施工中或长期自重作用下不脱落、不开裂。

（4）抹面层多为薄层，并分层涂沫，面层要求平整、光洁、细致、美观。

（5）多用于干燥环境，大面积暴露在空气中。

任务三 预拌砂浆

一、预拌砂浆的概念

预拌砂浆是指由专业化厂家生产的，用于建设工程中的各种砂浆拌合物，是我国近年发展起来的一种新型建筑材料，按性能可分为普通预拌砂浆和特浆。20 世纪 50 年代初，欧洲国家就开始大量生产、使用预拌砂浆。国内上海、常州等发达地区发展较快。同时，许多城市也在逐步禁止现场搅拌砂浆，推广使用预拌砂浆，其优势有健康环保、质量稳定、节能舒适等。

二、预拌砂浆的原材料

预拌砂浆所涉及的原材料较多，除了通常所用的胶凝材料、集料、矿物掺合料外，还需根据砂浆性能掺加保水增稠材料、外加剂等材料，使得砂浆的材料组成少则五六种多的可达十几种。由于砂浆是与基体共同构成一个单元，只要砂浆与基体一接触砂浆就会被基体吸去水分，同时砂浆外表面也向大气中蒸发水分，因而砂浆的保水性和黏结强度就显得尤其重要。

为了使砂浆获得良好的保水性，通常需要掺入保水增稠材料。保水增稠材料分为有机和无机两大类，主要起保水、增稠作用，它能调整砂浆的稠度、保水性、黏聚性和触变性。常用的有机保水增稠材料有甲基纤维素、羟丙基甲基纤维素、羟乙基甲基纤维素等，以无机材料为主的保水增稠材料有砂浆稠化粉等。大多数保水增稠材料尚无国家或行业标准，而且有机保水增稠材料的种类较多，每种又有不同的性能（如黏度），因此采用保水增稠材料时必须有充足的技术依据并应在使用前进行试验验证。有标准的应执行相应标准，如用于砌筑砂浆的增塑剂应符合《砌筑砂浆增塑剂》（JG/T 164—2004）的规定。特种干混砂浆都要求有较高的黏结强度，这可通过掺加可再分散乳胶粉来提高砂浆的黏性。它也是干混砂浆中重要的添加剂之一，而可再分散乳胶粉种类繁多且尚无国家或行业标准，因此规定使用它应有充足的技术依据并应在使用前进行试验验证。

此外，特种干混砂浆中通常还掺加一些填料，如重质碳酸钙、轻质碳酸钙、石英粉、滑石粉等，其作用主要是增加容量、降低生产成本，这些惰性材料通常没有活性不产生强度。

三、预拌砂浆的使用

（1）预拌砂浆的品种选用应根据设计、施工等的要求确定。

（2）不同品种、规格的预拌砂浆不应混合使用。

（3）预拌砂浆施工前施工单位应根据设计和工程要求及预拌砂浆产品说明书编制施工方案并应按施工方案进行施工。

（4）预拌砂浆施工时施工环境温度宜在 5～35℃之间。当在温度低于 5℃或高于 35℃施工时应采取保证工程质量的措施。大于等于 5 级风、雨天和雪天的露天环境条件下不应进行预拌砂浆施工。

（5）施工单位应建立各道工序的自检、互检和专职人员检验制度，并应有完整的施工检查记录。

（6）预拌砂浆抗压强度、实体拉伸黏结强度应按验收批进行评定。

任务四　其他品种的砂浆

一、防水砂浆

制作防水层的砂浆称为防水砂浆。砂浆防水层又称刚性防水层。防水砂浆使用于堤坝、隧洞、水池、沟渠等具有一定刚度的混凝土或砖石砌体工程。对于变形较大或可能发生不均匀沉降的建筑物防水层不宜采用。

防水砂浆可以用普通水泥砂浆制作，其水泥用量较多，灰砂比一般为 $1:2.5\sim$ $1:3$，水灰比控制在 $0.5\sim0.55$；也可以在水泥砂浆中掺入防水剂来提高砂浆的抗渗能力，或采用聚合物水泥防水砂浆。常用的防水剂有氯化铁、金属皂类防水剂。近年来，采用引气剂、减水剂、三乙醇胺等作为砂浆的减水剂，也取得了良好的防水效果。

防水砂浆在敷设时需注意以下两点：一是采用多层涂抹，逐层压实；二是做好层间结合，防止水分在层间渗流，使层间效应得以充分发挥。

二、接缝砂浆

在建筑物基础或老混凝土上浇筑混凝土时，为了避免混凝土中的石子与基础或老混凝土接触，影响结合面胶结强度，应先铺一层砂浆，此种砂浆称为接缝砂浆。接缝砂浆的水灰比应与混凝土的水灰比相同，或稍小一些；灰砂比应比混凝土的灰砂比稍高一些；以达到适宜的稠度为准。

三、钢丝网水泥砂浆

钢丝网水泥砂浆简称钢丝网水泥。它是由几层重叠的钢丝网，经浇捣 $30\sim$ $50MPa$ 的高强度水泥砂浆所构成的，一般厚度为 $30\sim40mm$。由于在水泥砂浆中分散配置细而密的钢丝网，因而较钢筋混凝土有更好的弹性、抗拉强度和抗渗性，并能承受冲击荷载的作用。在水利工程中，钢丝网水泥砂浆主要用于制作压力管道、渡槽及闸门等薄壁结构物。

四、小石子砂浆

在水泥砂浆中掺入适量的小石子，称为小石子砂浆。这种砂浆主要用于毛石砌体中。在毛石砌体中，石块之间的孔隙率可高达 $40\%\sim50\%$，而且孔隙尺寸大，因而要有小石子砂浆砌筑。

小石子砂浆所用石子粒径为 $5\sim10mm$ 或 $5\sim20mm$。石子的掺量为骨料总量的 $20\%\sim30\%$。这种砂浆改善了骨料级配，降低了水泥用量，提高了砂浆的强度、弹性模量和表观密度。

五、微沫砂浆

微沫砂浆是一种在砂浆中掺入微沫剂（松香热聚物等）配制而成的砂浆。微沫剂掺量一般占水泥质量的 0.005%～0.01%。由于砂浆在搅拌过程中能产生大量封闭微小的气泡，从而提高了新拌砂浆的和易性，增强了砂浆的保水、抗渗、抗冻性能，同时也可大幅地节约石灰膏用量。若将微沫剂与氯盐复合使用，还能提高砂浆低温施工的效果。

六、保温砂浆

保温砂浆又称绝热砂浆，是采用水泥、石灰和石膏等胶凝材料与膨胀珍珠岩或膨胀蛭石、陶砂等轻质多孔骨料按一定比例配合制成的砂浆。保温砂浆具有轻质、保温隔热、吸声等性能，其导热系数为 0.07～0.10W/(m·K)，可用于屋面保温层、保温墙壁以及供热管道保温层等处。

常用的保温砂浆有水泥膨胀珍珠砂浆、水泥膨胀蛭石砂浆和水泥石灰膨胀蛭石砂浆等。随着国内节能减排工作的推进，涌现出众多新型墙体保温材料，其中 EPS（聚苯乙烯）颗粒保温砂浆就是一种得到广泛应用的新型保温砂浆，其采用分层抹灰的工艺，最大厚度可达 100mm，此砂浆保温、隔热、阻燃、耐久。

七、吸声砂浆

一般绝热砂浆是由轻质多孔骨料制成的，都具有吸声性能。另外，也可以用水泥、石膏、砂、锯末按体积比 1∶1∶3∶5 配制成吸声砂浆，或在石灰、石膏砂浆中掺入玻璃纤维和矿棉等松软纤维材料制成。吸声砂浆主要用于室内墙壁和平顶。

八、耐酸砂浆

用水玻璃（硅酸钠）与氟硅酸钠拌制成耐酸砂浆，有时也可掺入石英岩、花岗岩、铸石等粉状细骨料。水玻璃硬化后具有很好的耐酸性能。耐酸砂浆多用作衬砌材料、耐酸地面和耐酸容器的内壁防护层。

九、装饰砂浆

装饰砂浆是直接用于建筑物内外表面，以提高建筑物装饰艺术性为主要目的的抹面砂浆。它是常用的装饰手段之一。装饰砂浆的底层和中层抹灰与普通抹面砂浆基本相同，主要是装饰砂浆的面层，要选用具有一定颜色的胶凝材料和骨料以及采用某种特殊的操作工艺，使表面呈现出各种不同的色彩、线条与花纹等装饰效果。

装饰砂浆所采用的胶凝材料有普通水泥、矿渣水泥、火山灰水泥和白水泥、彩色水泥，常用的水泥中掺加耐碱矿物颜料配成彩色水泥以及石灰、石膏等。骨料常采用大理石、花岗岩等带颜色的细石渣或玻璃、陶瓷碎粒将砖、石、砌块等黏结成为砌体的砂浆称为砌筑砂浆。它起着传递荷载的作用，是砌体的重要组成部分。水泥砂浆宜用于砌筑潮湿环境以及强度要求较高的砌体；水泥石灰砂浆宜用于砌筑干燥环境中的砌体；多层房屋的墙一般采用强度等级为 M5 的水泥石灰砂浆；砖柱、砖拱、钢筋砖过梁等一般采用强度等级为 M5～M10 的水泥砂浆；砖基础一般采用不低于 M5 的水泥砂浆；低层房屋或平房可采用石灰砂浆；简易房可采用石灰黏土砂浆。

【案例分析 7-2】

石灰砂浆产生的裂纹分析

讨论：请观察图 7-2 中 A、B 两种已经硬化的石灰砂浆产生的裂纹有何差别，并讨论其成因。

石灰砂浆A 过火石灰膨胀裂纹　　　　石灰砂浆B 石灰网状收缩裂纹

图 7-2　石灰砂浆产生的裂纹

原因分析：在煅烧过程中，如果煅烧时间过长或温度过高，将生成颜色较深、块体致密的"过烧石灰"。过烧石灰水化极慢，当石灰变硬后才开始熟化，产生体积膨胀，引起已变硬石灰体的隆起鼓包和开裂。为了消除过烧石灰的危害，保持石灰膏表面有水的情况下，在储存池中放置一周以上，这一过程称为陈伏。陈伏期间，石灰浆表面应保持一层水，隔绝空气，防止 $Ca(OH)_2$ 与 CO_2 发生碳化反应。

石灰砂浆 A 为凸出放射性裂纹，这是由于石灰浆的陈伏时间不足，致使其中部分过烧石灰在石灰砂浆制作时尚未水化，导致在硬化的石灰砂浆中继续水化成 $Ca(OH)_2$，产生体积膨胀，从而形成膨胀性裂纹。

石灰砂浆 B 为网状干缩性裂纹，是石灰砂浆在硬化过程中干燥收缩所致。尤其是水灰比过小，石灰过多，易产生此类裂纹。

任务五　砂浆性能试验

一、砂浆稠度试验

砂浆稠度试验适用于确定浆的配合比或施工过程中控制砂浆的稠度。

（一）试验仪器

（1）砂浆稠度仪：应由试锥、容器和支座三部分组成。试锥应由钢材或铜材制成，试锥高度应为 145mm，锥底直径应为 75mm，试锥连同滑杆的质量应为（300±2)g；盛浆容器应由钢板制成，筒高应为 180mm，锥底内径应为 150mm；支座应包括底座、支架及刻度显示三个部分，应由铸铁、钢或其他金属制成。

（2）钢制捣棒：直径为 10mm，长度为 350mm，端部磨圆。

（3）秒表。

（二）试验步骤

（1）应先采用少量润滑油轻擦滑杆，再将滑杆上多余的油用纸擦净，使滑杆能左右滑动。

（2）应先采用湿布擦净盛浆容器和试锥表面，再将砂浆拌合物一次装入容器；砂浆表面宜低于容器口 10mm，用捣棒自容器中心向边缘均匀地插捣 25 次，然后轻轻地将容器摇动或敲击 5～6 下，使砂浆表面平整，随后将容器置于稠度测定仪的底座上。

（3）拧开制动螺钉，向下移动滑杆，当试锥尖端与砂浆表面接触时，应拧紧制动螺钉，使齿条测杆下端接触滑杆上端，并将指针对准零点上。

（4）拧开制动螺钉，同时计时间，10s 时立即拧紧螺钉，将齿条测杆下端接触滑杆上端，从刻度盘上读出下沉深度（精确至 1mm），即为砂浆的稠度值。

（5）盛浆容器内的砂浆，只允许测定一次稠度，重复测定时，应重新取样测定。

（三）试验结果确定

稠度试验结果应按下列要求确定：

（1）同盘砂浆应取两次试验结果的算术平均值作为测定值，并应精确至 1mm。

（2）当两次试验值之差大于 10mm 时，应重新取样测定。

二、砂浆分层度试验

砂浆分层度试验适用于测定浆拌合物的分层度，以确定在运输及停放时砂浆拌合物的稳定性。

（一）试验仪器

（1）砂浆分层度筒：应由钢板制成，内径应为 150mm，上节高度应为 200mm，下节带底净高应为 100mm，两节的连接处应加宽 3～5mm，并应设有橡胶垫圈。

（2）振动台：振幅应为（0.5±0.05）mm，频率应为（50±3）Hz。

（3）砂浆稠度仪、木槌等。

（二）试验方法

分层度的测定可采用标准法和快速法。当发生争议时，应以标准法的测定结果准。

（三）试验步骤

1. 标准法测定分层度步骤

（1）应按照《建筑砂浆基本性能试验方法标准》（JGJ/T 70—2009）第 4 章的规定测定砂浆拌合物的稠度。

（2）将砂浆拌合物一次装入分层度筒内，待装满后，用木槌在分层度筒周围距离大致相等的四个不同部位轻轻敲击 1～2 下；当砂浆沉落到低于筒口时，应随时添加，然后刮去多余的砂浆并用抹刀抹平。

（3）静置 30min 后，去掉上节 200mm 砂浆，然后将剩余的 100mm 砂浆倒在拌和锅内拌 2min，再按照规定测其稠度。前后测得的稠度之差即为该砂浆的分层度值。

2. 快速法测定分层度步骤

（1）应按照《建筑砂浆基本性能试验方法标准》（JGJ/T 70—2009）第 4 章的规定测定砂浆拌合物的稠度。

（2）应将分层度筒预先固定在振动台上，砂浆一次装入分层度筒内，振动 20s。

（3）去掉上节 200mm 砂浆，剩余 100mm 砂浆倒出放在拌和锅内拌 2min，再按《建筑砂浆基本性能试验方法标准》（JGJ/T 70—2009）稠度试验方法测其稠度，前后测得的稠度之差即为该砂浆的分层度值。

（四）试验结果确定

（1）应取两次试验结果的算术平均值作为该砂浆的分层度值，精确至 1mm。

（2）当两次分层度试验值之差大于 10mm 时，应重新取样测定。

【本章小结】

本章学习了砂浆的概念、分类和作用。砂浆是由胶凝材料、细骨料、掺合料和水按适当的比例配制而成的。在建筑工程中起黏结、衬垫和传递应力的作用。砂浆按其所用胶凝材料可分为水泥砂浆、石灰砂浆、混合砂浆等，按用途可分为砌筑砂浆、抹面砂浆、防水砂浆等。

思　考　题

1. 何谓砂浆？何谓砌筑砂浆？

2. 新拌砂浆的和易性包括哪些含义？各用什么指标表示？砂浆的保水性不良对其质量有何影响？

3. 测定砌筑砂浆强度的标准试件尺寸是多少？如何确定砂浆的强度等级？

4. 简述砌筑砂浆配合比的设计方法。

5. 对抹面砂浆有哪些要求？

6. 何谓防水砂浆？防水砂浆中常用哪些防水剂？

7. 如何理解"每立方米砂浆中的砂用量，应以干燥状态（含水率<0.5％）的堆积密度值作为计算值"这句话？

8. 砌筑砂浆与抹面砂浆在功能上有何不同？

习　　题

某工程需配制 M7.5、稠度为 70～100mm 的砌筑砂浆，采用强度等级为 32.5 的普通水泥，石灰膏的稠度为 120mm，含水率为 2％的砂的堆积密度为 1450kg/m³，施工水平优良。试确定该砂浆的配合比。

项目八　砌 体 材 料

【学习目标】

①理解岩石、矿物、造岩矿物的概念和区别；②了解岩石的形成因素及其对岩石组成、性能的影响；③掌握几种砌墙砖的技术性质和特点，混凝土砌块、加气混凝土砌块的性能和特点。

【能力目标】

①能够进行砖材规格、质量等级的判定；②能够完成规范的检测报告。

任务一　天 然 石 材

一、岩石的基本知识

岩石是矿物的集合体，具有一定的地质意义，是构成地壳的一部分。没有地质意义的矿物集合体不能算是岩石，如由水泥熟料凝结起来的砂砾，也是矿物集合体，但不能称作岩石。严格地讲，岩石是由各种不同地质作用所形成的天然固态矿物集合体。这种矿物是在地壳中受不同的地质作用，所形成的具有一定化学组成和物理性质的单质或化合物。由单一矿物组成的岩石称为单矿岩，由两种或两种以上矿物组成的岩石称为多矿岩。主要的造岩矿物是硅酸盐矿物，其次还有非硅酸盐类的造岩矿物。

（一）造岩矿物

造岩矿物主要是指组成岩石的矿物，造岩矿物大部分是硅酸盐、碳酸盐矿物。根据其在岩石中的含量，造岩矿物又可分主要矿物、次要矿物和副矿物。一般造岩矿物按其组成可分两大类：一类是深色（或暗色）矿物，其内部富含 Fe、Mg 等元素，如硫铁矿、黑云母等；另一类称为浅色矿物，其内部富含 Si、Al 等元素，又称硅铝矿物，它们的颜色较浅，如石英、长石等。建筑上常用的岩石有花岗岩、正长岩、闪长岩、石灰岩、砂岩、大理岩和石英岩等。这些岩石中存在的主要矿物有长石、石英、云母、方解石、白云石、硫铁矿等。它们的主要性质见表 8-1。

表 8-1　　　　　　　　　　　岩 石 的 主 要 性 质

序号	名称	矿物颜色	莫氏硬度	密度/(g/cm³)	化学成分	常见状态
1	长石	灰、白色	6	约2.6	$KAlS_2O_2$	多见于花岗岩中
2	石英	无色、白色等	7	约2.6	SiO_2	多见于花岗岩、石英岩中
3	云母	黄、灰、浅绿色	2~3	约2.9	$KAl_2(OH)_2$ $AlSi_2O_{10}$	有弹性，多以杂质状存在
4	方解石	白色或灰色等	3	2.7	$CaCO_3$	多见于石灰岩、大理岩
5	白云石	白、浅绿、棕色	3.5	2.83	$CaCO_3$ $MgCO_3$	多见于白云岩中
6	硫铁矿	亮黄色	6	5.2	FeS_2	为岩石中的杂质

（二）岩石的种类及性质

1. 岩石的种类

（1）按岩石的成因分类。自然界的岩石以其成因可分为三类：由地球内部的岩浆上升到地表附近或喷出地表，冷却凝结而成的岩石称为岩浆岩；由岩石风化后再沉积，胶结而成的岩石称为沉积岩；岩石在温度、压力作用或化学作用下变质而成的新岩石称为变质岩。

（2）按岩石强度分类。根据日本 JIS 标准，岩石可按抗压强度来分为硬石、次硬石和软石三类（表 8-2），硬石为花岗岩、安山岩、大理岩等；次硬石为软质安山岩、硬质砂岩等；软石为凝灰岩。

表 8-2　　　　　　　　　　　　　岩石按抗压强度分类（JIS）

种类	抗压强度/MPa	参　考　值	
		吸水率/%	表观密度/（g/cm³）
硬石	>50	5 以下	2.7～2.5
次硬石	20 以上，50 以下	5 以上，15 以下	2.5～2
软石	10 以下	15 以上	2 以下

（3）按岩石形状分类。石材用于建筑工程，分为砌筑和装饰两类。砌筑用石材分为毛石和料石；装饰用石材主要为板材。

2. 岩石的性质

岩石的性质主要包括物理性质、力学性质、化学性质。

（1）岩石的物理性质。

1）表观密度。造岩矿物的密度为 $2.6～3.3g/cm^3$。由于岩石中存在孔隙，因此除软石凝灰岩外，其余岩石的表观密度为 $2～3g/cm^3$，岩石的表观密度小于矿物的表观密度。表观密度与孔隙率密切相关，表观密度大的岩石因其结构致密，所以强度也高。

2）吸水率。它反映了岩石吸水能力的大小，也反映了岩石耐水性的好坏。岩石的表观密度越大，说明其内部孔隙数量越少，水进入岩石内部的可能性随之减少，岩石的吸水率跟着减小；反之，岩石的吸水率跟着增大。另外，岩石的吸水率也与岩石内部的孔隙结构和岩石是否憎水有关。例如，岩石内部连通孔多，岩石破碎后开口孔相应增多，如果该岩石又是亲水性的，那么该岩石的吸水率必然增大。岩石的吸水性直接影响了其抗冻性、抗风化性等耐久性指标。吸水率大，往往说明岩石的耐久性差。

3）硬度。岩石硬度和强度很好的相关性。岩石的硬度大，它的强度也高。其次岩石的硬度高，其耐磨性和抗刻划性也好，其磨光后也有良好的镜面效果，但是，硬度高的岩石开采困难，加工成本高。

4）岩石的物理风化。岩石的风化分为物理风化和化学风化。物理风化在以下两种情况下发生：①当岩石温度发生明显变化时，岩石中的多种矿物体积变化率各不相同，导致岩石内产生应力，使岩石内形成了细微裂缝；②岩石由于受干、湿循环的影响，使其发生反复胀缩而产生微细裂纹。在寒冷地区，渗入岩石缝隙中的水会因结冰而体积增大，加剧了岩石的开裂。岩石的开裂导致其风化剥落，最后造成岩石损坏，损坏后所形成的新的岩石表面又受到同样的物理风化作用。周而复始，岩石的风化不断加深。

（2）岩石的力学性质。

1）强度。岩石的抗压强度很大，而抗拉强度却很小，后者为前者的 $1/20 \sim 1/10$，岩石是典型的脆性材料。这是岩石区别于钢材和木材的主要特征之一，也是限制石材作为结构材料使用的主要原因。岩石的比强度也小于木材和钢材。岩石属于非均质的天然材料。由于生成的原因，大部分岩石呈现出各向异性。一般而言，加压方向垂直于节理面或裂纹时，其抗压强度大于加压方向平行于节理面或裂纹时的抗压强度。

2）岩石受力后的变形。即使在应力很小的范围内，岩石的应力-应变曲线也不是直线，所以在曲线上各点的弹性模量是不同的。同时也说明岩石受力后没有一个明显的弹性变化范围，属于非弹性变形。

（3）岩石的化学性质。

1）化学风化。通常认为岩石是一种非常耐久的材料，然而，按材质而言，其抵抗外界作用的能力是比较差的。石材的劣化现象是指长期日晒夜露及受风雨和气温变化而不断风化的状态。风化是指岩石在各种因素的复合或者相互促进下发生的物理或化学变化，直至破坏的复杂现象。化学风化是指雨水和大气中的气体（O_2、CO_2、CO、SO_2、SO_3 等）与造岩矿物发生化学反应的现象，主要有水化、氧化、还原、溶解、脱水、碳化等反应，在含有碳酸钙和铁质成分的岩石中容易产生这些反应。由于这些作用在表面产生，风化破坏表现为岩石表面有剥落现象。

2）化学风化和物理风化的关系。化学风化与物理风化经常相互促进，例如，在物理风化作用下石材产生裂缝，雨水就渗入其中，因此就促进了化学风化作用。另外，发生化学风化作用之后，石材的孔隙率增加，就易受物理风化的影响。

3）不同种类岩石的耐久性。从抗物理风化、化学风化的综合性能来看，一般花岗岩耐久性最佳，安山岩次之，软质砂岩和凝灰岩最差。大理岩的主要成分碳酸钙的化学性质不稳定，故容易风化。

（4）岩石的热学性质。岩石属于不燃烧材料，但从其构造可知，岩石的热稳定性不一定很好，这是因为各种岩石的热膨胀系数不相同。当岩石温度发生大幅度升高或降低时，其内部会产生内应力，导致岩石崩裂；其次，有些造岩矿物（如碳酸钙）因热的作用会发生分解反应，导致岩石变质。

岩石的比热大于钢材、混凝土和烧结普通砖，所以用石材建造的房屋，在热流变动或采暖设备供热不足时，能较好地缓和室内的温度波动。岩石的导热系数小于钢材，大于混凝土和烧结普通砖，说明其隔热能力优于钢材，但比混凝土和烧结普通砖的要差。

二、常用建筑石材

天然石材是将开采来的岩石，对其形状、尺寸和表面质量三方面进行一定的加工

课件 8.1

视频 8.2

处理后所得到的材料。建筑石材是指主要用于建筑工程中的砌筑或装饰的天然石材。分析石材在建筑上的用途，或者是用于砌筑，或者是用于装饰。砌筑用石材有毛石和料石之分，装饰用石材主要指各类形状不一的天然石质板材。

（一）毛石

毛石（又称片石或块石）是由爆破直接获得的石块。依据其平整程度又分为乱毛石和平毛石两类。

1. 乱毛石

乱毛石形状不规则，一般在一个方向的尺寸达 300～400mm，重量为 20～30kg，其中部厚度一般不宜小于 150mm。乱毛石主要用来砌筑基础、勒角、墙身、堤坝、挡土墙等，也可作毛石混凝土的骨料。

2. 平毛石

平毛石是乱毛石略经加工而成，形状较乱毛石整齐，其形状基本上有 6 个面，但表面粗糙，中部厚度不小于 200mm。常用于砌筑基础、墙身、勒角、桥墩、涵洞等。

3. 毛石的抗压强度

毛石的抗压强度取决于其母岩的抗压强度，它是以三个边长为 70mm 的立方体试块的抗压强度的平均值表示。根据抗压强度的大小，石材共分 9 个强度等级：MU100、MU80、MU60、MU50、MU40、MU30、MU20、MU15、MU10。抗压试件也可采用表 8-3 所列各种边长的立方体，但对其试验结果要乘以相应的换算系数予以校正。

表 8-3　　　　　　　　　　石材强度等级的换算系数

立方体边长/mm	200	150	100	70	50
换算系数	1.43	1.28	1.14	1	0.86

岩石的矿物组成对毛石的抗压强度有一定的影响。组成花岗岩的主要矿物成分中石英是很坚硬的矿物，其含量越高，花岗岩的强度也越高；而云母为片状矿物，易于分裂成柔软的薄片，因此，云母含量越多，则其强度越低。沉积岩的抗压强度与胶结物成分有关，由硅质物质胶结的沉积岩，其抗压强度较大；石灰石物质胶结的，强度次之；黏土物质胶结的，抗压强度最小。

毛石的结构与构造特征对石材的抗压强度也有很大的影响。结晶质石材的强度较玻璃质的高；等粒结构的石材较斑状结构的高；构造致密的强度较疏松多孔的高。上述有关毛石抗压强度的论述也适应于料石。

（二）料石

料石（又称条石）系由人工或机械开采出的较规则的六面体石块，略经加工凿琢而成，按其加工后的外形规则程度，分为毛料石、粗料石、半细料石和细料石四种。

（1）毛料石外形大致方正，一般不加工或仅稍加修整，高度不应小于 200mm，叠砌面凹入深度不大于 25mm。

（2）粗料石截面的宽度、高度应不小于 200mm，且不小于长度的 1/4，叠砌面凹入深度不大于 20mm。

（3）半细料石规格尺寸同粗料石，但叠砌面凹入深度不应大于 15mm。

（4）细料石通过细加工，外形规则，规格尺寸同粗料石，叠砌面凹入深度不大于 10mm。

上述料石常由砂岩、花岗岩等质地比较均匀的岩石开采琢制；至少应有一个面较整齐，以便互相合缝。主要用于砌筑墙身、踏步、地坪、拱和纪念碑；形状复杂的料石制品，用于柱头、柱脚、楼梯踏步、窗台板、栏杆和其他装饰面等。

（三）饰面石材

1. 天然花岗石板材

建筑装饰工程上所指的花岗石是指以花岗岩为代表的一类装饰石材，包括各类以石英、长石为主要的组成矿物，并含有少量云母和暗色矿物的岩浆岩和花岗质的变质岩，如花岗岩、辉绿岩、辉长岩、玄武岩、橄榄岩等。从外观特征看，花岗石常呈整体均粒状结构，称为花岗结构。

（1）特性。花岗石构造致密、强度高、密度大、吸水率极低、质地坚硬、耐磨，属酸性硬石材。

花岗石的化学成分有 SiO_2、Al_2O_3、CaO、MgO、Fe_2O_3 等，其中 SiO_2 的含量常为 60％以上，为酸性石材，因此，其耐酸、抗风化、耐久性好，使用年限长。花岗石所含石英在高温下会发生晶变，体积膨胀而开裂，因此不耐火。

（2）分类、等级及技术要求。天然花岗石板材按形状可分为毛光板（MG）、普型板（PX）、圆弧板（HM）和异型板（YX）四类。按其表面加工程度可分为细面板（YG）、镜面板（JM）、粗面板（CM）三类。

根据《天然花岗石建筑板材》（GB/T 18601—2009），毛光板按厚度偏差、平面度公差、外观质量等，普型板按规格尺寸偏差、平面度公差、角度公差及外观质量等，圆弧板按规格尺寸偏差、直线度公差、线轮廓度公差及外观质量等，分为优等品（A）、一等品（B）、合格品（C）三个等级。

天然花岗石板材的技术要求包括规格尺寸允许偏差、平面度允许公差、角度允许公差、外观质量和物理性能。

（3）天然放射性。天然石材中的放射性是引起普遍关注的问题。经检验证明，绝大多数的天然石材中所含放射物质极微，不会对人体造成任何危害，但部分花岗石产品放射性指标超标，会在长期使用过程中对环境造成污染，因此有必要给予控制。《建筑材料放射性核素限量》（GB 6566—2010）中规定，装修材料（花岗石、建筑陶瓷、石膏制品等）中以天然放射性核素（镭-226、钍-232、钾-40）的放射性比活度和外照射指数的限值分为 A、B、C 三类：A 类产品的产销与使用范围不受限制；B 类产品不可用于Ⅰ类民用建筑的内饰面，但可用于Ⅰ类民用建筑的外饰面及其他一切建筑物的内、外饰面；C 类产品只可用于一切建筑物的外饰面。

放射性水平超过此限值的花岗石和大理石产品，其中的镭、钍等放射性元素衰变过程中将产生天然放射性气体氡。氡是一种无色、无味、感官不能觉察的气体，特别是易在通风不良的地方聚集，可导致肺、血液、呼吸道发生病变。

目前国内使用的众多天然石材产品，大部分是符合 A 类产品要求的，但不排除有少量的 B、C 类产品。因此装饰工程中应选用经放射性测试，且发放了放射性产品合格证的产品。此外，在使用过程中，还应经常打开居室门窗，促进室内空气流通，使氡稀释，达到减少污染的目的。

（4）应用。花岗石板材主要应用于大型公共建筑或装饰等级要求较高的室内外装饰工程。花岗石因不易风化，外观色泽可保持百年以上，所以，粗面和细面板材常用于室外地面、墙面、柱面、勒脚、基座、台阶；镜面板材主要用于室内外地面、墙面、柱面、台面、台阶等，特别适宜做大型公共建筑大厅的地面。

2. 天然大理石板材

建筑装饰工程上所指的大理石是广义的，除大理岩外，还泛指具有装饰功能，可以磨平、抛光的各种碳酸盐岩和与其有关的变质岩，如石灰岩、白云岩、钙质砂岩等，其主要成分为碳酸盐矿物。

（1）特性。天然大理石质地较密实、抗压强度较高、吸水率低、质地较软，属碱性中硬石材。天然大理石易加工、开光性好，常被制成抛光板材，其色调丰富、材质细腻，极富装饰性。

大理石的化学成分有 CaO、MgO、SiO_2 等，其中 CaO 和 MgO 的总量占 50％以上，故大理石属碱性石材。在大气中受硫化物及水汽形成的酸雨长期的作用，大理石容易发生腐蚀，造成表面强度降低、变色掉粉，失去光泽，影响其装饰性能。所以除少数大理石，如汉白玉、艾叶青等质纯、杂质少、比较稳定、耐久的板材品种可用于室外，绝大多数大理石板材只宜用于室内。

（2）分类、等级及技术要求。天然大理石板材按形状分为普型板（PX）、圆弧板（HM）。国际和国内板材的通用厚度为 20mm，亦称为厚板。随着石材加工工艺的不断改进，厚度较小的板材也开始应用于装饰工程，常见的有 10mm、8mm、7mm、5mm 等，亦称为薄板。

根据《天然大理石建筑板材》（GB/T 19766—2005），天然大理石板材按板材的规格尺寸偏差、平面度公差、角度公差及外观质量分为优等品（A）、一等品（B）、合格品（C）三个等级。

天然大理石板材的技术要求包括规格尺寸允许偏差、平面度允许公差、角度允许公差、外观质量和物理性能。

天然大理石、花岗石板材采用"m^2"计量，出厂板材均应注明品种代号标记、商标、生产厂名。配套工程用材料应在每块板材侧面标明其图纸编号。包装时应将光面相对，并按板材品种规格、等级分别包装。运输搬运过程中严禁滚摔碰撞。板材直立码放时，倾斜角不大于 15°；平放时地面必须平整，垛高不高于 1.2m。

（3）应用。天然大理石板材是装饰工程的常用饰面材料。一般用于宾馆、展览馆、剧院、商场、图书馆、机场、车站、办公楼、住宅等工程的室内墙面、柱面、服务台、栏板、电梯间门口等部位。由于其耐磨性相对较差，虽也可用于室内地面，但不宜用于人流较多场所的地面。大理石由于耐酸腐蚀能力较差，除个别品种外，一般只适用于室内。

3. 青石装饰板材

青石板属于沉积岩类（砂岩），主要成分为石灰石、白云石。随着岩石埋深条件的不同和其他杂质如铜、铁、锰、镍等金属氧化物的混入，形成多种色彩。青石板质地密实，强度中等，易于加工，可采用简单工艺凿割成薄板或条形材，是理想的建筑装饰材料。用于建筑物墙裙、地坪铺贴以及庭园栏杆（板）、台阶等，具有古建筑的独特风格。

常用青石板的色泽为豆青色和深豆青色以及青色带灰白结晶颗粒等多种。青石板根据加工工艺的不同分为粗毛面板、细毛面板和剁斧板等多种。尚可根据建筑意图加工成光面（磨光）板。

天然大理石、花岗石板材采用"m^2"计量，出厂板材均应注明品种代号标记、商标、生产厂名。配套工程用材料应在每块板材侧面标明其图纸编号。包装时应将光面相对，并按板材品种规格、等级分别包装。运输搬运过程中严禁滚摔碰撞。板材直立码放时，倾斜角不大于 $15°$；平放时地面必须平整，垛高不超过 1.2m。

青石板以"m^3"或"m^2"计量。包装、运输、储存条件类似于花岗石板材。

【案例分析 8－1】

大理石和花岗石适用性的区别

通过简单的试验，认知大理石和花岗石适用性，以增强根据工程特点选择适用材料品种的意识和能力。

步骤 1：准备大理石和花岗石边角料（最好选抛光料）各一块，以及少许稀盐酸溶液。将酸液用吸管滴放在两种石料表面。

步骤 2：观察石料表面滴酸液处发生的变化，或将试块表面擦拭干净，观察相应部位光泽程度的变化。

反馈：

（1）大理石表面有气泡产生或失去光泽，而花岗石无前述变化。

（2）说明了大理石、花岗石耐酸腐蚀性能的差异及工程适用性的不同。

任务二　砖　　材

砖石是最古老、传统的建筑材料，砖石结构的应用已有几千年历史，砌墙砖是我国所使用的主要墙体材料之一。砌墙砖一般分为烧结砖和非烧结砖两类，其中烧结砖是性能非常优越的既古老又现代的墙体材料，烧结砖可以在各种地区以单一材料满足建筑节能 50％～65％的要求，它在墙体材料中占有举足轻重的地位。

课件 8.3

视频 8.4

一、烧结普通砖

烧结普通砖是以黏土、页岩、粉煤灰、煤矸石为主要原料，经焙烧而成的普通砖。

（一）烧结普通砖的分类

按所用的主要原料分为烧结黏土砖（N）、烧结页岩砖（Y）、烧结粉煤灰砖（F）

和烧结煤矸石砖（M）。

1. 烧结黏土砖

烧结黏土砖又称黏土砖，是以黏土为主要原料，经配料、制坯、干燥、烧结而成的烧结普通砖。当焙烧过程中砖窑内为氧化气氛时，黏土中所含铁的化合物成分被氧化成高价氧化铁（Fe_2O_3），从而得到红砖。此时，如果减少窑内空气的供给，同时加入少量水分，在砖窑形成还原气氛，使坯体继续在这种环境下燃烧，高价氧化铁（Fe_2O_3）还原成青灰色的低价氧化铁（FeO），即可制得青砖。一般认为青砖较红砖结实，耐碱性好、耐久性好，但青砖只能在土窑中制得，价格较高。

2. 烧结页岩砖

烧结页岩砖是页岩经过破碎、粉磨、配料、成型、干燥和焙烧等工业制成的砖。由于页岩磨细的程度不及黏土，一般制坯所需要的用水量比黏土少，所以砖坯干燥的速度快、成品的体积收缩小。作为一种新型建筑节能墙体材料，烧结页岩砖既可以用于砌筑承重墙，又具有良好的热工性能，减少施工过程中的损耗，提高工作效率。

3. 烧结粉煤灰砖

烧结粉煤灰砖是由电厂排出的粉煤灰作为烧砖的主要原料，可以部分代替黏土。在烧制过程中，为改善粉煤灰的可塑性可适量掺入黏土。烧结粉煤灰砖一般呈淡红色或深红色，可代替黏土砖用于一般的工业与民用建筑。

4. 烧结煤矸石砖

烧结煤矸石砖是以煤矿的废料煤矸石为原料，经粉碎后，根据其含碳量及可塑性进行适当配料而制成的。由于煤矸石是采煤的副产品，所以在烧制过程中一般不需要额外加煤，不但消耗了大量的废渣，同时节约了能源。烧结煤矸石砖的颜色较普通砖深，色泽均匀，声音清脆。烧结煤矸石砖可以完全代替普通黏土砖用于一般的工业与民用建筑。

（二）烧结普通砖的质量等级和规格

1. 质量等级

根据《烧结普通砖》（GB/T 5101—2017）的规定，烧结普通砖的抗压强度分为MU30、MU25、MU20、MU15、MU10等五个强度等级。同时，强度、抗风化性能和放射性物质合格的砖，根据砖的尺寸偏差、外观质量、泛霜和石灰爆裂的程度将其分为优等品（A）、一等品（B）和合格品（C）。其中，优等品的砖适合用于清水墙和装饰墙，而一等品和合格品的砖用于混水墙，中等泛霜的砖不能用于潮湿的部位。

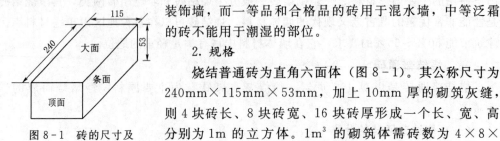

图 8-1　砖的尺寸及
各部分名称

2. 规格

烧结普通砖为直角六面体（图 8-1）。其公称尺寸为 240mm×115mm×53mm，加上 10mm 厚的砌筑灰缝，则 4 块砖长、8 块砖宽、16 块砖厚形成一个长、宽、高分别为 1m 的立方体。$1m^3$ 的砌筑体需砖数为 4×8×16＝512（块），这方便工程量计算。

（三）烧结普通砖的主要技术要求

1. 外观要求

烧结普通砖的外观标准直接影响砖体的外观和强度，所以规范中对尺寸偏差、两条面的高度差、弯曲程度、裂纹、颜色情况都给出相应的规定，要求各等级烧结普通砖的尺寸允许偏差和外观质量符合表 8-4 和表 8-5 的要求。

表 8-4　　　　　　　烧结普通砖的尺寸允许偏差（GB/T 5101—2017）　　　　单位：mm

公称尺寸	指标	
	样本平均偏差	样本极差，≤
240（长）	±2.0	6
115（宽）	±1.5	5
53（高）	±1.5	4

表 8-5　　　　　　　　烧结普通砖的外观质量（GB/T 5101—2017）　　　　单位：mm

项　　目		指标
两条面高度差，≤		2
弯曲，≤		2
杂质凸出高度，≤		2
缺棱掉角的三个破坏尺寸，≤		5
裂纹长度，≤	大面上宽度方向及其延伸至条面的长度	30
	大面上长度方向及其延伸至顶面的长度或条，顶面上水平裂纹的长度	50
完整面不得少于		一条面和一顶面

注　1. 为装饰而施加的色差、凹凸纹、拉毛、压花等不算做缺陷。

2. 凡有下列缺陷者不得称为完整面：①缺损在条面或顶面上造成的破坏尺寸同时大于 10mm×10mm；②条面和顶面上裂纹宽度大于 1mm，其长度超过 30mm；③压陷、黏底、焦花在条面或顶面上的凹陷或凸出超过 2mm，区域尺寸同时大于 10mm×10mm。

2. 强度等级

烧结普通砖分为 5 个强度等级，通过抗压强度试验，计算 10 块砖的抗压强度平均值和标准值方法或抗压强度平均值和最小值方法，从而评定该砖的强度等级。各等级应满足表 8-6 中的各强度指标。

表 8-6　　　　　　　　烧结普通转的强度等级（GB/T 5101—2017）　　　　单位：MPa

强度等级	抗压强度平均值 $\overline{f}$，≥	强度标准值 f_k，>
MU30	30.0	22.0
MU25	25.0	18.0
MU20	20.0	14.0
MU15	15.0	10.0
MU10	10.0	6.5

3. 耐久性

（1）抗风化性能。抗风化性能是烧结普通砖抵抗自然风化作用的能力，指砖在干湿变化、温度变化、冻融变化等物理因素作用下，不被破坏并保持原有性质的能力。它是烧结普通砖耐久性的重要指标。由于自然风化程度与地区有关，通常按照风化指数将我国各省（自治区、直辖市）划分为严重风化区和非严重风化区，见表 8-7。风化指数是指日气温从正温降至负温或从负温升至正温的每年平均天数与每年从霜冻之日起至消失霜冻之日止这一期间降雨总量（以 mm 计）的平均值的乘积。风化指数不小于 12700 为严重风化区，风化指数小于 12700 为非严重风化区。严重风化区的砖必须进行冻融试验。冻融试验时取 5 块吸水饱和试件进行 15 次冻融循环，之后每块砖样不允许出现裂纹、分层、掉皮、缺棱等冻坏现象，且每块砖样的质量损失不得大于 2%。其他地区的砖如果其抗风化性能达到表 8-8 的要求，可不再进行冻融试验，但是若有一项指标达不到要求，则必须进行冻融试验。

表 8-7　　　　　　　　风化区的划分（GB/T 5101—2003）

严重风化区		非严重风化区	
1. 黑龙江省	11. 河北省	1. 山东省	11. 福建省
2. 吉林省	12. 北京市	2. 河南省	12. 台湾省
3. 内蒙古自治区	13. 天津市	3. 安徽省	13. 广东省
4. 新疆维吾尔自治区		4. 江苏省	14. 广西壮族自治区
5. 宁夏回族自治区		5. 湖北省	15. 海南省
6. 甘肃省		6. 江西省	16. 云南省
7. 青海省		7. 浙江省	17. 西藏自治区
8. 山西省		8. 四川省	18. 上海市
9. 辽宁省		9. 贵州省	19. 重庆市
10. 陕西省		10. 湖南省	

表 8-8　　　　　烧结普通砖的抗风化性能（GB/T 5101—2011）

砖种类	严重风化区				非严重风化区			
	5h 沸煮吸水率/%，≤		饱和系数，≤		5h 沸煮吸水率/%，≤		饱和系数，≤	
	平均值	单块最大值	平均值	单块最大值	平均值	单块最大值	平均值	单块最大值
黏土砖	18	20	0.85	0.87	19	20	0.88	0.90
粉煤灰砖	21	23			23	35		
页岩砖	16	18	0.74	0.77	18	20	0.78	0.80
煤矸石砖								

（2）泛霜。泛霜是一种砖或砖砌体外部的直观现象，呈白色粉末、白色絮状物，严重时呈鱼鳞状剥离、脱落、粉化。砖块的泛霜是由于砖内含有可溶性硫酸盐，遇水溶解，随着砖体吸收水分的不断增加，溶解度由大变小。当外部环境发生变化时，砖内盐形成晶体，积聚在砖的表面呈白色，称为泛霜。煤矸石空心砖的白霜是以 Mg-

SO₄ 为主，白霜不仅影响建筑物的美观，而且由于结晶膨胀会使砖体分层和松散，直接关系到建筑物的寿命。因此，国家标准严格规定烧结制品中，优等品不允许出现泛霜，一等品不允许出现中等泛霜，合格品不允许出现严重泛霜。

（3）石灰爆裂。当烧制砖块时原料中夹杂石灰质物质，焙烧过程中生成生石灰，砖块在使用过程中吸水使生石灰转变成熟石灰，其体积会增大一倍左右，从而导致砖块爆裂，称为石灰爆裂。石灰爆裂程度直接影响烧结砖的使用，较轻的造成砖块表面破坏及墙体面层脱落，严重的会直接破坏砖块和墙体结构，造成砖块和墙体强度损失，甚至崩溃，因此国家标准对烧结砖石灰爆裂作了如下严格控制：优等品不允许出现最大破坏尺寸大于 2mm 的爆裂区域；一等品的最大破坏尺寸大于 2mm 且小于 10mm 的爆裂区域，每组砖样不能多于 15 处，不允许出现最大破坏尺寸大于 10mm 的爆裂区域；合格品的最大破坏尺寸大于 2mm 且小于 15mm 的爆裂区域，每组砖样不得多于 15 处，其中大于 10mm 的不多于 7 处，不允许出现最大爆裂尺寸大于 15mm 的爆裂区域。

（四）烧结普通砖的应用

烧结普通砖具有一定的强度及良好的绝热性和耐久性，且原料广泛，工艺简单，因而可作为墙体材料用于制造基础、柱、拱、铺砌地面等，有时也用于小型水利工程，如闸墩、涵管、渡槽、挡土墙等。但需要注意的是，由于砖的吸水率大（一般为 15％～20％），在砌筑之前必须将砖进行吸水润湿，否则会降低砌筑砂浆的黏结强度。但是随着建筑业的快速发展，传统烧结黏土砖的弊端日益突出，烧结黏土砖的生产毁田且取土量大、能耗高、自重大、施工中工人劳动强度大、工效低。为了保护土地资源和生态环境，有效节约能源，截至 2003 年 6 月 1 日，全国 170 个城市取缔烧结黏土砖的使用，并于 2005 年全面停止生产、经营、使用黏土砖，取而代之的是广泛推广使用利用工业废料制成的新兴墙体材料。

二、烧结多孔砖

烧结多孔砖是以黏土、页岩、煤矸石或粉煤灰为主要原料，经焙烧而成的，空洞率不小于 25％，孔的尺寸小而数量多，主要用于六层以下建筑物承重部位的砖，简称多孔砖。

（一）烧结多孔砖的分类

烧结多孔砖的分类与烧结普通砖类似，也是按主要原料进行划分的，如黏土砖（N）、页岩砖（Y）、煤矸石砖（M）、粉煤灰砖（F）。

（二）烧结多孔砖的规格与质量等级

1. 规格

目前，烧结多孔砖其外形为直角六面体，砖规格尺寸（mm）为：290、240、190、180、140、115、90。砌块尺寸为 490、440、390、340、290、240、190、180、140、115、90，如图 8-2 和图 8-3 所示。

2. 强度等级

根据《烧结多孔砖和多孔砌块》（GB/T 13544—2011）的规定，烧结多孔砖根据抗压强度分为 MU30、MU25、MU20、MU15、MU10 等五个强度等级。

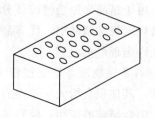

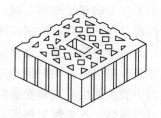

图 8-2 P型砖 　　　　　　　　　图 8-3 M型砖

（三）烧结多孔砖的主要技术要求

1. 尺寸允许偏差和外观要求

烧结多孔砖的尺寸允许偏差应满足表 8-9 的规定，外观质量应符合表 8-10 的规定。

表 8-9　　　　　　烧结多孔砖的尺寸偏差 （GB/T 13544—2011）　　　　　单位：mm

尺寸	样本平均偏差	样本极差，≤	尺寸	样本平均偏差	样本极差，≤
＞400	±3.0	10.0	100～200	±2.0	7.0
300～400	±2.5	9.0	＜100	±1.5	6.0
200～300	±2.5	8.0			

表 8-10　　　　　　烧结多孔砖的外观质量 （GB/T 13544—2011）　　　　　单位：mm

项　目		指标
完整面	不得少于	一条面和一顶面
缺棱掉角的三个破坏尺寸	不得同时大于	30
裂纹长度		
a）大面（有孔面）上深入孔壁 15mm 以上宽度方向及其延伸到条面的长度	不大于	80
b）大面（有孔面）上深入孔壁 15mm 以上长度方向及其延伸到顶面的长度	不大于	100
c）条顶面上的水裂斜纹	不大于	100
d）杂质在砖或砖块面上造成的凸出高度	不大于	5

　注　凡有下列缺陷之一者，不能称为完整面：①缺损在条面或顶面上造成的破坏尺寸同时大于 20mm×30mm；②条面或顶面上裂纹宽度大于 10mm，其长度超过 70mm；③压陷、焦花、粘底在条面或顶面上的凹陷或凸出超过 2mm，区域最大投影尺寸同时大于 20mm×30mm。

2. 耐久性

烧结多孔砖耐久性包括泛霜、石灰爆裂和抗风化性能，这些指标的规定与烧结普通砖完全相同。

三、烧结空心砖

烧结空心砖是以黏土、页岩、煤矸石为主要原料经焙烧而成的空洞率大于 40%，孔的尺寸大而数量少的砖。

（一）烧结空心砖的分类

烧结空心砖的分类与烧结普通砖类似，按主要原料进行划分，如黏土砖（N）、页岩砖（Y）、煤矸石砖（M）和粉煤灰砖（F）。

烧结空心砖尺寸应满足长度 $L \leqslant 390mm$，宽度 $b \leqslant 240mm$，高度 $d \leqslant 140mm$，壁厚 $\geqslant 10mm$，肋厚 $\geqslant 7mm$。为方便砌筑，在大面和条面上应设深 $1 \sim 2mm$ 的凹线槽，如图 8-4 所示。

由于空洞垂直于顶面，平行于大面且使用时大面受压，所以烧结空心砖多用作非承重墙，如多层建筑的内隔墙和框架结构的填充墙等。

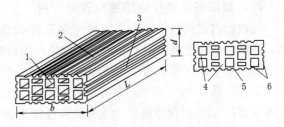

图 8-4 烧结空心砖示意

1—顶面；2—大面；3—条面；4—肋；5—凹线槽；6—壁

（二）烧结空心砖的规格

根据《烧结空心砖和空心砌块》（GB/T 13545—2014）的规定，烧结空心砖的外形为直角六面体，其长、宽、高均应符合 390mm、290mm、240mm、190mm、180mm、175mm、140mm、115mm、90mm 等尺寸组合，如 290mm×190mm×90mm、190mm×190mm×90mm 和 240mm×180mm×115mm 等。

（三）烧结空心砖的主要技术性质

1. 强度等级

烧结空心砖的抗压强度分为 MU10、MU7.5、MU5、MU3.5 四个等级，见表 8-11。

表 8-11　　　　烧结空心砖强度等级（GB/T 13545—2014）

强度等级	抗压强度/MPa		
	抗压强度平均值，≥	变异系数 $\delta \leqslant 0.21$	变异系数 $\delta > 0.21$
		强度标准值，≥	单块最小抗压强度值，≥
MU10	10	7.0	8.0
MU7.5	7.5	5.0	5.8
MU5	5	3.5	4.0
MU3.5	3.5	2.5	2.8

2. 密度等级

根据表观密度不同，烧结空心砖分为 800、900、1000、1100 四个密度级别，见表 8-12。

表 8-12　　　　烧结空心砖的密度等级（GB/T 13545—2014）

密度等级	五块密度平均值/(kg/m³)	密度等级	五块密度平均值/(kg/m³)
800	≤800	1000	901~1000
900	801~900	1100	1001~1100

四、烧结多孔砖和烧结空心砖的应用

现在国内建筑施工主要采用烧结多孔砖和烧结空心砖作为实心黏土砖的替代产品，烧结空心砖主要应用于非承重的建筑内隔墙和填充墙，烧结多孔砖主要应用于砖混结构承重墙体。用烧结多孔砖和烧结空心砖代替实心砖可使建筑物自重减轻 1/3 左右，节约原料 20%～30%，节省燃料 10%～20%，且烧成率高，造价降低 20%，施工效率提高 40%，保温隔热性能和吸声性能有较大提高。在相同的热工性能要求下，用烧结空心砖砌筑的墙体厚度可减薄半砖左右。一些较发达国家烧结空心砖占砖总产量的 70%～90%，我国目前也正在大力推广而且发展很快。

【案例分析 8-2】

多层建筑墙体裂缝分析

现象：山东省泰安市某小区 5 号楼 4 单元顶层西户住宅，出现墙体裂缝，如图 8-5 和图 8-6 所示，现场观察为西卧室外墙自圈梁下斜向裂至窗台，缝宽约 2mm。试分析裂缝产生的原因，采取何种补救措施。

原因分析：混合结构墙体上的斜裂缝多由温度变化引起。在太阳辐射热作用下，混凝土屋盖与其下的砖墙之间存在较大的正温差，且混凝土线膨胀系数又比黏土砖砌体大，当温度升高，线膨胀系数较大的混凝土板热胀时，受到温度低、线膨胀系数较小的砖墙的约束，因而在混凝土板内引起压应力，在接触面上产生剪应力。墙体材料的抗拉强度较低时，则在墙体内产生八字形或倒八字形斜裂缝，如图 8-6 所示。

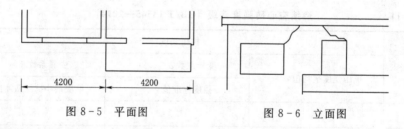

图 8-5 平面图 　　　　　　图 8-6 立面图

补救措施：

(1) 做好温度隔热层，以减少温差。

(2) 砌筑顶层墙体时，按规定应把砖浸湿，防止干砖上墙。

(3) 砌筑砂浆按配合比拌制，保证砌筑砂浆的强度等级，特别注意不能使用碎砖。

(4) 拉结筋放置时，必须先检测钢筋是否合格，再按照设计规定的位置放置，以保证墙体的整体性。

由于过去对砖混结构多层住宅顶层墙体温差裂缝在设计和施工中重视程度不够，使得已竣工的工程或多或少地存在这类问题。对已发生的温差裂缝，可采取以下维修措施：将出现裂缝的整个墙面的抹灰层剔除干净，露出砖墙面及圈梁的混凝土面；在剔干净抹灰层的整个墙面上钉上钢丝网，钢丝网必须与墙体连接牢固、绷紧；在钢丝网上抹 1:2.5 水泥砂浆，并赶实压光。

任务三 砌 筑 块 材

一、概述

砌筑块材是利用混凝土、工业废料（炉渣、粉煤灰等）或地方材料制成的人造块材，简称砌块，外形尺寸比砖大，通常外形为直角六面体，长度大于 365mm 或宽度大于 240mm 或高度大于 115mm，且高度不大于长度或宽度的 6 倍，长度不超过高度的 3 倍。

砌块有设备简单、砌筑速度快的优点，符合建筑工业化发展中墙体改革的要求。由于其尺寸较大，施工效率较高，故在土木工程中应用广泛，尤其是采用混凝土制作的各种砌块，具有节约黏土资源、能耗低、利用工业废料、强度高、耐久性好等优点，已成为我国增长最快、产量最多、应用最广的砌块材料。

砌块按产品规格分为小型砌块（115mm<h≤380mm）、中型砌块（380mm<h≤980mm）、大型砌块（h>980mm），使用以中、小型砌块居多；按外观形状可以分为实心砌块（空心率小于 25%）和空心砌块（空心率大于 25%），空心砌块又分单排方孔、单排圆孔和多排扁孔三种形式，其中多排扁孔砌块对保温较有利；按原材料分为普通混凝土小型空心砌块、轻骨料混凝土小型空心砌块、蒸压加气混凝土砌块、粉煤灰砌块和石膏砌块等；按砌块在组砌中的位置与作用可以分为主砌块和各种辅助砌块；按用途分为承重砌块和非承重砌块等。

二、普通混凝土小型空心砌块

普通混凝土小型空心砌块（代号 NHB）是以水泥为胶结材料，砂、碎石或卵石为骨料，加水搅拌，振动加压成型，养护而成的有一定空心率的砌筑块材。

（一）普通混凝土小型空心砌块的等级

普通混凝土小型空心砌块按强度等级分为 MU3.5、MU5、MU7.5、MU10、MU15、MU20。

（二）普通混凝土小型空心砌块的规格和外观质量

普通混凝土小型空心砌块的主规格尺寸（长×宽×高）为 390mm×190mm×190mm，其他规格尺寸可由供需双方协商，即可组成墙用砌块基本系列。砌块各部位的名称如图 8-7 所示，其中最小外壁厚度应不小于 30mm，最小肋厚应不小于 25mm，空心率应不小于 25%。

普通混凝土小型空心砌块的外观质量包括弯曲程度、缺棱掉角的情况以及裂纹延伸的投影尺寸累计三方面的要求。

（三）普通混凝土小型空心砌块的相对含水率和抗冻性

《普通混凝土小型砌块》（GB/T 8239—2014）要求普通混凝土小型空心砌块的相对

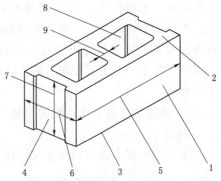

图 8-7 普通混凝土小型空心砖块

1—条面；2—坐浆面；3—铺浆面；4—顶面；5—长度；6—宽度；7—高度；8—壁；9—肋

含水率为：潮湿地区≤45％，中等潮湿地区≤40％，干燥地区≤35％。对于非采暖地区抗冻性不作规定，采暖地区强度损失≤25％、质量损失≤5％，其中一般环境抗冻性等级应达到F15，干湿交替环境抗冻性等级应达到F25。

普通混凝土小型空心砌块具有节能、节地、减少环境污染、保持生态平衡的优点，符合我国建筑节能政策和资源可持续发展战略，已被列入国家墙体材料革新和建筑节能工作重点发展的墙体材料之一。

三、轻骨料混凝土小型空心砌块

轻骨料混凝土小型空心砌块（代号 LHB）是指用轻骨料混凝土制成的主规格高度大于 115mm 而小于 380mm 的空心砌块。轻骨料是指堆积密度不大于 1100kg/m³ 的轻粗骨料和堆积密度不大于 1200kg/m³ 的轻细骨料的总称，常用的骨料有浮石、煤渣、煤矸石、粉煤灰等。轻骨料混凝土小型空心砌块多用于非承重结构，属于小型砌筑块材。

（一）轻骨料混凝土小型空心砌块的类别、等级

1. 类别

轻骨料混凝土小型空心砌块按砌块孔的排数分为五类：实心（0）、单排孔（1）、双排孔（2）、三排孔（3）和四排孔（4）。

2. 等级

轻骨料混凝土小型空心砌块按其强度可分为 1.5MPa、2.5MPa、3.5MPa、5MPa、7.5MPa、10MPa 等六个等级。轻骨料混凝土小型空心砌块按其密度可分为 500、600、700、800、900、1000、1200、1400 等八个等级，其中实心砌块的密度等级不应大于 800。

（二）轻骨料混凝土小型空心砌块的应用

轻骨料混凝土小型空心砌块以其节省耕地、质量轻、保湿性能好、施工方便、砌筑工效高、综合工程造价低等优点，在我国已经被列为取代黏土实心砖的首选新型墙体材料，广泛应用于多层和高层建筑的填充墙、内隔墙和底层别墅式住宅。

四、蒸压加气混凝土砌块

蒸压加气混凝土砌块（简称加气混凝土砌块，代号 ACB）是由硅质材料（砂）和钙质材料（水泥石灰），加入适量调节剂、发泡剂，按一定比例配合，经混合搅拌、浇筑、发泡、坯体静停、切割、高温高压蒸养等工序制成的。因产品本身具有无数微小封闭、独立、分布不均匀的气孔结构，具有轻质、高强、耐久、隔热、保湿、吸声、隔声、防水、防火、抗震、施工快捷、可加工性强等多种功能，是一种优良的新型墙体材料。

（一）蒸压加气混凝土砌块的规格、等级

1. 规格

蒸压加气混凝土砌块的规格尺寸应符合表 8-13 的规定。

表 8-13　　　蒸压加气混凝土砌块的规格尺寸（GB/T 11968—2020）　　　单位：mm

长度	宽度	高度
600	100、120、125、150、180、200、240、250、300	200、240、250、300

2. 等级

蒸压加气混凝土砌块按抗压强度分为 A1、A2、A2.5、A3.5、A5、A7.5、A10 等七个强度等级，各等级的立方体抗压强度值应符合表 8-14 的规定。

表 8-14　蒸压加气混凝土砌块的立方体抗压强度（GB/T 11968—2020）　　单位：mm

强度等级	立方体抗压强度		强度等级	立方体抗压强度	
	平均值，≥	单块最小值，≥		平均值，≥	单块最小值，≥
A1	1.0	0.8	A5	5.0	4.0
A2	2.0	1.6	A7.5	7.5	6.0
A2.5	2.5	2.0	A10	10.0	8.0
A3.5	3.5	2.8			

（二）蒸压加气混凝土砌块的应用

蒸压加气混凝土砌块质量轻，表观密度约为黏土砖的 1/3，适用于低层建筑的承重墙、多层建筑的间隔墙和高层框架结构的填充墙，也可用于一般工业建筑的围护墙。其作为保湿隔热材料也可用于复合墙板和屋面结构中，广泛应用于工业与民用建筑、多层和高层建筑及建筑物夹层等，可减轻建筑物自重，增加建筑物的使用面积，降低综合造价，同时由于墙体轻、结构自重减小，大大提高了建筑自身的抗震能力。因此，蒸压加气混凝土砌块是建筑工程中使用的最佳砌块之一。

【工程实例分析 8-3】

蒸压加气混凝土砌块砌体裂缝

现象：某工程用蒸压加气混凝土砌块砌筑外墙，该蒸压加气混凝土砌块出釜一周后即砌筑，工程完工一个月后，墙体出现裂纹，试分析原因。

原因分析：该外墙属于框架结构的非承重墙，所用的蒸压加气混凝土砌块出釜仅一周，其收缩率仍很大，在砌筑完工干燥过程中继续产生收缩，墙体在沿着砌块与砌块交接处就易产生裂缝。

任务四　其他新型墙体材料

一、概述

新型墙体材料是一个相对的概念，不同发展时期其含义不同。从保护耕地、保护环境、节能利废的角度出发，其定义为：主要以非黏土为原料生产的墙体材料。

通常这些新型墙体材料以粉煤灰、煤矸石、石粉、炉渣、竹炭等为主要原料。

物理性质：质轻、隔热、隔音、保温、无甲醛、无苯、无污染等。

部分新型复合节能墙体材料集防火、防水、防潮、隔音、隔热、保温等功能于一体，装配简单快捷，使墙体变薄，具有更大的使用空间。

一些是空心，一些则是实心的。空心的更轻质、造价低，实心的加上硅酸钙板做面板，具有更好的物理性能，如开孔、开槽，打钉、悬重，抗冲击性强等。

还有一些与其他类型的面板结合，直接成型，安装墙体后，只需对接缝妥善处理，省去刮灰、上涂料或贴磁砖等许多工序。

我国墙体材料在产品构成、总体工艺水平、产品质量与使用功能等方面均大大落后于工业发达国家。长期以来，小块实心黏土砖在我国墙体材料产品构成中均占着"绝对统治"地位，中国被称为世界上小块实心黏土砖的"王国"，针对生产与使用小块实心黏土砖存在毁地取土，高能耗与严重污染环境等问题，我国必须大力开发与推广节土、节能、利废、多功能、有利于环保并且符合可持续发展要求的各类新型墙体材料，在这类墙体材料中有不少在发达国家已有了四五十年或更长时间的生产与使用的经验，如纸面石膏板、混凝土空心砖等。但结合我国墙体材料的现况，相对于传统的小块实心黏土砖而言，对我国绝大多数人们来说仍是较为陌生的，为此统称此类墙体材料为新型墙体材料。新型墙体材料正确的英文译名应是"new type wall materials and products"。

随着墙改工作的发展，以上标准还将逐步提高。新型墙体材料主要是用混凝土、水泥、砂等硅酸质材料，有的再掺加部分粉煤灰、煤矸石、炉渣等工业废料或建筑垃圾经过压制或烧结、蒸养、蒸压等制成的非黏土砖、建筑砌块及建筑板材。

新型墙体材料一般具有保温、隔热、轻质、高强、节土、节能、利废、保护环境、改善建筑功能和增加房屋使用面积等一系列优点，其中相当一部分品种属于绿色建材。一些新型墙体材料辅以一定的空气间层，不但降低容重，保温性能也大大改善，烧结空心砖就比实心制品有更好的保温隔热功能。大部分新型墙体材料都会使墙体厚度减薄，可以提高使用面积。与实心砖相比，新型墙体材料体积大，施工速度快，劳动生产率大幅度提高。据调查统计，装配板材每工每日可完成 $22\sim26\text{m}^2$，而砌砖每工每日只能砌 $3\sim4\text{m}^2$。再加上板材墙面平整光滑，可减少砌筑砂浆和抹面砂浆，板材墙体比砌体墙体至少节约原材料 50%，提高施工效率 1 倍以上。如综合考虑新墙材容重较轻，可以降低基础造价及节约人工和砂浆等，再加上墙改基金返退及税收优惠等，使用新墙材的墙体造价并不一定高，有的甚至略有降低。这点已有不少实例证明。

二、分类

1. 建筑板材类

（1）纤维增强硅酸钙板（简称硅酸钙板）。硅酸钙板通常称为"硅钙板"，系由钙质材料、硅质材料与纤维等作为主要原料，经制浆、成坯与蒸压养护等工序而制成的轻质板材。按产品用途分，有建筑用与船用两类，前者用抄取法或流浆法制成板坯，板的厚度一般在 $5\sim12\text{mm}$；后者用模压法制成板坯，板的厚度一般在 $15\sim35\text{mm}$。按产品所用纤维的品种分，有石棉硅酸钙板与无石棉硅酸钙板两类。纤维增强硅酸钙板具有密度低、比强度高、湿胀率小、防火、防潮、防蛀、防霉与可加工性好等特性。建筑用纤维增强硅酸钙板可作为公用与民用建筑的隔墙与吊顶，经表面防水处理后也可用作建筑物的外墙面板。由于此种板材有很高的防火性，故特别适用于高层与超高层建筑。

（2）玻璃纤维增强水泥（GRC）轻质多孔隔墙条板。GRC 轻质多孔隔墙条板，又名"GRC空心条板"，是以耐碱玻璃纤维为增强材料，以硫铝酸盐水泥轻质砂浆为基材制成的具有若干个圆孔的条形板。但是生产此种板材的多数企业生产规模小，机械化水平低，其制作技术和装备正处于改进和发展阶段。最初GRC多孔板只限于用作非承重的内隔墙，现已开始用作公共建筑、住宅建筑和工业建筑的外围护墙体。

（3）蒸压加气混凝土板。蒸压加气混凝土板是由钙质材料、硅制材料、石膏、铝粉、水和钢筋等制成的轻质板材，其中钙质材料、硅制材料和水是主要原料，在蒸压养护过程中生成以托勃莫来石为主的水热合成产物，对制品的物理力学性能起关键作用；石膏作为掺合料可改善料浆的流动性与制品的物理性能；铝粉是发气剂，与$Ca(OH)_2$反应起发泡作用；钢筋起增强作用，借以提高板材的抗弯强度。蒸压加气混凝土板含有大量微小的、非连通的气孔，孔隙率达70%～80%，因而具有自重轻、绝热性好、隔声吸音等特性。此种条板还具有较好的耐火性与一定的承载能力，可用作内墙板、外墙板、屋面板与楼板。

加气混凝土板与其他轻质板材相比，在产品生产规模、产品材性与质量稳定性等方面均具有很大的优势，国外多数工业发达国家生产加气混凝土制品板材为主，砌块与板的产量比大致为10：1，而且在板材应用上多以屋面为主。中国加气混凝土协会已确定今后我国加气混凝土企业将逐步转向以生产隔墙板、屋面板与外墙板为主导的产品。加气混凝土板可用作单层或多层工业厂房的外墙，也可用作公用建筑及居住建筑的内隔墙或外墙。

（4）钢丝网架水泥夹心板。钢丝网架水泥夹心板包括以阻燃型泡沫塑料板条或半硬质岩棉板做芯材的钢丝网架夹心板。主要用于房屋建筑的内隔板、围护外墙、保温复合外墙、楼面、屋面及建筑加层等。

钢丝网架水泥夹心板是由工厂专用装备生产的三维空间焊接钢丝网架和内填泡沫塑料板或内填半硬质岩棉板构成的网架芯板，经施工现场喷抹水泥砂浆后形成的，具有重量轻、保温、隔热性能好、安全方便等优点。

（5）石膏墙板（含纸面石膏板、石膏空心条板）。石膏空心条板包括石膏珍珠岩空心条板、石膏粉硅酸盐空心条板和石膏空心条板，主要用作工业和民用建筑物的非承重内隔墙。

（6）金属面夹心板（包括金属面聚苯乙烯夹心板、金属面硬质聚氨酯夹心板和金属面岩棉、矿渣棉夹心板）。我国生产的金属面聚苯乙烯夹心板、金属面硬质聚氨酯夹心板的质量，在技术性能与外观质量上均已达到或接近国外同类产品的水平，并已向国外出口。金属面夹心板的生产还远远没有发挥出来，生产布局也不尽合理。

金属面夹心板的主要特点如下：重量轻，强度高，具有高效绝热性；施工方便、快捷；可多次拆卸，可变换地点重复安装使用，有较高的持久性；带有防腐涂层的彩色金属面夹心板有较高的耐久性。金属面夹心板可以被普遍用于冷库、仓库、工厂车间、仓储式超市、商场、办公楼、旧楼房加层、活动房、战地医院、展览馆和体育场馆及候机楼等的建造。

2. 非黏土砖类

（1）孔洞率大于25%非黏土烧结多孔砖和空心砖。

（2）烧结页岩砖和符合国家、行业标准的非黏土砖。

（3）混凝土砖和混凝土多孔砖。混凝土多孔砖的主要原材料为水泥和石粉，搅拌后挤压成型（无须烧结），制作工艺简单，产品尺寸比较准确，施工方法、技术要求和质量标准与普通黏土多孔砖类似，因此，目前用此类砖来代替烧结黏土砖在工程中使用较为普遍。它有较好的强度、耐火性、隔声效果，不易吸水，且价格低廉，但自重较大，施工条件差（湿作业）。

3. 建筑砌块类

（1）普通混凝土小型空心砌块。

（2）集料混凝土小型空心砌块。

（3）蒸压加气混凝土砌块。蒸压加气混凝土砌块是利用火力发电厂排放的粉煤灰为主要原料，引进先进的生产工艺及装备生产的新型墙体材料。由于具有较好的可加工性，因此施工构造简单，方便快捷。所以作为墙体的维护结构，节能、降耗。外墙采用 300mm 厚加气混凝土砌块，无须再做内保温或外保温，而且是墙体单一材料唯一能够达到《民用建筑节能设计标准（采暖居住建筑部分）北京地区实施细则》（DBJ 01-602—1997）热工要求的材料。蒸压加气混凝土在欧洲已使用了 70 多年，是一种既古老又安全的真正的绿色建材产品。

（4）粉煤灰混凝土小型空心砌块。粉煤灰混凝土小型空心砌块是利用国家的优惠政策，降低生产成本，提高产品竞争力和经济效益的有效途径之一。粉煤灰的掺入，对提高砌块的密实性、减少吸水率、降低砌块的收缩率及提高砌块后期强度等十分有利。建设一条具有一定生产规模的粉煤灰砌块生产线，必须采用先进的技术与设备，并通过搅拌机类型的选择，改变振动参数和模具的改动等就可以生产出高质量达到标准的粉煤灰砌块。

（5）石膏砌块。石膏砌块是以建筑石膏为原料，经料浆拌和、浇筑成型、自然干燥或烘干而制成的轻质块状隔壁材料。在生产中还可加入各种轻集料、填充料、纤维增强材料、发泡剂等辅助原料。也有用高墙石膏粉或部分水泥代替建筑石膏，并掺加粉煤灰生产石膏砌块。

（6）原料中掺有不少于 30％的工业废渣、农作物秸秆、垃圾、江河（湖、海）淤泥，以及由其他资源综合利用目录中的废物所生产的墙体材料产品（不含实心黏土砖）。

（7）预制及现浇混凝土墙体。

（8）钢结构和玻璃幕墙。玻璃幕墙是指作为建筑外墙装潢的镜面玻璃，这种镜面玻璃实质上是在钢化玻璃上涂上一层极薄的金属或金属氧化物薄膜而制成的。它呈现金、银、古铜等颜色，既能像镜子一样反射光线，又能像玻璃一样透过光线。

【本章小结】

本章主要介绍了墙体材料，包括砌墙砖、墙用砌块与新型墙体材料。烧结普通砖为传统的墙体材料，为避免毁田取土、保护环境，黏土砖在中国主要大、中城市已禁止使用。现在国家重视使用新型墙体材料，例如多孔砖和空心砖、充分利用工业废料生产其他普通砖、免烧砖、砌块等。

思 考 题

1. 评价普通黏土砖的使用特性及应用。墙体材料的发展趋势如何？

2. 为什么要用烧结多孔砖、烧结空心砖及新型轻质墙体材料替代普通黏土砖？

3. 烧结普通砖、烧结多孔砖和烧结空心砖各自的强度等级、质量等级是如何划分的？各自的规格尺寸是多少？主要适用范围如何？

4. 什么是蒸压灰砂砖、蒸压粉煤灰砖？它们的主要用途是什么？

5. 什么是粉煤灰砌块？其强度等级有哪些？用途有哪些？

6. 加气混凝土砌块的规格、等级各有哪些？用途有哪些？

7. 什么是普通混凝土小型空心砌块？什么是轻集料混凝土小型空心砌块？它们各有什么用途？

8. 分析造岩矿物、岩石、石材之间的相互关系。

9. 岩石的性质对石材的使用有何影响？举例说明。

10. 毛石和料石有哪些用途？与其他材料相比有何优势（从经济、工程、与自然的关系三方面分析）？

11. 天然石材有哪些优势和不足？新的天然石材品种是如何克服其不足的？

12. 天然石材的强度等级是如何划分的？举例说明。

13. 总结生活中遇见的石材，了解它们的使用目的。

14. 青石板材有哪些用途？

15. 什么是岩石、造岩矿物和石材？

16. 岩石按成因划分主要有哪几类？简述它们之间的变化关系。

17. 岩石孔隙大小对其哪些性质有影响？为什么？

18. 针对天然石材的放射性说明其使用时的注意事项和选取方法。

项目九 金 属 材 料

【学习目标】

本章是建筑材料课程的重点之一。通过学习：①掌握建筑钢材的力学性能、工艺性能及现行国家标准和规范对钢材的技术要求以及钢材的腐蚀原因及其防止措施；②理解钢材的化学组成及各种元素对钢材性能的影响、常用钢材的品种及特点；③了解建筑钢材的冶炼、分类。

【能力目标】

①能够进行金属材料的拉伸、冷弯等性能检测；②能够完成规范的检测报告。

任务一 建筑钢材的基本知识

建筑钢材是建筑工程中所用各种钢材的总称，包括钢结构用的各种型钢、钢板，钢筋混凝土中用的各种钢筋、钢丝和钢绞线等。钢材具有强度高，有一定塑性和韧性，能承受冲击和振动荷载，可以焊接或铆接，具有良好的加工性能，便于装配等优点。建筑钢材适用于大跨度结构、高层结构和受动力荷载的结构，也可广泛用于钢筋混凝土结构之中。因此，钢材被列为建筑工程的三大重要材料之一。钢的主要缺点是易锈蚀、维护费用大、耐火性差、生产能耗大等。

一、钢的冶炼

炼钢是在 1700℃ 左右的炼钢炉中把熔融的生铁进行加工，使其含碳量降到 2.06％ 以下，并将其他元素调整到规定范围。

钢的冶炼方法根据炼钢设备的不同主要分为平炉炼钢法、转炉炼钢法和电炉炼钢法三种。平炉炼钢法是以固态或液态的生铁、铁矿石或废钢材作为原料，用煤气或重油加热冶炼。由于冶炼时间长，钢的化学成分较易控制，除渣较净，成品质量高，可生产优质碳素钢、合金钢或特殊要求的专用钢，但投资大、能耗大、冶炼周期长。将高压空气或氧气从转炉顶、底、侧面吹入炉内，与熔化的生铁液相互融合，使生铁中的杂质被氧化，从而去除杂质而炼成的钢，称为转炉钢。电炉钢是指在电炉中以废钢、合金料为原料，或以初炼钢制成的电极为原料，用电加热方法使炉中原料熔化、精炼制成的钢。

二、钢的分类

生铁中含有较多的碳（常为 2％～4.5％）和其他一些金属杂质。根据用途不同，生铁有炼钢用生铁（断口呈白色，又称白口铁）、铸造生铁（断口呈灰色，又称灰口铁）和合金生铁（特种生铁）几种。钢是在炼钢炉中将炼钢生铁熔炼从而形成的，在熔炼过程中，除去生铁中含有的过多的碳、硫、磷、硅、锰等成分，使含碳量控制在 2％ 以下，其他杂质成分也尽量除掉或含量控制在要求范围之内。为了便于掌握和选用，常将钢以不同方法进行分类。

课件 9.1

视频 9.2

(一) 按冶炼方法分类

1. 平炉钢

平炉炼钢是将氧化剂通入炼钢炉中与炉料里的氧化物（废铁、废钢、铁矿石）反应而形成。反应所需的热量由煤气或者重油等燃烧气体燃料提供。平炉钢因为炼制时间长，质量容易控制，所以钢材质量相对较好。

2. 转炉钢

根据空气或氧气吹入炉内的方向，可以分为侧吹转炉钢、顶吹转炉生产钢和低吹转炉生产钢。侧吹转炉钢是将熔融状态的铁水，由转炉侧面吹入高压热空气，使铁水中的杂质在空气中氧化，从而除去杂质。但是，在吹炼时易混入氮、氢等有害气体，使钢质变坏，控制钢的成分较难。侧吹转炉钢的炉体容量小、出钢快，一般只能用来炼制普通碳素钢。顶吹氧气转炉法是将纯氧从转炉顶部吹入炉内，克服了空气转炉法的缺点，效率较高，钢质也易控制，近年来较多采用。

在建筑中常用的是氧气转炉钢，与平炉钢相比，转炉钢的成本更低。在冶炼钢的过程中部分铁被氧化，使钢质量降低。为使已经氧化的铁还原成金属铁，一般要在炼钢的后阶段加入硅铁、锰铁或铝锭等物质，以达到"脱氧"的目的。根据脱氧程度的不同，可将转炉钢分为镇静钢、半镇静钢和沸腾钢。其中，镇静钢脱氧充分，浇注钢锭时钢水平静，钢的材质致密、均匀、质量好，但成本高。沸腾钢是脱氧不充分的钢，在钢水浇注后，有大量 CO 气体逸出，引起钢水沸腾，故得名沸腾钢，沸腾钢常含有较多杂质，且致密程度较差，因此品质较镇静钢差。半镇静钢的脱氧程度及钢的质量均介于上述两者之间。

3. 电炉钢

电炉钢是用电炉炼制的钢，按照电加热方式和炼钢炉型的不同，电炉钢可分为电弧炉钢、非真空感应炉钢、真空感应炉钢、电渣炉钢、真空电弧炉钢（也称真空自耗炉钢）、电子束炉钢等。

电弧炼钢法是利用电弧的热效应加热炉料进行熔炼的炼钢方法，交流电通过石墨电极输入炉内，在电极下端与金属料之间产生电弧，利用电弧的高温直接加热炉料，使炼钢过程得以进行。工业上大量生产的，是碱性电弧炉钢。

4. 坩埚炉钢

坩埚法是人类历史上第一种生产液态钢的方法，但是生产量极小，成本高。19世纪末电弧炉炼钢（法）发明后，逐渐取代了它的位置。只在一些试验中，还有人应用坩埚熔炼钢水进行研究，但这已不属于钢的生产范畴。

上述四种钢从外表上，电炉炼钢是直接加废钢而不加铁水的，把废钢加完后插入电极棒供电升温把废钢熔化成钢水。转炉炼钢是加铁水和废钢，加完后，插入氧枪，用管道从制氧厂运氧气通过氧枪输送到转炉中，氧气与铁水中的元素发生氧化反应生成大量的热来升温熔化生成钢水。平炉炼钢是把铁水、废钢加到"锅"里面，然后下面烧煤来升温形成钢水。

另外，上述四种钢又可按照炉衬材料分为酸性钢和碱性钢。按照冶炼时脱氧程度分为沸腾钢（不脱氧的钢，成本低，质量不均匀）、镇静钢（完全脱氧的钢，成本较高，质量均匀）、半镇静钢（半脱氧的钢，成本和质量介于上述两者之间）。

（二）按化学成分分类

1. 碳素钢

（1）普通碳素钢。

1）低碳钢：碳的含量一般小于 0.25%。

2）中碳钢：碳的含量一般在 0.25%～0.60%。

3）高碳钢：碳的含量一般大于 0.60%。

（2）优质碳素钢。优质碳素钢是指同时保证碳的化学成分和力学性能，一般硫和磷的含量均不超过 0.04%，对其他参与合金元素也有一定的限制，根据具体的用途限制不同。

2. 合金钢

合金钢根据合金元素含量的多少又分为低合金钢、中合金钢、高合金钢。

（1）低合金钢。低合金钢是指合金钢中所含合金元素的总含量一般小于 3.5%。

（2）中合金钢。中合金钢是指合金钢中所含合金元素的总含量一般介于 3.5%～10%。

（3）高合金钢。高合金钢是指合金钢中所含合金元素的总含量一般大于 10%。

（三）按用途分类

1. 建筑钢结构钢

建筑钢结构钢是用于各种公用及民用建筑当中的各种钢材及钢构件。其中又包括碳素结构钢和合金结构钢，如建筑用的型钢、钢筋、钢丝等。

2. 工具钢

工具钢是各个行业当中的一些机械零件及修理、使用工具的原材料。其中又包括碳素工具钢、合金工具钢、高速工具钢等。

3. 特殊性能钢

特殊性能钢是用于一些特殊环境及特殊使用用途当中的钢构件，针对其不同的特殊性能专门锻造而成。如不锈钢、耐酸钢、耐热钢、磁钢等。

（四）按钢的品质分类

钢材按照钢的品质可以分为以下几种：

1. 普通钢

普通钢是指钢中含硫量 0.055%～0.065%，含磷量 0.045%～0.085%。

2. 优质钢（质量钢）

优质钢是指钢中含硫量 0.03%～0.045%，含磷量 0.035%～0.045%。

3. 高级优质钢（高级质量钢）

高级优质钢指钢中含硫量 0.02%～0.03%，含磷量 0.027%～0.035%。

任务二 建筑钢材的主要技术性能

一、钢材的性能

（一）力学性能

1. 拉伸性能

钢材的拉伸性能，典型地反映在广泛使用的软钢（低碳钢）拉伸试验时得到的应

课件 9.3

力 σ 与应变 ε 的关系上,如图9-1所示。钢材从拉伸到拉断,在外力作用下的变形可分为四个阶段,即弹性阶段、屈服阶段、强化阶段和颈缩阶段。

在拉伸的开始阶段,OA 为直线,说明应力与应变成正比,即 $\sigma/\varepsilon = E$。A 点对应的应力 σ_p 称为比例极限。当应力超过比例极限时,应力与应变开始失去比例关系,但仍保持弹性变形。所以,e 点对应的应力 σ_e 称为弹性极限。

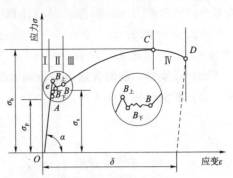

视频9.4

图9-1 低碳钢受拉应力-应变关系

当荷载继续增大,线段呈曲线形,开始形成塑性变形。应力增加到 $B_上$ 点后,变形急剧增加,应力则在不大的范围($B_上$、$B_下$、B)内波动,呈现锯齿状。把此时应力不增加、应变增加时的应力 σ_s 定义为屈服强度。屈服点 σ_s 是热轧钢筋和冷拉钢筋的强度标准值确定的依据,也是工程设计中强度取值的依据。该阶段为屈服阶段。超过屈服点后,应力增加又产生应变,钢材进入强化阶段,C 点所对应的应力,即试件拉断前的最大应力 σ_b,称为抗拉强度。抗拉强度 σ_b 是钢丝、钢绞线和热处理钢筋强度标准值确定的依据。BC 为强化阶段。超过 C 点后,塑性变形迅速增大,使试件出现颈缩,应力随之下降,试件很快被拉断,CD 为颈缩阶段。

钢材的 σ_e 和 σ_s 越高,表示钢材对小量塑性变形的抵抗能力越大。因此,在不发生塑性变形的条件下,钢材所能承受的应力就越大。σ_b 越大,则钢筋所能承受的应力就越大。屈服强度和抗拉强度之比(简称屈强比,σ_s/σ_b)能反映钢材的利用率和结构安全可靠程度。计算中屈强比取值越小,说明超过屈服点后的强度储备能力越大,则结构的安全可靠程度越高,但屈强比过小,又说明钢材强度的利用率偏低,造成钢材浪费。建筑结构钢合理的屈强比一般在 $0.60 \sim 0.75$。

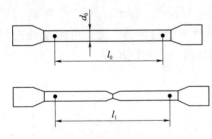

图9-2 试件拉伸前和断裂后标距长度

试件拉断后,将拉断后的两段试件拼对起来,量出拉断后的标距长 l_1,如图9-2所示。按下式计算伸长率:

$$\delta = \frac{l_1 - l_0}{l_0} \times 100\% \qquad (9-1)$$

式中 δ——试件的伸长率,%;

   l_0——原始标距长度,mm;

   l_1——断后标距长度,mm。

伸长率是衡量钢材塑性的重要指标,其值越大说明钢材的塑性越好。塑性变形能力强,可使应力重新分布,避免应力集中,结构的安全性增大。塑性变形在试件标距内的分布是不均匀的，颈缩处的变形最大，离颈缩部位越远其变形越小。所以，原始标距与直径之比越小，则颈缩处伸长值在整个伸长值中的比重越大，计算出来的 δ 值就越大。标距的大小影响伸长率的计算结果，通常以 δ_5 和 δ_{10} 分别表示 $l_0 = 5d_0$ 和 $l_0 = 10d_0$ 时的伸长率。对于同一种钢材，其 δ_5 大于 δ_{10}，某些线材的标距用 $l_0 = 100mm$，伸长率用 δ_{100} 表示。

除伸长率外，断面收缩率也是表示钢材塑性的一个指标，其值越大，表明钢材塑性越大。断面收缩率计算式为

$$\psi = \frac{A_0 - A_1}{A_0} \times 100\% \tag{9-2}$$

式中　A_0——试件原始面积，mm^2；

　　　A_1——试件拉断后颈缩处的截面面积，mm^2。

课件 9.5

视频 9.6

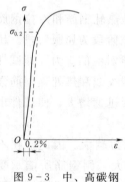

图 9-3　中、高碳钢
应力-应变图

中碳钢和高碳钢（硬钢）的拉伸曲线与低碳钢不同，屈服现象不明显，伸长率小。这类钢材由于没有明显的屈服阶段，难以测定屈服点，则规定以产生残余变形为 0.2% 原标距长度时所对应的应力值作为钢的屈服强度，称为条件屈服点，用 $\sigma_{0.2}$ 表示，如图 9-3 所示。

2. 冲击韧性

钢材抵抗冲击荷载而不被破坏的能力称为冲击韧性。用于重要结构的钢材，特别是承受冲击振动荷载的结构所使用的钢材，必须保证冲击韧性。

钢材的冲击韧性是用标准试件在做冲击试验时，每平方厘米所吸收的冲击断裂功（J/cm^2）表示，其符号为 α_k。试验时将试件放置在固定支座上，然后以摆锤冲击试件刻槽的背面，使试件承受冲击弯曲而断裂，如图 9-4 所示。显然，α_k 值越大，钢材的冲击韧性越好。

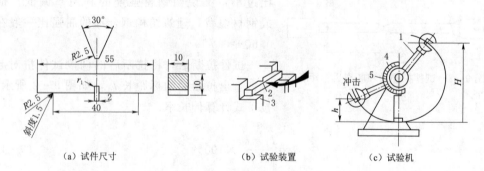

（a）试件尺寸　　　　　（b）试验装置　　　　　（c）试验机

图 9-4　钢材冲击韧性试验示意图（单位：mm）
1—摆锤；2—试件；3—试验台；4—刻度盘；5—指针

影响钢材冲击韧性的因素很多，当钢材内硫、磷的含量高，存在化学偏析，含有非金属夹杂物及焊接形成的微裂缝时，钢材的冲击韧性都会显著降低。

环境温度对钢材的冲击功影响很大。试验证明，冲击韧性随温度的降低而下降，

开始时下降缓和，当达到一定温度范围时，突然下降很多而呈脆性，这种性质称为钢材的冷脆性。这时的温度称为脆性临界温度，其数值越低，钢材的低温冲击韧性越好。所以，在负温下使用的结构，应选用脆性临界温度较使用温度低的钢材。由于脆性临界温度的测定较复杂，故规范中通常是根据气温条件规定$-20℃$或$-40℃$的负温冲击值指标。

冲击韧性随时间的延长而下降的现象称为时效，完成时效的过程可达数十年，但钢材如经冷加工或使用中受振动和反复荷载的影响，时效可迅速发展。因时效导致钢材性能改变的程度称为时效敏感性。时效敏感性越大的钢材，经过时效后冲击韧性的降低越显著。为了保证安全，对于承受动荷载的重要结构，应当选用时效敏感性小的钢材。

总之，对于直接承受动荷载，而且可能在负温下工作的重要结构，必须按照有关规范要求进行钢材的冲击韧性检验。

3. 疲劳强度

钢材在交变荷载反复多次作用下，可在最大应力远低于抗拉强度的情况下突然破坏，这种破坏称为疲劳破坏。钢材的疲劳破坏指标用疲劳强度（或称疲劳极限）来表示，它是试件在交变应力的作用下，不发生疲劳破坏的最大应力值。一般将承受交变荷载达10^7周次时不发生破坏的最大应力，定义为疲劳强度。在设计承受反复荷载且须进行疲劳验算的结构时，应当了解所用钢材的疲劳强度，疲劳曲线如图 9-5 所示。

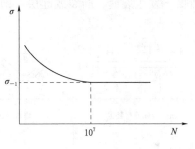

图 9-5 疲劳曲线

研究表明，钢材的疲劳破坏是由拉应力引起的，首先在局部开始形成微细裂缝，由于裂缝尖端处产生应力集中而使裂缝迅速扩展直至钢材断裂。因此，钢材内部成分的偏析和夹杂物的多少以及最大应力处的表面光洁程度、加工损伤等，都是影响钢材疲劳强度的因素。疲劳破坏常常是突然发生的，往往会造成严重事故。

4. 硬度

硬度是指钢材抵抗外物压入表面而不产生塑性变形的能力，即钢材表面抵抗塑性变形的能力。

钢材的硬度是用一定的静荷载，把一定直径的淬火钢球压入试件表面，然后测定压痕的面积或深度来确定的。测定钢材硬度的方法有布氏法、洛氏法和维氏法等，较常用的为布氏法和洛氏法。相应的硬度试验指标称布氏硬度HB和洛氏硬度HR。

布氏法是利用直径为D（mm）的淬火钢球，以P（N）的荷载将其压入试件表面，经规定的持续时间后卸除荷载，得到直径为d（mm）的压痕，以压痕表面积F（mm^2）去除荷载P，所得的商即为试件的布氏硬度值，以数字表示，不带单位，如图 9-6 所示。各类钢材的HB值与抗拉强度之间有较好的相关关系。钢材的强度越高，塑性变形抵抗力越强，硬度值也越大。对于碳素钢，当$HB<175$时，抗拉强

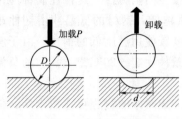

图 9-6 布氏硬度原理

度 $\sigma_b \approx 3.6HB$；当 $HB > 175$ 时，抗拉强度 $\sigma_b \approx 3.5HB$。根据这一关系，可以直接在钢结构上测出钢材的 HB 值，并估算出该钢材的抗拉强度。

洛氏法是按压入试件深度的大小表示材料的硬度值。洛氏法压痕很小，一般用于判断机械零件的热处理效果。

（二）工艺性能

钢材要经常进行各种加工，因此必须具有良好的工艺性能，包括冷弯、冷拉、冷拔以及焊接等性能。

1. 冷弯性能

冷弯性能是钢材的重要工艺性能，是指钢材在常温下承受弯曲变形的能力。以试件弯曲的角度和弯心直径对试件厚度（或直径）的比值来表示，如图 9-7 所示。弯曲的角度越大，弯心直径对试件厚度（或直径）的比值越小，表示对冷弯性能的要求越高。冷弯检验是按规定的弯曲角度和弯心直径进行弯曲后，检查试件弯曲处外面及侧面不发生裂缝、断裂或起层，即认为冷弯性能合格。

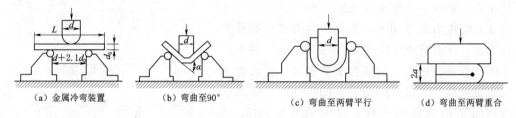

(a) 金属冷弯装置　　(b) 弯曲至90°　　(c) 弯曲至两臂平行　　(d) 弯曲至两臂重合

图 9-7 冷弯实验

冷弯是钢材处于不利变形条件下的塑性，更有助于暴露钢材的某些内在缺陷，而伸长率则是反映钢材在均匀变形下的塑性。因此，相对于伸长率而言，冷弯是对钢材塑性更严格的检验，它能揭示钢材是否存在内部组织不均匀、内应力和夹杂物等缺陷。冷弯试验对焊接质量也是一种严格的检验，能揭示焊件在受弯表面存在未熔合、微裂纹及夹杂物等缺陷。

2. 可焊性

焊接是将两个原本分离的金属进行局部加热，使其接缝部分迅速呈熔融或半融状态从而融合牢固连接起来的方法。基本方法有两种：

（1）弧焊。焊接接头是由基体金属和焊条金属通过电弧高温熔化连接成一体。

（2）接触对焊。它是通过电流将被焊金属接头端面加热到熔融状态后，立即将其对接成为一体。

在基本焊接方法基础上，金属焊接方法有 40 种以上，主要分为熔焊、压焊和钎焊三大类。

（1）熔焊。熔焊是在焊接过程中将工件接口加热至熔化状态，不加压力完成焊接的方法。熔焊时，热源将待焊两工件接口处迅速加热熔化，形成熔池。熔池随热源向前移动，冷却后形成连续焊缝而将两工件连接成为一体。

课件 9.7

视频 9.8

在熔焊过程中，如果大气与高温的熔池直接接触，大气中的氧就会氧化金属和各种合金元素。大气中的氮、水蒸气等进入熔池，还会在随后冷却过程中在焊缝中形成气孔、夹渣、裂纹等缺陷，恶化焊缝的质量和性能。

为了提高焊接质量，人们研究出了各种保护方法。例如，气体保护电弧焊就是用氩、二氧化碳等气体隔绝大气，以保护焊接时的电弧和熔池率；又如钢材焊接时，在焊条药皮中加入对氧亲和力大的钛铁粉进行脱氧，就可以保护焊条中有益元素锰、硅等免于氧化而进入熔池，冷却后获得优质焊缝。

（2）压焊。压焊是在加压条件下，使两工件在固态下实现原子间结合，又称固态焊接。常用的压焊工艺是电阻对焊，当电流通过两工件的连接端时，该处因电阻很大而温度上升，当加热至塑性状态时，在轴向压力作用下连接成为一体。

各种压焊方法的共同特点是在焊接过程中施加压力而不加填充材料。多数压焊方法如扩散焊、高频焊、冷压焊等都没有熔化过程，因而没有像熔焊那样的有益合金元素烧损，和有害元素侵入焊缝的问题，从而简化了焊接过程，也改善了焊接安全卫生条件。同时由于加热温度比熔焊低、加热时间短，因而热影响区小。许多难以用熔化焊焊接的材料，往往可以用压焊焊成与母材同等强度的优质接头。

（3）钎焊。钎焊是使用比工件熔点低的金属材料作钎料，将工件和钎料加热到高于钎料熔点、低于工件熔点的温度，利用液态钎料润湿工件，填充接口间隙并与工件实现原子间的相互扩散，从而实现焊接的方法。

焊接时形成的连接两个被连接体的接缝称为焊缝。焊缝的两侧在焊接时会受到焊接热作用，而发生组织和性能变化，这一区域被称为热影响区。焊接时因工件材料、焊接材料、焊接电流等不同，焊后在焊缝和热影响区可能产生过热、脆化、淬硬或软化现象，也使焊件性能下降，恶化焊接性。这就需要调整焊接条件，焊前对焊件接口处预热、焊时保温和焊后热处理可以改善焊件的焊接质量。

另外，焊接是一个局部的迅速加热和冷却过程，焊接区由于受到四周工件本体的拘束而不能自由膨胀和收缩，冷却后在焊件中便产生焊接应力和变形。重要产品焊后都需要消除焊接应力，矫正焊接变形。

二、钢材的冷加工

钢材的冷加工是指在再结晶温度下（一般指常温）进行的机械加工，包括冷拉、冷拔、冷扭、冷轧、刻痕等方式。在冷加工过程中，钢材产生了塑性变形，不但使形状和尺寸得以改变，而且使得晶体结构发生改变，从而改变了钢材的屈服刚度，这种现象称为冷加工强化，通常冷加工变形越大，强化现象越明显。

冷加工通常指金属的切削加工。用切削工具（包括刀具、磨具和磨料）把坯料或工件上多余的材料层切去成为切屑，使工件获得规定的几何形状、尺寸和表面质量的加工方法。任何切削加工都必须具备三个基本条件：切削工具、工件和切削运动。切削工具应有刃口，其材质必须比工件坚硬。不同的刀具结构和切削运动形式构成不同的切削方法。用刃形和刃数都固定的刀具进行切削的方法有车削、钻削、镗削、铣削、刨削、拉削和锯切等；用刃形和刃数都不固定的磨具或磨料进行切削的方法有磨削、研磨、珩磨和抛光等。

切削加工是机械制造中最主要的加工方法。虽然毛坯制造精度不断提高，精铸、精锻、挤压、粉末冶金等加工工艺应用日广，但由于切削加工的适应范围广，且能达到很高的精度和很低的表面粗糙度，在机械制造工艺中仍占有重要地位。

在金属工艺学中，冷加工则指在低于再结晶温度下使金属产生塑性变形的加工工艺，如冷轧、冷拔、冷锻、冷挤压、冲压等。冷加工在使金属成形的同时，通过加工硬化提高了金属的强度和硬度。

时效处理是将淬火后的金属工件置于室温或较高温度下保持适当时间，以提高金属强度的金属热处理工艺。室温下进行的时效处理是自然时效；较高温度下进行的时效处理是人工时效。在机械生产中，为了稳定铸件尺寸，常将铸件在室温下长期放置，然后才进行切削加工，这种措施也被称为时效，但这种时效不属于金属热处理工艺。

任务三　钢材的化学性能

一、钢材的锈蚀

钢材的锈蚀是指钢的表面与周围介质发生化学作用或电化学作用而遭到侵蚀并破坏的过程。钢材锈蚀可发生在许多能引起锈蚀的介质中，如湿润空气、工业废气等。锈蚀不仅使钢结构有效断面减小，而且会形成程度不等的锈坑、锈斑，造成应力集中，加速结构破坏。

（一）锈蚀的分类

钢材锈蚀的主要影响因素有环境湿度、侵蚀性介质的性质及数量、钢材材质及表面状况等。根据锈蚀作用机理，可分为以下两类。

1. 化学锈蚀

化学锈蚀指钢材直接与周围介质发生化学反应而产生的锈蚀。这种锈蚀多数是氧化作用使钢材表面形成疏松的铁氧化物。在常温下，钢材表面形成一薄层钝化能力很弱的氧化保护膜，它疏松，易破裂，有害介质可进一步渗入而发生反应，造成锈蚀。在干燥环境下，锈蚀进展缓慢，但在温度或湿度较高的环境条件下，这种锈蚀进展加快。

2. 电化学锈蚀

电化学锈蚀是由于金属表面形成了原电池而产生的锈蚀。钢材本身含有铁、碳等多种成分，由于这些成分的电极电位不同，形成许多微电池。在潮湿空气中，钢材表面将覆盖一层薄的水膜。在阳极区，铁被氧化成 Fe^{2+} 进入水膜。因为水中溶有来自空气中的氧，故在阴极区氧将被还原为 OH^-，两者结合成为不溶于水的 $Fe(OH)_2$，并进一步氧化成为疏松易剥落的红棕色铁锈 $Fe(OH)_3$。电化学锈蚀是最主要的钢材锈蚀形式。

钢材锈蚀时，伴随体积增大，最严重的可达原体积的 6 倍。在钢筋混凝土中会使周围的混凝土胀裂。

（二）锈蚀的防止

1. 保护层法

在钢材表面施加保护层，使钢与周围介质隔离，从而防止锈蚀。保护层可分为金属保护层和非金属保护层两类。

金属保护层是用耐蚀性较强的金属，以电镀或喷镀的方法覆盖钢材表面，如镀锌、镀锡、镀铬等。

非金属保护层使用有机物质或无机物质作保护层。常用的是钢材表面涂刷各种防锈涂料，此法简单易行，但不耐久。此外，还可采用塑性保护层、沥青保护层及搪瓷保护层等。

2. 牺牲阳极保护法

牺牲阳极保护法常用于水下的钢结构中，即在要保护的钢结构上接以较钢材更活泼的金属，如锌、镁等，于是这些更为活泼的金属在介质中成为原电池的阳极而遭到腐蚀，取代了铁素体，使钢结构均成为阴极而得到保护。

3. 制成合金钢

钢材的化学成分对耐锈蚀性有很大的影响，如在钢中加入合金元素铬、镍、钛、铜等，制成不锈钢。这种钢在大气作用下，能在表面形成一种致密的防腐保护层，起到耐腐蚀的作用，从而提高钢材的耐锈蚀能力。

4. 混凝土用钢筋的防腐

为了防止混凝土中钢筋锈蚀，应保证混凝土的密实度以及钢筋外侧混凝土保护层的厚度，控制混凝土中最大水灰比及最小水泥用量，在二氧化碳浓度高的工业区采用硅酸盐水泥或普通硅酸盐水泥，限制氯盐外加剂的掺加量和保证混凝土一定的碱度等，特别对于预应力混凝土，应禁止使用含氯盐的骨料和外加剂。另外，对钢筋涂覆环氧树脂或镀锌也是一种有效的防锈措施。

二、钢的化学成分对钢材性能的影响

钢材的性能主要取决于其中的化学成分。钢的化学成分主要是铁和碳，此外还有少量的硅、锰、磷、硫、氧和氮等元素，这些元素的存在对钢材性能也有不同的影响。

1. 碳（C）

碳是形成钢材强度的主要成分，是钢材中除铁以外含量最高的元素。含碳量对普通碳素钢性能的影响如图 9-8 所示。由图 9-8 可看出，一般钢材都有最佳含碳量，当达到最佳含碳量时，钢材的强度最高。随着含碳量的增加，钢材的硬度提高，但其塑性、韧性、冷弯性能、可焊性及抗锈蚀能力下降。因此，建筑钢材对含碳量要加以限制，一般不应超过 0.22%，在焊接结构中还应低于 0.20%。

2. 硅（Si）

硅是还原剂和强脱氧剂，是制作镇静钢的必要元素。硅适量增加时可提高钢材的强度和硬度而不显著影响其塑性、韧性、

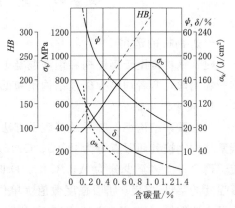

图 9-8 含碳量对碳素结构钢性能的影响

冷弯性能及可焊性。在碳素镇静钢中硅的含量为 0.12%～0.3%，在低合金钢中硅的含量为 0.2%～0.55%。硅过量时钢材的塑性和韧性明显下降，而且可焊性能变差，冷脆性增加。

3. 锰（Mn）

锰是钢中的有益元素，它能显著提高钢材的强度而不过多降低塑性和冲击韧性。锰有脱氧作用，是弱脱氧剂，同时还可以消除硫引起的钢材热脆现象及改善冷脆倾向。锰是低合金钢中的主要合金元素，含量一般为 1.2%～1.6%，过量时会降低钢材的可焊性。

4. 硫（S）和磷（P）

硫是钢中极其有害的元素，属杂质。钢材随着含硫量的增加，将大大降低其热加工性、可焊性、冲击韧性、疲劳强度和抗腐蚀性。此外，非金属硫化物夹杂经热轧加工后还会在厚钢板中形成局部分层现象，在采用焊接连接的节点中，沿板厚方向承受拉力时，会发生层状撕裂破坏。因此，对硫的含量必须严加控制，一般不超过 0.045%～0.05%，Q235 的 C 级与 D 级钢要求更严。

磷可提高钢材的强度和抗锈蚀能力，但却严重降低钢材的塑性、韧性和可焊性，特别是在温度较低时使钢材变脆，即在低温条件下使钢材的塑性和韧性显著降低，钢材容易脆裂。因而应严格控制其含量，一般不超过 0.045%。但采取适当的冶金工艺处理后，磷也可作为合金元素，含量为 0.05%～0.12%。

5. 氧（O）和氮（N）

氧和氮也是钢中的有害元素，氧能使钢材热脆，其作用比硫剧烈；氮能使钢材冷脆，与磷类似，故其含量应严格控制。

6. 铝（Al）、钛（Ti）、钒（V）、铌（Nb）

铝、钛、钒、铌均是炼钢时的强脱氧剂，也是钢中常用的合金元素，可改善钢材的组织结构，使晶体细化，能显著提高钢材的强度，改善钢的韧性和抗锈蚀性，同时又不显著降低塑性。

任务四　建筑常用钢材

一、钢材的选用

建筑钢材常用于钢结构和钢筋混凝土结构，前者主要用型钢和钢板，后者主要用钢筋和钢丝，两者均多为碳素结构钢和低合金结构钢。

1. 碳素结构钢

（1）碳素结构钢的牌号及其表示方法。《碳素结构钢》（GB/T 700—2006）规定，碳素结构钢按其屈服点分为 Q195、Q215、Q235 和 Q275 四个牌号。各牌号钢又按其硫、磷含量由多至少分为 A、B、C、D 四个质量等级。碳素结构钢的牌号由代表屈服强度的字母"Q"、屈服强度数值（单位为 MPa）、质量等级符号（A、B、C、D）、脱氧方法符号（F、Z、TZ）四个部分按顺序组成。例如 Q235AF，它表示屈服强度为 235MPa、质量等级为 A 级的沸腾碳素结构钢。

　　碳素结构钢的牌号组成中，表示镇静钢的符号"Z"和表示特殊镇静钢的符号"TZ"可以省略，例如：质量等级分别为 C 级和 D 级的 Q235 钢，其牌号表示为 Q235CZ 和 Q235DTZ，可以省略为 Q235C 和 Q235D。

　　随着牌号的增大，其含碳量增加，强度提高，塑性和韧性降低，冷弯性能逐渐变差。同一钢牌号内质量等级越高，钢材的质量越好。

　　(2) 碳素结构钢的技术要求。碳素结构钢的化学成分、冷弯性能及力学性能应符合表 9-1～表 9-3 的规定。

表 9-1　　　　　　　碳素结构钢的化学成分（GB/T 700—2006）

牌号	统一数学代号	等级	厚度（或直径）/mm	脱氧方法	化学成分（质量百分比）/%，不大于				
					C	Si	Mn	P	S
Q195	U11952	—	—	F，Z	0.12	0.3	0.5	0.035	0.040
Q215	U12152	A	—	F，Z	0.15	0.35	1.2	0.045	0.050
	U12155	B							0.045
Q235	U12352	A	—	F，Z	0.22	0.35	1.4	0.045	0.050
	U12355	B			0.2				0.045
	U12358	C		Z	0.17			0.4	0.040
	U12359	D		TZ				0.035	0.035
Q275	U12752	A	—	F，Z	0.24	0.35	1.5	0.045	0.050
	U12755	B	≤40	Z	0.21			0.045	0.045
			>40		0.22				
	U12758	C	—	Z	0.2			0.04	0.040
	U12759	D		TZ				0.035	0.035

注　1. 表中为镇静钢、特殊镇静钢牌号的统一数字，沸腾钢牌号的统一数字代号如下：Q195F - U11950；Q215AF - U12150，Q215BF - U12153；Q235AF - U12350，Q235BF - U12353；Q275AF - U12750。

　　2. 经需方同意，Q235B 钢的含碳量可不大于 0.22%。

表 9-2　　　　　　碳素结构钢的冷弯性能（GB/T 700—2006）

牌号	试样方向	冷弯试验 $B=2a$，180°	
		钢材厚度或直径/mm	
		≤60	>60～100
		弯心直径 d	
Q195	纵	0	—
	横	0.5a	
Q215	纵	0.5a	1.5a
	横	a	2a
Q235	纵	a	2a
	横	1.5a	2.5a

续表

牌号	试样方向	冷弯试验 B＝2a，180°	
		钢材厚度或直径/mm	
		≤60	＞60～100
		弯心直径 d	
Q275	纵	1.5a	2.5a
	横	2a	3a

注　1. B 为试件宽度，a 为试件厚度（或直径）。

2. 钢材厚度（或直径）大于100mm时，弯曲试验由双方协商。

表 9 - 3　　　　　碳素结构钢的力学性能（GB/T 700—2006）

牌号	等级	屈服强度[a]R_{eH}/(N/mm^2)，不小于						抗拉强度[b] δ_b /MPa	伸长率 A/%，不小于					冲击试验（V 形缺口）	
		厚度或直径/mm							厚度或直径/mm					温度/℃	冲击吸收功（纵向）/J，不小于
		≤16	16～40	40～60	60～100	100～150	150～200		≤40	40～60	60～100	100～150	150～200		
Q195	—	195	185	—	—	—	—	315～430	33	—	—	—	—	—	—
Q215	A	215	205	195	185	175	165	335～450	31	30	29	27	26	—	—
	B													20	27
Q235	A	235	225	215	215	195	185	370～500	26	25	24	22	21	—	—
	B													20	27[c]
	C													0	
	D													−20	
Q275	A	275	265	255	245	225	215	410～540	22	21	20	18	17	—	—
	B													20	27
	C													0	
	D													−20	

a　Q195 钢的屈服强度值仅供参考，不作为交货条件。

b　厚度大于 100mm 的钢材，抗拉强度下限允许降低 20MPa，宽带钢（包括剪切钢板）抗拉强度上限不作为交货条件。

c　厚度小于 25mm 的 Q235B 级钢材，如供方能保证冲击吸收值合格，可不做检验。

（3）碳素结构钢的特性与选用。工程中应用最广泛的碳素结构钢牌号为 Q235，其含碳量为 0.14%～0.22%，属低碳钢，由于该牌号钢既具有较高的强度，又具有较好的塑性和韧性，可焊性也好，且经焊接及气割后力学性能仍亦稳定，有利于冷加工，故能较好地满足一般钢结构和钢筋混凝土结构的用钢要求。

Q195、Q215 钢强度低，塑性和韧性较好，易于冷加工，常用作钢钉、铆钉、螺栓及铁丝等。Q235 钢强度适中，具有良好的承载性，又具有较好的塑性、韧性、可焊性和可加工性，且成本较低，是钢结构常用的牌号，大量制作成钢筋、型钢和钢板等，在工程中应用较为广泛。Q255、Q275 钢强度较高，但塑性、韧性和可焊性较差，不易焊接和冷加工，可用于轧制钢筋、制作螺栓配件等。

2. 优质碳素结构钢

优质碳素结构钢分为优质钢、高级优质钢（钢号后加 A）和特级优质钢（钢号后加 E）。根据《钢铁产品牌号表示方法》（GB/T 221—2008）规定，优质碳素结构钢的牌号采用阿拉伯数字或阿拉伯数字和规定的符号表示，以 2 位阿拉伯数字表示平均含碳量（以万分数计），如平均含碳量为 0.08％的沸腾钢，其牌号表示为"08F"；平均含碳量为 0.10％的半镇静钢，其牌号表示为"10b"。较高含锰量的优质碳素结构钢，在表示平均含碳量的阿拉伯数字后加锰元素符号，如平均含碳量为 0.50％，含锰量为 0.70％～1.0％的钢，其牌号表示为"50Mn"。目前，我国生产的优质碳素结构钢有 31 个牌号，优质碳素结构钢中的硫、磷等有害杂质含量更低，且脱氧充分，质量稳定，在建筑工程中常用作重要结构的钢铸件、高强螺栓及预应力锚具。

3. 低合金高强度结构钢

为了改善碳素钢的力学性能和工艺性能，或为了得到某种特殊的理化性能，在炼钢时有意识地加入一定量的一种或几种合金元素，所得的钢称为合金钢。低合金高强度结构钢是在碳素结构钢的基础上，添加总量小于 5％的一种或几种合金元素的一种结构钢，所加元素主要有锰、硅、钒、钛、铌、铬、镍等元素，其目的是提高钢的屈服强度、抗拉强度、耐磨性、耐蚀性及耐低温性能等。因此，它是综合性能较为理想的钢材。另外，与使用碳素钢相比，可节约钢材 20％～30％。

（1）低合金高强度结构钢的牌号表示法。根据《低合金高强度结构钢》（GB/T 1591—2018）及《钢铁产品牌号表示方法》（GB/T 221—2008）的规定，低合金高强度结构钢分 5 个牌号，其牌号的表示方法由屈服点字母"Q"、屈服点数值（单位为 MPa）、质量等级（A、B、C、D、E 五级）三部分组成。例如 Q345C、Q345D。

低合金高强度结构钢分为镇静钢和特殊镇静钢，在牌号的组成中没有表示脱氧方法的符号。低合金高强度结构钢的牌号也可以采用两位阿拉伯数字（表示平均含碳量，以万分数计）和规定的元素符号，按顺序表示。

（2）低合金高强度结构钢的技术要求。低合金高强度结构钢的拉伸、冷弯和冲击试验指标，按钢材厚度或直径不同，其技术要求见表 9-4。

表 9-4　　　　　　　　　热轧钢材的拉伸性能（GB/T 1591—2018）

牌　号		上屈服强度 R_{eH}^a/MPa，不小于									抗拉强度 R_m/MPa			
钢级	质量等级	公称厚度或直径/mm												
		≤16	>16~40	>40~63	>63~80	>80~100	>100~150	>150~200	>200~250	>250~400	≤100	>100~150	>150~250	>250~400
Q355	B、C	355	345	335	325	315	295	285	275	—	470~630	450~600	450~600b	
	D									265b				450~600b
Q390	B、C、D	390	380	360	340	340	320					490~650	470~620	

续表

牌　号		上屈服强度 R_{eH}^a/MPa，不小于								抗拉强度 R_m/MPa			
$Q420^c$	B、C	420	410	390	370	370	350	—	—	520～680	500～650	—	—
$Q460$	C	460	450	430	410	410	390	—	—	550～720	530～700	—	—

a　当屈服不明显时，可用规定塑性延伸强度 $R_{p0.2}$ 代替上屈服强度。
b　只适用于质量等级为 D 的钢板。
c　只适用于型钢和棒材。

（3）低合金高强度结构钢的特点与应用。由于低合金高强度结构钢中的合金元素的结晶强化和固熔强化等作用，该钢材不但具有较高的强度，而且具有较好的塑性、韧性和可焊性。因此，在钢结构和钢筋混凝土结构中常采用低合金高强度结构钢轧制型钢（角钢、槽钢、工字钢）、钢板、钢管及钢筋，特别适用于各种重型结构、高层结构、大跨度结构及桥梁工程中。

二、常用建筑钢材及钢材的选用

（一）热轧钢筋

用加热钢坯轧成的条形成品钢筋，称为热轧钢筋。它是建筑工程中用量最大的钢材品种之一。热轧钢筋按表面形状分为热轧光圆钢筋和热轧带肋钢筋。

1. 热轧光圆钢筋

经热轧成型，横截面通常为圆形，表面光滑的成品钢筋，称为热轧光圆钢筋（HPB）。热轧光圆钢筋按屈服强度特征值分为 235、300 级，其牌号由 HPB 和屈服强度特征值构成，分为 HPB235、HPB300 两个牌号。

热轧光圆钢筋的公称直径范围为 6～22mm，《钢筋混凝土用钢　第 1 部分：热轧光圆钢筋》（GB/T 1499.1—2017）推荐的钢筋公称直径为 6mm、8mm、10mm、12mm、16mm 和 20mm。可按直条或盘卷交货，按定尺长度交货的直条钢筋其长度允许偏差范围为 0～50mm；按盘卷交货的钢筋，每根盘条质量应不小于 1000kg。

热轧光圆钢筋的屈服强度、抗拉强度、断后伸长率、最大拉力总伸长率等力学性能特征值应符合表 9-5 的规定。表中各力学性能特征值，可作为交货检验的最小保证值。按规定的弯心直径弯曲 180°后，钢筋受弯部位表面不得产生裂纹。

表 9-5　　　热轧光圆钢筋的力学性能和工艺性能（GB/T 1499.1—2017）

牌　号	下屈服强度 /MPa	抗拉强度 /MPa	断后伸长率 /%	最大力总 伸长率/%	冷弯试验 180°
	不小于				
HPB300	300	420	25	10	$d=a$

注　d—弯心直径；a—钢筋公称直径。

2. 热轧带肋钢筋

经热轧成型并自然冷却的横截面为圆形的，且表面通常带有两条纵肋和沿长度方向均匀分布横肋的钢筋，称为热轧带肋钢筋。按肋纹的形状分为月牙肋和等高肋（图

9-9、图9-10），月牙肋的纵横肋不相交，而等高肋的纵横肋相交。月牙肋钢筋有生产简便、强度高、应力集中、敏感性小、疲劳性能好等优点，但其与混凝土的黏结锚固性能稍逊于等高肋钢筋。

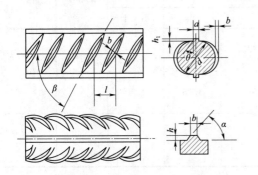 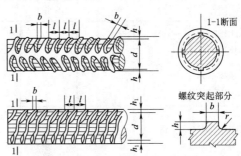

图 9-9　月牙肋钢筋表面及截面形状

d—钢筋内径；α—横肋斜角；h—横肋高度；
β—横肋与轴线夹角；h_1—纵肋高度；θ—纵肋斜角；
a—纵肋顶宽；l—横肋间距；b—横肋顶宽

图 9-10　高等肋钢筋表面及截面形状

d—钢筋内径；h—横肋高度；b—横肋顶宽；
h_1—纵肋高度；l—横肋间距；
r—横肋根部圆弧半径

热轧带肋钢筋按屈服强度特征值分为 400、500、600 级，其牌号由 HRB、屈服强度特征值和 E（"地震"的英文首字母）构成，分为 HRB400、HRB500、HRB600、HRB400E、HRB500E 五个牌号，细晶粒热轧钢筋的牌号由 HRBF、屈服强度特征值和 E 构成，分为 HRBF400、HRBF500、HRBF400E、HRBF500E 四个牌号。热轧带肋钢筋的公称直径范围为 6~50mm。

热轧带肋钢筋的力学性能和工艺性能应符合表 9-6 的规定。表中所列各力学性能特征值，可作为交货检验的最小保证值；按规定的弯心直径弯曲 180° 后，钢筋受弯部位表面不得产生裂纹。反向弯曲试验是先正向弯曲 90°，再反向弯曲 20°，经反向弯曲试验后，钢筋受弯部位表面不得产生裂纹。

热轧带肋钢筋通常按定尺长度交货，具体交货长度应在合同中注明，按定尺长度交货时的长度允许偏差为 ±25mm；当要求最小长度时，其偏差为 +50mm；当要求最大长度时，其偏差为 −50mm。热轧带肋钢筋也可以盘卷交货，每盘应是一条钢筋，允许每批有 5% 的盘数由两条钢筋组成。

表 9-6　　热轧带肋钢筋的力学性能和工艺性能（GB/T 1499.2—2018）

牌号	下屈服强度 R_{eL}/MPa	抗拉强度 R_m/MPa	断后伸长率 A/%	最大力总延伸率 A_{gt}/%	R_m^0/R_{eL}^0	R_{eL}^0/R_{eL}	公称直径 d/mm	弯曲压头直径
			不小于			不大于		
HRB400 HRBF400	400	540	16	7.5	—	—	6~25	4d
							28~40	5d
HRB400E HRBF400E			—	9.0	1.25	1.30	>40~50	6d

续表

牌号	下屈服强度 R_{eL}/MPa	抗拉强度 R_m/MPa	断后伸长率 A/%	最大力总延伸率 A_{gt}/%	R_m^0/R_{eL}^0	R_{eL}^0/R_{eL}	公称直径 d/mm	弯曲压头直径
			不小于			不大于		
HRB500 HRBF500	500	630	15	7.5	—		6～25	6d
							28～40	7d
HRB500E HRBF500E			—	9.0	1.25	1.30	40～50	8d
HRB600	600	730	14	7.5	—	—	6～25	6d
							28～40	7d
							40～50	8d

热轧钢筋中热轧光圆钢筋的强度较低,但塑性及焊接性能很好,便于各种冷加工,因而广泛用做普通钢筋混凝土构件的受力筋及各种钢筋混凝土结构的构造筋;HRB400和HRB500钢筋强度较高,塑性和焊接性能也较好,故广泛用做大、中型钢筋混凝土结构的受力钢筋;HRB600钢筋强度高,但塑性及焊接性能较差,可用做预应力钢筋。

(二)冷轧带肋钢筋

热轧圆盘条经冷轧后,在其表面带有沿长度方向均匀分布的三面或二面横肋的钢筋,称为冷轧带肋钢筋。

冷轧带肋钢筋的牌号由CRB和钢筋的抗拉强度最小值构成。冷轧带肋钢筋分为CRB550、CRB650、CRB800、CRB970、CRB1170五个牌号。CRB550为普通钢筋混凝土用钢筋,其他牌号为预应力混凝土用钢筋。

CRB550钢筋的公称直径范围为4～12mm,CRB650及以上牌号钢筋的公称直径(相当于横截面面积相等的光圆钢筋的公称直径)为4mm、5mm、6mm。钢筋通常按盘卷交货,CRB550钢筋也可按直条交货。盘卷钢筋每盘的质量不小于100kg,且每盘应由一根钢筋组成,CRB650及以上牌号钢筋不得有焊接接头。钢筋直条交货时其长度及允许偏差按供需双方协商确定。冷轧带肋钢筋的表面不得有裂纹、折叠、结疤、油污及其他影响使用的缺陷。冷轧带肋钢筋的表面可有浮锈,但不得有锈皮及目视可见的麻坑等腐蚀现象。

冷轧带肋钢筋的力学性能和工艺性能应符合表9-7的规定。有关技术要求细则参见《冷轧带肋钢筋》(GB/T 13788—2017)。

冷轧带肋钢筋具有以下优点:

(1)强度高、塑性好,综合力学性能优良。CRB550、CRB650的抗拉强度由冷轧前的不足500MPa提高到550MPa、650MPa;冷拔低碳钢丝的伸长率仅2%左右,而冷轧带肋钢筋的伸长率大于4%。

(2)握裹力强。混凝土对冷轧带肋钢筋的握裹力为同直径冷拔钢丝的3～6倍。又由于塑性较好,大幅度提高了构件的整体强度和抗震能力。

表 9-7　　冷轧带肋钢筋的力学性能和工艺性能（GB/T 13788—2017）

分类	牌号	规定塑性延伸强度 $R_{p0.2}$ /MPa，不小于	抗拉强度 R_m /MPa，不小于	$R_m/R_{p0.2}$ 不小于	断后伸长率 /%，不小于		最大力总延伸率 /%，不小于	弯曲试验[a]，180°	反复弯曲次数	应力松弛初始应力应相当于公称抗拉强度的70%
					A	A_{100mm}	A_{gt}			1000h,%，不大于
普通钢筋混凝土用	CRB550	500	550	1.05	11.0	—	2.5	$D=3d$	—	—
	CRB600H	540	600	1.05	14.0	—	5.0	$D=3d$	—	—
	CRB680H[b]	600	680	1.05	14.0	—	5.0	$D=3d$	4	5
预应力混凝土用	CRB650	585	650	1.05	—	4.0	2.5	—	3	8
	CRB800	720	800	1.05	—	4.0	2.5	—	3	8
	CRB800H	720	800	1.05	—	7.0	4.0	—	4	5

a　D 为弯心直径，d 为钢筋公称直径。
b　当该牌号钢筋作为普通钢筋混凝土用钢筋使用时，对反复弯曲和应力松弛不做要求；当该牌号钢筋作为预应力混凝土用钢筋使用时应进行反复弯曲试验代替 180°弯曲试验，并检测松弛率。

（3）节约钢材，降低成本。以冷轧带肋钢筋代替Ⅰ级钢筋用于普通钢筋混凝土构件，可节约钢材 30% 以上。如用以代替冷拔低碳钢丝用于预应力混凝土多孔板中，可节约钢材 5%～10%，且每立方米混凝土可节省水泥约 40kg。

（4）提高构件整体质量，改善构件的延性，避免"抽丝"现象。用冷轧带肋钢筋制作的预应力空心楼板，其强度、抗裂度均明显优于冷拔低碳钢丝制作的构件。

冷轧带肋钢筋适用于中、小型预应力混凝土构件和普通混凝土构件，也可焊接网片。

（三）热处理钢筋

热处理钢筋分为预应力混凝土用热处理钢筋和钢筋混凝土用余热处理钢筋。预应力用热处理钢筋是用热轧螺纹钢筋经淬火和回火调质热处理而成的，外形分为有纵肋和无纵肋两种，但都有横肋。根据《预应力混凝土用钢棒》（GB/T 5223.3—2017）的规定，其所用钢材有 $40Si_2Mn$、$48Si_2Mn$ 和 $45Si_2Cr$ 三个牌号，力学性能应符合表 9-8 的规定。

表 9-8　　预应力混凝土用热处理钢筋的力学性能（GB/T 5223.3—2017）

公称直径 /mm	牌号	屈服点/MPa	抗拉强度/MPa	伸长率 ρ_{10}/%
		不小于		
6	$40Si_2Mn$			
8.2	$48Si_2Mn$	1325	1470	6
10	$45Si_2Cr$			

预应力混凝土用热处理钢筋的优点是：强度高，可代替高强钢丝使用；节约钢材；锚固性好，不易打滑，预应力值稳定；施工简便，开盘后钢筋自然伸直，不需调

直及焊接。主要用于预应力钢筋混凝土枕轨，也用于预应力梁、板结构及吊车梁等。

钢筋混凝土用余热处理钢筋是把热轧后的钢筋立即穿水，控制表面冷却，然后利用心部余热自身完成回火处理所得的成品钢筋。其级别分为 3 级，强度等级代号为 KL400。

(四) 预应力混凝土用钢丝和钢绞线

预应力混凝土用钢丝或钢绞线常作为大型预应力混凝土构件的主要受力钢筋。

1. 预应力混凝土用钢丝

预应力混凝土用钢丝简称钢丝，是用优质碳素结构钢盘条为原料，经淬火、酸洗、冷拉等工艺制成的用作预应力混凝土骨架的钢丝。

根据《预应力混凝土用钢丝》(GB/T 5223—2014) 的规定，预应力钢丝按加工状态分为冷拉钢丝和消除应力钢丝两类。消除应力钢丝按松弛性能又分为低松弛钢丝和普通松弛钢丝。预应力钢丝按外形分为光圆、螺旋肋和刻痕三种。

冷拉钢丝（用盘条通过拔丝模或轧辊经冷加工而成）代号"WCD"，低松弛钢丝（钢丝在塑性变形下进行短时热处理而成）代号"WLR"，普通松弛钢丝（钢丝通过矫直工序后在适当温度下进行短时热处理）代号"WNR"，光圆钢丝代号"P"，螺旋肋钢丝（钢丝表面沿长度方向上具有规则间隔的肋条）代号"H"，刻痕钢丝（钢丝表面沿长度方向上具有规则间隔的压痕）代号"I"。

压力管道用冷拉钢丝的力学性能应符合表 9-9 的规定。规定非比例伸长应力 $\sigma_{p0.2}$ 值不小于公称抗拉强度的 75%。消除应力的光圆及螺旋肋钢丝的力学性能应符合表 9-10 的规定。规定非比例伸长应力 $\sigma_{p0.2}$ 值对低松弛钢丝应不小于公称抗拉强度的 88%。消除应力的刻痕钢丝的力学性能应符合表 9-11 的规定。

表 9-9　　　　压力管道用冷拉钢丝的力学性能 (GB/T 5223—2014)

公称直径 d_n/mm	公称抗拉强度 R_m/MPa	最大力的特征值 F_m/kN	最大力的最大值 $F_{m,max}$/kN	0.2%屈服力 F/kN	每 210mm 扭矩的扭转次数 N，≥	断面收缩率 Z/%，≥	氢脆敏感性能负载为 70%最大力时，断裂时间/(t/h)，≥	应力松弛性能初始力为最大力 70%时，1000h 应力松弛率 r/%，≤
4.00		18.48	20.99	13.85	10	35		
5.00		28.86	32.79	21.65	10	35		
6.00	1470	41.56	47.21	31.17	8	30		
7.00		56.57	64.27	42.42	8	30		
8.00		73.88	83.93	55.41	7	30	75	7.5
4.00		19.73	22.24	14.80	10	35		
5.00		30.82	34.75	23.11	10	35		
6.00	1570	44.38	50.03	33.29	8	30		
7.00		60.41	68.11	45.31	8	30		
8.00		78.91	88.96	59.18	7	30		

公称直径 d_n/mm	公称抗拉强度 R_m/MPa	最大力的特征值 F_m/kN	最大力的最大值 $F_{m,max}$/kN	0.2%屈服力 F/kN	每210mm扭矩的扭转次数 N，≥	断面收缩率 Z/%，≥	氢脆敏感性能负载为70%最大力时，断裂时间 /(t/h)，≥	应力松弛性能初始力为最大力70%时，1000h应力松弛率 r/%，≤
4.00		20.99	23.50	15.74	10	35		
5.00		32.78	36.71	24.59	10	35		
6.00	1670	47.21	52.86	35.41	8	30		
7.00		64.26	71.96	48.20	8	30		
8.00		83.93	93.99	62.95	6	30	75	7.5
4.00		22.25	24.76	16.69	10	35		
5.00	1770	34.75	38.68	26.06	10	35		
6.00		50.04	55.69	37.53	8	30		
7.00		68.11	75.81	51.08	6	30		

表 9-10　消除应力光圆及螺旋肋钢丝的力学性能（GB/T 5223—2014）

公称直径 d_n/mm	公称抗拉强度 R_m/MP	最大力的特征值 F_m/kN	最大力的最大值 $F_{m,max}$/kN	0.2%屈服力 $F_{p0.2}$/kN，≥	最大力总伸长率 (L_a=200mm) A/%，≥	反复弯曲性能		应力松弛性能	
						弯曲次数 /(次/180°)	弯曲半径 R/mm	初始力相当于实际最大力的百分数 /%	1000h应力松弛率 r/%，≤
4.00		18.48	20.99	16.22		3	10		
4.80		25.61	30.23	23.35		4	15		
5.00		28.86	32.78	25.32		4	15		
6.00		41.56	47.21	36.47		4	15		
6.25		45.10	51.24	39.58		4	20		
7.00		56.57	64.26	49.64		4	20		
7.50	1470	64.94	73.78	56.99	3.5	4	20	70 80	2.5 4.5
8.00		73.88	83.93	64.84		4	20		
9.00		93.52	106.25	82.07		4	25		
9.50		104.19	118.37	91.44		4	25		
10.00		115.45	131.16	101.32		4	25		
11.00		139.69	158.70	122.59		—			
12.00		166.26	188.88	145.90					
4.00		19.73	22.24	17.37		3	10		
4.80	1570	28.41	32.03	25.00		4	15		
5.00		30.82	34.75	27.12		4	15		

续表

公称直径 d_n/mm	公称抗拉强度 R_m/MP	最大力的特征值 F_m/kN	最大力的最大值 $F_{m,max}$/kN	0.2%屈服力 $F_{p0.2}$/kN, $\geqslant$	最大力总伸长率 (L_a=200mm) A/%, $\geqslant$	反复弯曲性能		应力松弛性能	
						弯由次数 /(次/180°)	弯曲半径 R/mm	初始力相当于实际最大力的百分数/%	1000h应力松弛率 r/%, $\leqslant$
6.00		44.38	50.03	39.06		4	15		
6.25		48.17	54.31	42.39		4	20		
7.00		60.41	68.11	53.16		4	20		
7.50		69.36	78.20	61.04		4	20		
8.00	1570	78.91	88.96	69.44		4	20		
9.00		99.88	112.60	87.89		4	25		
9.50		111.28	125.46	97.93		4	25		
10.00		123.31	139.0	108.5		4	25		
11.00		149.20	168.21	131.30					
12.00		177.57	200.19	156.26					
4.00		20.99	23.50	18.47		3	10		
5.00		32.78	36.71	28.85		4	15		
6.00		47.21	52.86	41.54		4	15		
6.25		51.24	57.38	45.09	3.5	4	20	70 80	2.5 4.5
7.00	1670	64.26	71.96	55.55		4	20		
7.50		73.78	82.62	64.93		4	20		
8.00		83.93	93.98	73.86		4	20		
9.00		106.25	118.97	93.50		4	25		
4.00		22.25	24.76	19.58		3	10		
5.00		34.75	38.68	30.58		4	15		
6.00	1770	50.04	55.69	44.03		4	15		
7.00		68.11	75.81	59.94		4	20		
7.50		78.20	87.04	68.81		4	20		
4.00		23.38	25.89	20.57		3	10		
5.00		36.51	40.44	32.13		4	15		
6.00	1860	52.58	58.23	46.27		4	15		
7.00		71.57	79.27	62.98		4	20		

表 9-11　　　　消除应力的刻痕钢丝的力学性能（GB/T 5223—2014）

公称直径 d_0/mm	抗拉强度 σ_b/MPa, 不小于	规定非比例伸长应力 $\rho_{p0.2}$/MPa, 不小于		最大力下的总伸长率 $l_0=200$mm ρ_{gs}/%, 不小于	弯曲次数/（次/180°）, 不小于	弯曲半径 R/mm	应力松弛性能 初始应力相当于公称抗拉强度的百分数/%	1000h后应力松弛率 r/%, 不大于	
		WLR	WLR					WLR	WNR
								对所有规格	
<5.0	1470	1290	1250	3.5	3	15	60 70 80	1.0	4.5
	1570	1380	1330						8
	1670	1470	1410						12
	1770	1560	1500					2.0	
	1860	1640	1580						
>5.0	1470	1290	1250			20			
	1570	1380	1330					4.5	
	1670	1470	1410						
	1770	1560	1500						

　　预应力混凝土用钢丝每盘应由一根钢丝组成，其盘重不小于 500kg，允许有 10% 的盘数小于 500kg 但不小于 100kg。钢丝表面不得有裂纹和油污，也不允许有影响使用的拉痕、机械损伤等。

　　预应力混凝土用钢丝具有强度高、柔性好、无接头等优点，施工方便，不需冷拉、焊接接头等处理，而且质量稳定、安全可靠。主要应用于大跨度屋架及薄腹梁、大跨度吊车梁、桥梁、电杆、枕轨或曲线配筋的预应力混凝土构件。刻痕钢丝由于屈服强度高且与混凝土的握裹力大，主要用于预应力钢筋混凝土结构以减少混凝土裂缝。

　　2. 预应力钢绞线

　　预应力混凝土用钢绞线简称预应力钢绞线，是由多根直径为 2.5～5.0mm 的高强度钢丝捻制而成的。

　　预应力钢绞线按捻制结构分为五类：代号"1×2"表示用两根钢丝捻制的钢绞线，"1×3"表示用三根钢丝捻制的钢绞线，"1×3Ⅰ"表示用三根刻痕钢丝捻制的钢绞线，"1×7"表示用七根钢丝捻制的标准型钢绞线，"1×7C"表示用七根钢丝捻制又经模拔的钢绞线。

　　按《预应力混凝土用钢绞线》（GB/T 5224—2014）交货的产品标记应包含预应力钢绞线、结构代号、公称直径、强度级别、标准号等内容。

　　示例 1：公称直径为 15.20mm，强度级别为 1860MPa 的七根钢丝捻制的标准型钢绞线，其标记为：预应力钢绞线 1×7-15.20-1860—GB/T 5224—2014。

　　示例 2：公称直径为 8.74mm，强度级别为 1670MPa 的三根刻痕钢丝捻制的钢绞线，其标记为：预应力钢绞线 1×3Ⅰ-8.74-1670—GB/T 5224—2014。

示例 3：公称直径为 12.70mm，强度级别为 1860MPa 的七根钢丝捻制又经模拔的钢绞线，其标记为：预应力钢绞线（1×7）C−12.70−1860—GB/T 5224—2014。

预应力钢绞线交货时，每盘卷钢铰线质量不小于 1000kg，允许有 10% 的盘卷质量小于 1000kg，但不能小于 300kg。

钢绞线的捻向一般为左（S）捻，右（Z）捻需在合同中注明。

除非需方有特殊要求，钢绞线表面不得有油、润滑脂等降低钢绞线与混凝土黏结力的物质。钢绞线允许有轻微的浮锈，但不得有目视可见的锈蚀麻坑。钢绞线表面允许存在回火颜色。

钢绞线的检验规则应按《钢及钢产品 交货一般技术要求》（GB/T 17505—2016）的规定。产品的尺寸、外形、质量及允许偏差、力学性能等均应满足 GB/T 5224—2014 的规定。

钢绞线具有强度高、断面面积大、使用根数少、柔性好、质量稳定、易于在混凝土结构中排列布置、易于锚固、松弛率低等优点，适用于做大型建筑和大跨度吊车梁等大跨度预应力混凝土构件的预应力钢筋，广泛应用于大跨度、重荷载的结构工程中。

（五）型钢

型钢是长度和截面周长之比相当大的直条钢材的统称。型钢按截面形状分为简单截面和复杂截面（异型）两大类。

简单截面的热轧型钢有扁钢、圆钢、方钢、六角钢和八角钢五种，规格尺寸见表 9−12。复杂截面的热轧型钢包括角钢、工字钢、槽钢和其他异型截面，规格尺寸见表 9−13。

表 9−12　　　　　　　　　　　简单截面热轧型钢的规格尺寸

型钢名称	表示规格的主要尺寸	尺寸范围/mm	标准号
扁钢	宽度	10～150	GB 704—88
	厚度	3～60	
圆钢	直径	5.5～250	GB 702—2017
方钢	边长	5.5～200	GB 702—2017
六角钢	对边距离	8～70	GB 705—89
八角钢	对边距离	16～40	GB 705—89

表 9−13　　　　　　　　　　角钢、工字钢和槽钢的规格尺寸

型钢名称	表示规格的主要尺寸	尺寸范围/mm	标准代号
等边角钢	按边宽度的厘米数划分型号（或以边宽度×边宽度×边厚度标记）	边宽度：20～200　边厚度：3～24	GB 9787—88
不等边角钢	按长边宽度/短边宽度的厘米数划分型号（或以长边宽度×短边宽度×边厚度标记）	长边宽度：25～200　短边宽度：16～125　边厚度：3～18	GB 9788—88

型钢名称	表示规格的主要尺寸	尺寸范围/mm	标准代号
工字钢	按高度的厘米数划分型号 （或以高度×腿宽度×腰厚度标记）	高度：100～630 腿宽度：68～180	GB 706—2016
槽钢	按高度的厘米数划分型号 （或以高度×腿宽度×腰厚度标记）	高度：50～300 腿宽度：37～89	GB 707—88

注 工字钢、槽钢的高度相同，但腿宽度、腰宽度不同时，在型号后注 a、b、c 以示区别，例如 25a、25b、25c 代表高度为 250mm，腿宽度为 78mm、80mm、82mm，腰厚度为 7mm、9mm、11mm 的三种规格的工字钢。

（六）钢板

钢板是宽厚比很大的矩形板。按轧制工艺不同分为热轧和冷轧两大类。按其公称厚度，钢板分为薄板（厚度 0.1～4mm）、中板（厚度 4～20mm）、厚板（厚度 20～60mm）和特厚板（厚度超过 60mm）。

1. 热轧钢板

热轧钢板按边缘状态分为切边和不切边两类，按精度分为普通精度和较高精度，按所用钢种分为碳素结构钢、低合金结构钢和优质碳素结构钢三类。

2. 热轧花纹钢板

热轧花纹钢板是由普通碳素结构钢，经热轧、矫直和切边而成的凸纹钢板。花纹钢板（不包括纹高）的厚度有 2.5mm、3.0mm、3.5mm、4.0mm、4.5mm、5.0mm、5.5mm、6.0mm、7.0mm 和 8.0mm 几种。随厚度增加，规定纹高加大有 1.0mm、1.5mm 和 2.0mm 三种，也有纹高均为 2.5mm 的品种。

3. 冷轧钢板

冷轧钢板是以热轧钢和钢带为原料，在常温下经冷轧机轧制而成的，其边缘状态有切边和不切边两种。按轧制精度分为普通精度和较高精度，按钢种分为碳素结构钢、低合金结构钢、硅钢、不锈钢等。

4. 钢带

钢带是厚度较薄、宽度较窄、以卷材供应的钢板。按轧制工艺分为热轧和冷轧，按边缘状态分为切边和不切边，按精度分为普通精度和较高精度，按厚度分为薄钢带（0.1～4.0mm、0.02～0.1mm）、超薄钢带（0.02mm 以下），按宽度分为窄钢带（宽度≤600mm）、宽钢带（宽度＞600mm）。

钢带主要用作弯曲型钢、焊接钢管、制作五金件的原料，直接用于各种结构及容器等。

除以上介绍的钢板外，还有镀层薄钢板，如镀锡钢板（旧称马口铁）、镀锌薄板（俗称白铁皮）、镀铝钢板、镀铅锡合金钢板等。

（七）建筑钢材的选用原则

水利工程中常用的建筑钢材主要是钢筋混凝土用钢材和钢结构用钢材，选用的主要根据是结构的重要性、荷载性质（动荷载或静荷载）、连接方法（焊接或铆接）和温度条件等，综合考虑钢种或牌号、质量等级和脱氧程度等进行选用，在满足工程的各种要求的前提下，保证结构的安全经济。

建筑钢材的选用一般遵循以下原则：

（1）荷载情况。对于经常承受动力或振动荷载的结构，容易产生应力集中，从而引起疲劳破坏，需要选用材质高的钢材。

（2）使用温度。对于经常处于低温状态的结构，钢材容易发生冷脆断裂，尤其是在焊接结构中，因而要求钢材具有良好的塑性和低温冲击韧性。

（3）连接方式。对于焊接结构，当温度变化和受力性质改变时，焊缝附近的母体金属容易出现冷、热裂纹，促使结构早期破坏。所以，焊接结构对钢材化学成分和力学性能要求应较严。

（4）钢材厚度。钢材力学性能一般随厚度增大而降低，钢材经多次轧制后，钢的内部结晶组织更为紧密，强度更高，质量更好，故一般结构用的钢材厚度不宜超过 40mm。

（5）结构重要性。选择钢材要考虑结构使用的重要性，如大跨度结构、重要的建筑物结构，需选用质量相对较好的钢材。

此外，高层建筑结构用钢宜采用 B、C、D 等级的 Q235 碳素结构钢和 B、C、D、E 等级的 Q345 低合金高强度结构钢。抗震结构钢材的屈强比不应小于 1.2，应有明显的屈服台阶，伸长率应大于 20%，且具有良好的可焊性。

三、钢结构专用型钢

钢结构用钢材主要是热轧成型的钢板和型钢等，薄壁轻型钢结构中主要采用冷弯薄壁型钢、圆钢和小角钢。钢材所用主要是碳素结构钢及低合金高强度结构钢。如图 9-11 和 9-12。

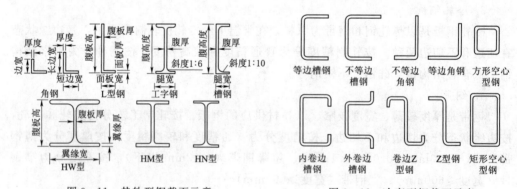

图 9-11　热轧型钢截面示意　　　　图 9-12　冷弯型钢截面示意

（一）热轧型钢

热轧型钢主要是在热状态下由钢坯轧成的各种几何形状截面型材的统称。热轧型钢按截面尺寸分为大中小型三类（表 9-14）；按断面形状分为简单截面型钢（圆钢、方钢、六角钢、扁钢等）、复杂截面型钢（角钢、工字钢、槽钢、H 型钢、T 字钢、Z 型钢、钢板桩、钢轨等）和周期截面型钢（螺纹钢筋等）。建筑用热轧型钢的材质以 Q235 碳素结构钢为多，对重要结构件采用 16Mn 钢等低合金结构钢。主要产品有热轧钢筋（见钢筋）、角钢、工字钢、槽钢和 H 型钢。

角钢的截面呈 L 形，有等边角钢和不等边角钢两类。角钢的规格以肢长和肢厚的尺寸（mm）表示。由于轧制工艺的要求，角钢肢端有圆弧过渡，其肢厚是指离肢端一定距离的厚度。角钢的型号按肢长（cm）数字编列，等边角钢有 2～20 号，不等边角钢有 3.2/2～20/12.5 号。角钢用于房屋结构、桥梁、塔桅和各种构筑物的桁架杆件，是应用最广的热轧型钢品种之一。

工字钢分为普通型和轻型两种，在两者高度相同的情况下，轻型工字钢的翼缘窄、腹板薄、重量轻。工字钢的型号以高度数值（cm）表示。槽钢也分普通型和轻型两种，以同高度产品的腹板薄厚和腿宽大小划分。型号也以高度（cm）为标志，常用的有 5～40 号。大型工字钢和槽钢型号数字后面还加有 a、b、c 符号，表示高度相同而腿宽和腹板厚度不同的产品，如 30a、30b、30c 工字钢，高度均为 300mm，腿宽和腹板厚度依次为 126mm、128mm、130mm 和 9mm、11mm、13mm。由于尺寸不同，截面特性也不一样，应根据工程需要合理选用。工字钢和槽钢是建筑业和机械制造业广泛用作承重骨架的钢材。热轧 H 型钢是一种经济型材，用四辊万能轧机轧制，其截面性能良好，是用作承重骨架的理想钢材品种（见 H 型钢）。

表 9 - 14		热 轧 型 钢 分 类 表			单位：mm
类型	工、槽钢高度	圆钢直径、方钢边宽、六角钢对边距离	扁钢宽度	等边角钢边宽	不等边角钢边宽
大型型钢	>180	>85	>105	>160	>160×100
中型型钢	<180	38～80	60～100	50～140	63×40～140×90
小型型钢	—	9～36	<56	20～45	32×20～56×35

1. 工字钢

工字钢也称钢梁，是截面为工字形的长条钢材。工字钢广泛用于各种建筑结构、桥梁、车辆、支架、机械等。工字钢主要分为普通工字钢、轻型工字钢和 H 型钢三种。

（1）普通工字钢和轻型工字钢。普通工字钢和轻型工字钢的翼缘由根部向边上逐渐变薄，有一定的角度，如图 9-13 所示，普通工字钢和轻型工字钢的型号用其腰高厘米数的阿拉伯数字来表示，腹板、翼缘厚度和翼缘宽度不同其规格以腰高（h）×腿宽（b）×腰厚（d）的毫数表示，如"普工 160×88×6"，即表示腰高为 160mm，腿宽为 88mm，腰厚为 6mm 的普通工字钢。"轻工 160×81×5"，即表示腰高为 160mm，腿宽为 81mm，腰厚为 5mm 的轻型工字钢。普通工字钢的规格也可用型号表示，型号表示腰高的厘米数，如普工 16 号。腰高相同的工字钢，如有几种不同的腿宽和腰

图 9-13　工字钢

厚，需在型号右边加 a、b、c 予以区别。

普通工字钢、轻型工字钢的翼缘是变截面靠腹板部厚，外部薄。

普通工字钢和轻型工字钢，由于截面尺寸均相对较高、较窄，故对截面两个主轴的惯性矩相差较大，因此，一般仅能直接用于在其腹板平面内受弯的构件或将其组成格构式受力构件。对轴心受压构件或在垂直于腹板平面还有弯曲的构件均不宜采用，这就使其在应用范围上有着很大的局限。工字钢的使用应依据设计图纸的要求进行选用。

（2）H 型钢。H 型钢亦称宽翼缘工字钢，按照欧洲标准划分成宽翼缘 H 型、钢（HW）、H 翼缘 H 型钢（HM）、窄翼缘 H 型钢（HN）。HEB 是德国标准的工字钢。其中 I、HW、HN 工字钢已广泛在我国使用和生产。HEA、HEB、HEM 在许多德国设计图上会看到，在国内市场上还很难购买到。在国内钢结构工程中，如果量少则可以使用等规格的钢板进行焊接拼接而成。而量大的话，通常考虑使用力学性能与之相当的 HW、HN 型钢代替。

HW 工字钢主要用于钢筋混凝土框架结构柱中钢芯柱，也称劲性钢柱；在钢结构中主要用于柱。

HM 型钢高度和翼缘宽度比例大致为 1.33～1.75，主要在钢结构中用作钢框架柱，在承受动力荷载的框架结构中用作框架梁，例如设备平台。

HN 型钢高度和翼缘宽度比例大于等于 2，主要用于梁。

H 型钢属于高效经济截面型材（其他还有冷弯薄壁型钢、压型钢板等），由于截面形状合理，它们能使钢材更高地发挥效能，提高承载能力。不同于普通工字钢的是 H 型钢的翼缘进行了加宽，且内、外表面通常是平行的，这样可便于用高强度螺栓和其他构件连接。其尺寸构成合理，型号齐全，便于设计选用。在结构设计中应依据其力学性能、化学性能、可焊性能、结构尺寸等选择合理的工字钢。

H 型钢分为宽翼缘 H 型钢（HK）、窄翼缘 H 型钢（HZ）和 H 型钢桩（HU）。其表示方法为：高度×宽度×腹板厚度×翼板厚度，如 H 型钢 Q235、SS400 200×200×8×12 表示为高 200mm、宽 200mm、腹板厚度 8mm、翼板厚度 12mm 的宽翼缘 H 型钢，其牌号为 Q235 或 SS400。

H 型钢是一种新型经济建筑用钢。H 型钢截面形状经济合理，力学性能好，轧制时截面上各点延伸较均匀、内应力小，与普通工字钢相比，具有截面模数大、重量轻、节省金属的优点，可使建筑结构减轻 30%～40%；又因其腿内外侧平行，腿端是直角，拼装组合成构件，可节约焊接、铆接工作量达 25%。常用于要求承载能力大，截面稳定性好的大型建筑（如厂房、高层建筑等），以及桥梁、船舶、起重运输机械、设备基础、支架、基础桩等。

H 型钢主要优点有：

1）结构强度高。同工字钢相比，截面模数大，在承载条件相同时，可节约金属 10%～15%。

2）设计风格灵活、丰富。在梁高相同的情况下，钢结构的开间可比混凝土结构的开间大 50%，从而使建筑布置更加灵活。

3）结构自重轻。与混凝土结构相比自重轻，结构自重的降低，减少了结构设计内力，可使建筑结构基础处理要求低，施工简便，造价降低。

4）结构稳定性高。以热轧 H 型钢（图 9-14）为主的钢结构，其结构科学合理，塑性和柔韧性好，结构稳定性高，适用于承受振动和冲击载荷大的建筑结构，抗自然灾害能力强，特别适用于一些多地震发生带的建筑结构。据统计，在世界上发生 7 级以上毁灭性大地震灾害中，以 H 型钢为主的钢结构建筑受害程度最小。

图 9-14　热轧 H 型钢

5）增加结构有效使用面积。与混凝土结构相比，钢结构柱截面面积小，从而可增加建筑有效使用面积，视建筑不同形式，能增加有效使用面积 4％～6％。

6）省工省料。与焊接 H 型钢相比，能明显地省工省料，减少原材料、能源和人工的消耗，残余应力低，外观和表面质量好。

7）便于机械加工。易于结构连接和安装，还易于拆除和再用。

8）环保。采用 H 型钢可以有效保护环境，具体表现在三个方面：一是和混凝土相比，可采用干式施工，产生的噪声小，粉尘少；二是由于自重减轻，基础施工取土量少，对土地资源破坏小，此外大量减少混凝土用量，减少开山挖石量，有利于生态环境的保护；三是建筑结构使用寿命到期后，结构拆除后，产生的固体垃圾量小，废钢资源回收价值高。

9）工业化制作程度高。以热轧 H 型钢为主的钢结构工业化制作程度高，便于机械制造，集约化生产，精度高，安装方便，质量易于保证，可以建成真正的房屋制作工厂、桥梁制作工厂、工业厂房制作工厂等。发展钢结构，创造和带动了数以百计的新兴产业发展。

10）工程施工速度快。占地面积小，且适合于全天候施工，受气候条件影响小。用热轧 H 型钢制作的钢结构的施工速度为混凝土结构施工速度的 2～3 倍，资金周转率成倍提高，降低财务费用，从而节省投资。以上海金茂大厦为例，高达近 400m 的结构主体仅用不到半年时间就完成了结构封顶，而钢混结构则需要两年工期。

2. 槽钢

槽钢是截面为凹槽形的长条钢材。其规格以腰高×腿宽×腰厚的毫米数表示，如120×53×5，表示腰高为 120mm，腿宽为 53mm，腰厚为 5mm 的槽钢，或称 12 号槽钢。腰高相同的槽钢，如有几种不同的腿宽和腰厚也需在型号右边加 a、b、c 予以区别，如 25a 号、25b 号、25c 号等。

槽钢分普通槽钢和轻型槽钢。热轧普通槽钢的规格为 5～40 号。经供需双方协议供应的热轧变通槽钢规格为 6.5～30 号。

槽钢主要用于建筑结构、车辆制造和其他工业结构，槽钢还常常和工字钢配合使用。

槽钢按形状又可分为四种：冷弯等边槽钢、冷弯不等边槽钢、冷弯内卷边槽钢、冷弯外卷边槽钢。

3. 角钢

主要分为等边角钢和不等边角钢两类，其中不等边角钢又可分为不等边等厚及不等边不等厚两种。

角钢的规格用边长和边厚的尺寸表示。目前国产角钢规格为 2～20 号，以边长的厘米数为号数，同一号角钢常有 2～7 种不同的边厚。进口角钢标明两边的实际尺寸及边厚并注明相关标准。一般边长 12.5cm 以上的为大型角钢，边长 12.5～5cm 的为中型角钢，边长 5cm 以下的为小型角钢。

进出口角钢的定货一般以使用中所要求的规格为主，其钢号为相应的碳结钢钢号。也即角钢除了规格号之外，没有特定的成分和性能系列。角钢的交货长度分定尺、倍尺两种，国产角钢的定尺选择范围根据规格号的不同有 3～9m、4～12m、4～19m、6～19m 四个范围。日本产角钢的长度选择范围为 6～15m。

不等边角钢指断面为角形且两边长不相等的钢材，是角钢中的一种。其边长由 25mm×16mm～200mm×125mm。由热轧轧机轧制而成。

不等边角钢广泛应用于各种金属结构、桥梁、机械制造与造船业、各种建筑结构和工程结构，如房梁、桥梁、输电塔、起重运输机械、船舶、工业炉、反应塔、容器架以及仓库等。

（二）冷弯型钢

冷弯型钢是一种经济的截面轻型薄壁钢材，也称钢制冷弯型材或冷弯型材。它是以热轧或冷轧带钢为坯料经弯曲成型制成的各种截面形状尺寸的型钢。冷弯型钢具有以下特点：

（1）截面经济合理，节省材料。冷弯型钢的截面形状可以根据需要设计，结构合理，单位重量的截面系数高于热轧型钢。在同样负荷下，可减轻构件重量，节约材料。冷弯型钢用于建筑结构可比热轧型钢节约金属 38%～50%，用于农业机械和车辆可节约金属 15%～60%，方便施工，降低综合费用。

（2）品种繁多，可以生产用一般热轧方法难以生产的壁厚均匀、截面形状复杂的各种型材和各种不同材质的冷弯型钢。

（3）产品表面光洁，外观好，尺寸精确，而且长度可以根据需要灵活调整，全部按定尺或倍尺供应，提高了材料的利用率。

（4）生产中还可与冲孔等工序相配合，以满足不同的需要。

冷弯型钢品种繁多，按截面形状分，有开口的、半闭口和闭口的，主要产品有冷弯槽钢、角钢、Z 型钢、冷弯波形钢板、方管、矩形管，电焊异型钢管、卷帘门等。通常生产的冷弯型钢厚度在 6mm 以下，宽度在 500mm 以下。产品广泛用于矿山、建筑、农业机械、交通运输、桥梁、石油化工、轻工业、电子等领域。

1. 角钢

角钢俗称角铁，是两边互相垂直成角形的长条钢材。有等边角钢和不等边角钢之分。等边角钢的两个边宽相等，其规格以边宽×边宽×边厚的毫米数表示，如"∠30×30×3"，即表示边宽为 30mm、边厚为 3mm 的等边角钢。也可用型号表示，型号是边宽的厘米数，如∠3 号。型号不表示同一型号中不同边厚的尺寸，因而在合同等单据上将角钢的边宽、边厚尺寸填写齐全，避免单独用型号表示。热轧等边角钢的规格为 2～20 号。

角钢可按结构的不同需要组成各种不同的受力构件，也可作构件之间的连接件。广泛地用于各种建筑结构和工程结构，如房梁、桥梁、输电塔、起重运输机械、船舶、工业炉、反应塔、容器架以及仓库货架等。

2. 圆钢

圆钢是指截面为圆形的实心长条钢材。其规格以直径的毫米数表示，如"50"即表示直径为 50mm 的圆钢。圆钢分为热轧、锻制和冷拉三种。热轧圆钢的规格为 5.5～250mm。其中，5.5～25mm 的小圆钢大多以直条成捆供应，常用作钢筋、螺栓及各种机械零件；大于 25mm 的圆钢，主要用于制造机械零件或作无缝钢管坯。

角钢和圆钢都属于型钢之类，相同型号的型钢有可能是不相同的钢种（牌号）制造的，所以常常在型钢的型号前后加以材质说明。如材质 Q235∠30×30×3 角钢。

任务五　钢筋性能试验

一、一般规定

（1）同一截面尺寸和同一炉罐号组成的钢筋分批验收时，每批质量不大于 60t。如炉罐号不同时，应按《钢筋混凝土用钢第 2 部分：热轧带肋钢筋》（GB/T 1499.2—2018）的规定验收。

（2）钢筋应有出厂合格证或试验报告单。验收时应抽样做力学性能试验，包括拉力试验和冷弯试验两个项目。两个项目中如有一个项目不合格，该批钢筋即为不合格品。

（3）钢筋在使用中如有脆断、焊接性能不良或力学性能显著不正常时，还应进行化学成分分析及其他专项试验。

（4）取样方法和结果评定规定，自每批钢筋中任意抽取两根，于每根距端部 500mm 处各取一套试样（两根试件），在每套试样中取一根做拉力试验，另一根做冷弯试验。在拉力试验的两根试件中，如其中一根试件的屈服点、抗拉强度和伸长率三个指标中，有一个指标达不到标准中规定的数值，应再抽取双倍（4 根）钢筋，制取双倍（4 根）试件重做试验，如仍有一根试件的一个指标达不到标准要求，则不论这个指标在第一次试件中是否达到标准要求，拉力试验项目也按不合格处理。在冷弯试验中，如有一根试件不符合标准要求，应同样抽取双倍钢筋，制成双倍试件重做试验，如仍有一根试件不符合标准要求，冷弯试验项目即为不合格。

（5）试验应在室温 10～35℃ 范围内进行，对温度要求严格的试验，试验温度为（23±5）℃。

二、拉伸试验

1. 试验目的

测定低碳钢的屈服强度、抗拉强度与伸长率，注意观察拉力与变形之间的变化。确定应力与应变之间的关系曲线，评定钢筋的强度等级。

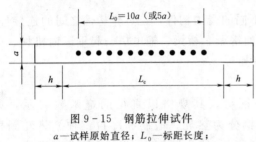

图 9-15　钢筋拉伸试件

a—试样原始直径；L_0—标距长度；

h—夹头长度；L_c—试样平行长度

（不小于 L_0+a）

2. 主要仪器设备

（1）万能材料试验机。为保证机器安全和试验准确，其吨位选择最好是使试件达到最大荷载时，指针位于指示度盘第三象限内。试验机的测力示值误差不大于 1%。

（2）量爪游标卡尺（精确度为 0.1mm）。

3. 试件制作和准备

抗拉试验用钢筋试件不得进行车削加工，可以用两个或一系列等分小冲点或细划线标出原始标距（标记不应影响试样断裂），测量标距长度 L_0（精确至 0.1mm），如图 9-15 所示。计算钢筋强度用横截面积采用表 9-15 所列公称横截面积。

表 9-15　　　　　钢筋的公称横截面积

公称直径/mm	公称横截面积/mm²	公称直径/mm	公称横截面积/mm²
8	50.27	22	380.1
10	78.54	25	490.9
12	113.1	28	615.8
14	153.9	32	804.2
16	201.1	36	1018
18	254.5	40	1257
20	314.2	50	1964

4. 屈服强度和抗拉强度的测定

（1）调整试验机测力度盘的指针，使其对准零点，并拨动副指针，使之与主指针重叠。

（2）将试件固定在试验机夹头内。开动试验机进行拉伸，拉伸速度为：屈服前，应力增加速度按表 9-16 规定，并保持试验机控制器固定于这一速率位置上，直至该性能测出为止；屈服后或只需测定抗拉强度时，试验机活动夹头在荷载下的移动速度不大于 $0.5L_0$/min。

表 9-16 屈服前的加荷速率

金属材料的弹性模量/MPa	应力速率/[N/(mm² · s)]	
	最小	最大
<150000	2	20
≥150000	6	60

（3）拉伸中，测力度盘的指针停止转动时的恒定荷载，或第一次回转时的最小荷载，即为所求的屈服点荷载 F_s（N）。按下式计算：

$$f_y = F_s/A \qquad (9-3)$$

式中　f_y——屈服强度，MPa；

　　　F_s——屈服点荷载，N；

　　　A——试件的公称横截面面积，mm²。

当 $f_y > 1000$MPa 时，应计算至 10MPa；f_y 为 200～1000MPa 时，计算至 5MPa；$f_y \le 200$MPa 时，计算至 1MPa。

（4）向试件连续施载直至拉断，由测力度盘读出最大荷载 F_b（N），按下式计算试件的抗拉强度：

$$f_u = F_b/A \qquad (9-4)$$

式中　f_u——抗拉强度，MPa；

　　　F_b——最大荷载，N；

　　　A——试件的公称横截面面积，mm²。

f_u 计算精度的要求同 f_y。

5. 伸长率测定

（1）将已拉断试件的两段在断裂处对齐，尽量使其轴线位于一条直线上。如拉断处由于各种原因形成缝隙，则此缝隙应计入试件拉断后的标距部分长度内。

（2）如拉断处到邻近的标距点的距离大于 $L_0/3$ 时，可用卡尺直接量出已被拉长的标距长度 L_1（mm）。

（3）如拉断处到邻近的标距端点的距离小于或等于 $L_0/3$，可按下述移位法确定 L_1：

在长段上，从拉断处 O 取基本等于短段格数，得 B 点，接着取等于长段所余格数［偶数，图9-16（a）］之半，得 C 点；或者取所余格数［奇数，图9-16（b）］减1与加1的一半，得 C 与 C_1 点。移位后的 L_1 分别为 $AO+OB+2BC$ 或者 $AO+OB+BC+BC_1$。

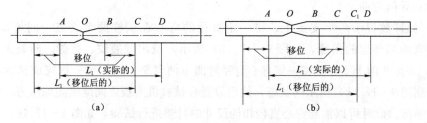

图 9-16　用移位法计算标距

如果直接量测所求得的伸长率能达到技术条件的规定值，则可不采用移位法。

（4）伸长率按下式计算（精确至1％）：

$$\delta_{10}（或\delta_5）=\frac{L_1-L_0}{L_0}\times100\%\qquad(9-5)$$

式中　δ_{10}、δ_5——$L_0=10d$ 或 $L_0=5d$ 时的伸长率；

　　　　L_0——原标距长度 $10d$（$5d$），mm；

　　　　L_1——试件拉断后直接量出或按移位法确定的标距部分长度，mm，测量精确至 0.1mm。

（5）如试件在标距端点上或标距处断裂，则试验结果无效，应重做试验。

三、冷弯试验

1. 主要仪器设备

压力机或万能试验机，具有不同直径的弯心。

2. 试验步骤

（1）钢筋冷弯试件不得进行车削加工，试样长度通常按下式确定：

$$L\approx5a+150\quad（mm）\qquad(9-6)$$

式中　a——试件原始直径。

（2）半导向弯曲试样一端固定，绕弯心直径进行弯曲，如图9-17（a）所示。试样弯曲到规定的弯曲角度或出现裂纹、裂缝或断裂为止。

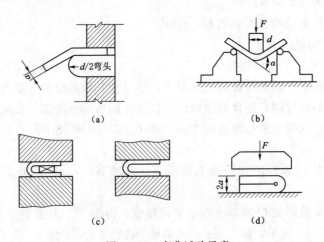

图9-17　弯曲试验示意

（3）导向弯曲。

1）试样放置于两个支点上，将一定直径的弯心在试样两个支点中间施加压力，使试样弯曲到规定的角度，如图9-17（b）所示，或出现裂纹、裂缝、断裂为止。

2）试样在两个支点上按一定弯心直径弯曲至两臂平行时，可一次完成试验，亦可先弯曲到图9-17（b）所示的状态，然后放置在试验机平板之间继续施加压力，压至试样两臂平行。此时可以加与弯心直径相同尺寸的衬垫进行试验，如图9-17（c）所示。

当试样需要弯曲至两臂接触时，首先将试样弯曲到图9-17（c）所示的状态，然后放置在两平板间继续施加压力，直至两臂接触，如图 9-17 (d) 所示。

3）试验应在平稳压力作用下，缓慢施加试验压力。两支辊间距离为 $(d+2.5a)$ $\pm0.5a$，并且在试验过程中不允许有变化。

4）试验应在 10～35℃ 或控制条件（23±5）℃下进行。

3. 试验结果评定

弯曲后，按有关标准规定检查试样弯曲外表面，进行结果评定。若无裂纹、裂缝或裂断，则评定试样合格。

【案例分析】

水工钢结构防腐分析

现象：某灌区取水钢闸门，表面涂薄层油漆防腐，运行十几年之后，闸门被腐蚀，无法开启，最后不得不重新更换。

原因分析：由于该钢闸门浸在水中，水中砂、石的碰撞与摩擦、水流的冲刷，使油漆很容易剥落，加上灌区部分干、支渠道的水存在不同程度的污染，使失去油漆保护的钢闸门表面与污水发生化学反应，生成 $Fe(OH)_2$ 与 $Fe(OH)_3$，它们是疏松多孔的物质，起初为斑状、锈泡，逐渐密集后便成片剥落。剥落后又开始进行新一层锈蚀，周而复始，造成闸门被腐蚀，从而不能正常工作，不得不重新更换。

【本章小结】

金属材料是主要的建筑材料之一。在建筑工程中主要使用碳素结构钢和低合金结构钢，用来制作钢结构构件及制作混凝土结构中的增强材料。尤其是近年来，高层和大跨度结构迅速发展，金属材料在建筑工程中的应用将会越来越多。

钢材是工程中耗量较大而价格昂贵的建筑材料，所以如何经济合理地利用钢材，以及设法用其他较廉价的材料来代替钢材，以节约金属材料资源，降低成本，也是非常重要的课题。

思 考 题

1. 建筑工程中主要使用哪些钢材？
2. 评价钢材技术性质的主要指标有哪些？
3. 施工现场如何验收和检测钢筋？如何储存？
4. 试述碳素结构钢和低合金钢在工程中的应用。
5. 化学成分对钢材的性能有何影响？
6. 钢材拉伸性能的表征指标有哪些？各指标的含义是什么？
7. 什么是钢材的屈强比？它在建筑设计中有何实际意义？
8. 什么是钢材的冷弯性能？应如何进行评价？
9. 何谓钢材的冷加工和时效？钢材经冷加工和时效处理后性能有何变化？
10. 钢筋混凝土用热轧钢筋有哪几个牌号？其表示的含义是什么？
11. 建筑钢材的锈蚀原因有哪些？如何防护钢材？

有 机 材 料

项目十 木 材

【学习目标】

①掌握木材的构造及物理力学性质；②了解木材的腐朽原理与防止措施；③了解木材综合利用——人造板材；④建议在熟练掌握木材构造和性质的基础上，结合实际应用理解建筑结构和装饰工程中木材的合理使用，以及木材综合利用的环保问题。

【能力目标】

①能够进行木材的性能检测；②能够在建筑工程中应用木材施工，掌握木材的综合利用。

【思政小贴士】

杩槎（mà chá），亦作"杩杈"，是用来挡水的三脚木架（图 10-1）。应用时以多个排列成行，中设平台，台上置石块，在迎水面上加系横木及竖木，外置竹席，并加培黏土，即可起挡水作用。这种建筑物，两千年前就用于都江堰工程中，人们采用在分水堤附近外江河道上设置杩槎截流的办法，来调节外江、内江的水量。

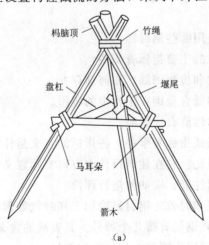

（a）

图 10-1（一） 杩槎组成

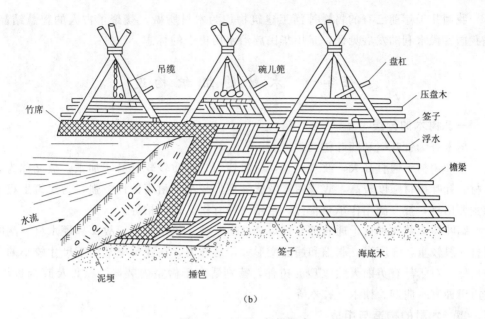

（b）

图 10-1（二） 杩槎组成

　　单架杩槎是由三根长 6～7m 的木桩绑扎而成的三脚支架。在施工处若干架杩槎相连，每个杩槎架上置大卵石笼作为压重，迎水面钉长木条，前铺竹席，形成浑然一体彼此相连的挡水平面，然后在挡水面自下而上层层抛入掺有卵石的黏土，成为一道不透水的截流堰（图 10-2）。

图 10-2　杩槎挡水

我国几千年前已有的杩槎等河工建筑物均为木材所做，凝聚了古人的智慧结晶，是我国古代水利的发展见证，是中华民族治水历史上的标志。

任务一　木材的组织构造

一、树木的分类

树木分为针叶树和阔叶树两类。

针叶树树干通直高大，纹理顺直，材质均匀，木质较软且易于加工，故又称为软木材。针叶树材强度较高，表观密度及胀缩变形较小，耐腐蚀性较强，为建筑工程中的主要用材，被广泛用作承重构件，常用树种有松、杉、柏等。

阔叶树多数树种树干通直部分较短，材质坚硬，较难加工，故又称硬木材。阔叶树材一般较重，强度高，胀缩和翘曲变形大，易开裂，在建筑中常用于尺寸较小的装饰构件。对于具有美丽天然纹理的树种，特别适合于做室内装修、家具及胶合板等。常用树种有水曲柳、榆木、柞木等。

二、木材的构造与组成

木材的构造是决定木材性能的重要因素。树种不同，其构造相差很大，通常可从宏观和微观两方面观察。

1. 木材的宏观构造

宏观构造是指肉眼或放大镜能观察到的木材组织。由于木材是各向异性的，可通过横切面（树纵轴相垂直的横向切面）、径切面（通过树轴的纵切面）和弦切面（与树轴平行的纵向切面）了解其构造，如图 10-3 所示。

（1）树木主要由树皮、髓心和木质部组成。建筑用木材主要是使用木质部，木质部是髓心和树皮之间的部分，是木材的主体。在木质部中，靠近髓心的部分颜色较深，称为心材；靠近树皮的部分颜色较浅，称为边材。心材含水量较小，不易翘曲变形，耐蚀性较强；边材含水量较大，易翘曲变形，耐蚀性也不如心材，所以心材利用价值更大。

（2）从横切面可以看到深浅相间的同心圆，称为年轮。每一年轮中，色浅而质软的部分是春季长成的，称为春材或早材；色深而质硬的部分是夏秋季长成的，称为夏材或晚材。相同的树种，夏材越多，木材强度越高；年轮越密且均匀，木材质量越好。木材横切面上，有许多径向的，从髓心向树皮呈辐射状的细线条，或断或续地穿过数个年轮，称为髓线，是木材中较脆弱的部位，干燥时常沿髓线发生裂纹。

2. 木材的微观构造

在显微镜下所见到的木材组织称为微观构造。针叶树和阔叶树的微观构造不同，如图 10-4 和图 10-5 所示。

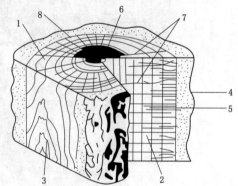

图 10-3　木材的宏观构造

1—横切面；2—径切面；3—弦切面；4—树皮；
5—木质部；6—髓心；7—髓线；8—年轮

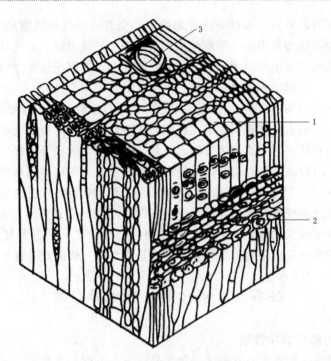

图 10 - 4　针叶树马尾松微观构造
1—管胞；2—髓线；3—树脂道

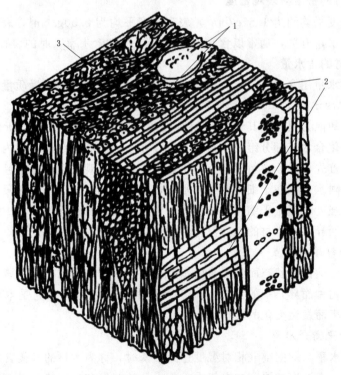

图 10 - 5　阔叶树柞木微观构造
1—导管；2—髓线；3—木纤维

从显微镜下可以看到，木材是由有无数细小空腔的圆柱形细胞紧密结合组成的，每个细胞都有细胞壁和细胞腔，细胞壁由若干层细胞纤维组成，其连接纵向较横向牢固，因而造成细胞壁纵向的强度高，而横向的强度低，在组成细胞壁的纤维之间存在有极小的空隙，能吸附和渗透水分。

细胞本身的组织构造在很大程度上决定了木材的性质，如细胞壁越厚、腔越小，木材组织越均匀，则木材越密实，表观密度与强度越大，同时胀缩变形也越大。

木材细胞因功能不同主要分为管胞、导管、木纤维、髓线等。针叶树显微结构较为简单而规则，由管胞、树脂道和髓线组成，管胞主要为纵向排列的厚壁细胞，约占木材总体积的90%。针叶树的髓线较细小而不明显。阔叶树的显微结构复杂，主要由导管、木纤维及髓线等组成，导管是壁薄而腔大的细胞，约占木材总体积的20%。木纤维是一种厚壁细长的细胞，它是阔叶树的主要成分之一，占木材总体积的50%以上。阔叶树的髓线发达而明显。导管和髓线是鉴别阔叶树的显著特征。

任务二　木材的物理力学性质

一、木材的物理力学性质

木材的物理力学性质主要有密度、含水量、湿胀干缩、强度等，其中含水量对木材的物理力学性质影响较大。

（一）木材的密度与表观密度

木材的密度平均约为 $1.55g/cm^3$，表观密度平均为 $0.50g/cm^3$，表观密度大小与木材种类及含水率有关，通常以含水率为15%（标准含水率）时的表观密度为准。

（二）木材的含水量

木材的含水量用含水率表示，指木材所含水的质量占木材干燥质量的百分率。

1. 木材中的水分

木材吸水的能力很强，其含水量随所处环境的湿度变化而异，所含水分由自由水、吸附水、化合水三部分组成。自由水是存在于细胞腔和细胞间隙内的水分，木材干燥时自由水首先蒸发，自由水的存在将影响木材的表观密度、保水性、燃烧性、抗腐蚀性等；吸附水是存在于细胞壁中的水分，木材受潮时其细胞首先吸水，吸附水的变化对木材的强度和湿胀干缩性影响很大；化合水是木材的化学成分中的结合水，它随树种的不同而异，对木材的性质没有影响。

2. 木材的纤维饱和点

当吸附水已达饱和状态而又无自由水存在时，木材的含水率称为该木材的纤维饱和点。其值随树种而异，一般为25%～35%，平均值为30%。它是木材物理力学性质是否随含水率而发生变化的转折点。

3. 木材的平衡含水率

木材的含水率与周围空气相对湿度达到平衡时，称为木材的平衡含水率。即当木材长时间处于一定温度和湿度的空气中，其水分的蒸发和吸收趋于平衡，含水率相对稳定，此时的含水率为平衡含水率。木材平衡含水率随大气的湿度变化而变化。

为了避免木材的使用过程中因含水率变化太大而引起变形或开裂，木材使用前，须干燥至使用环境长年平均的平衡含水率。我国平衡含水率平均为15%（北方约为12%，南方约为18%）。

（三）木材的湿胀干缩

木材细胞壁内吸附水含量的变化会引起木材的变形，即湿胀干缩。

木材含水量大于纤维饱和点时，表示木材的含水率除吸附水达到饱和外，还有一定数量的自由水。此时，木材如受到干燥或受潮，只是自由水改变。但含水率小于纤维饱和点时，则表明水分都吸附在细胞壁的纤维上，它的增加或减少能引起体积的膨胀或收缩，即只有吸附水的改变才影响木材的变形，如图10-6所示。

由于木材构造的不均匀性，木材的变形在各个方向上也不同：顺纹方向（纵向）最小，径向较大，弦向最大。因此，湿材干燥后，其截面尺寸和形状会发生明显的变化，如图10-7所示。

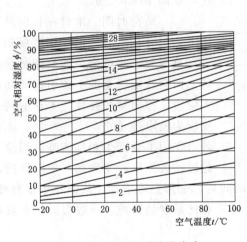

图10-6 木材的平衡含水率

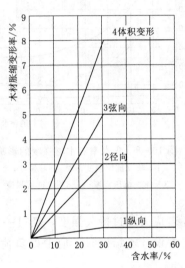

图10-7 松木含水率对其膨胀的影响

湿胀干缩将影响木材的使用。干缩会使木材翘曲、开裂、接榫松动、拼缝不严。湿胀可造成表面鼓凸，所以木材在加工或使用前应预先进行干燥，使其接近于与环境湿度相适应的平衡含水率。

（四）木材的强度

1. 木材的强度种类

木材按受力状态分为抗拉、抗压、抗弯和抗剪四种强度，而抗拉、抗压和抗剪强度又有顺纹和横纹之分。所谓顺纹是指作用力方向与纤维方向平行；横纹是指作用力方向与纤维方向垂直。木材的顺纹和横纹强度有很大差别。

木材各种强度之间的比例关系见表10-1。

2. 影响木材强度的主要因素

木材强度除由本身组织构造因素决定外，还与含水率、缺陷（木节、斜纹、裂缝、腐朽及虫蛀等）、负荷时间、环境温度等因素有关。

表 10-1   **木材各强度之间关系**

抗压强度		抗拉强度		抗弯强度	抗剪强度	
顺纹	横纹	顺纹	横纹		顺纹	横纹
1	$\frac{1}{10}\sim\frac{1}{3}$	$2\sim3$	$\frac{1}{20}\sim\frac{1}{3}$	$\frac{3}{2}\sim2$	$\frac{1}{7}\sim\frac{1}{3}$	$\frac{1}{2}\sim1$

注 以顺纹抗压强度为1。

(1) 含水率。木材含水率在纤维饱和点以下时，含水率降低，吸附水减少，细胞壁紧密，木材强度增加；反之，强度降低。当含水率超过纤维饱和点时，只是自由水变化，木材强度不变。

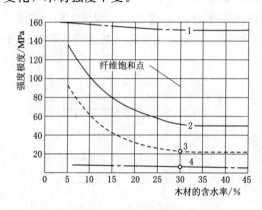

图 10-8 含水率对木材强度的影响
1—顺纹抗拉强度；2—抗弯强度；
3—顺纹抗压强度；4—顺纹抗剪强度

木材含水率对其各种强度的影响程度是不相同的，受影响最大的是顺纹抗压强度，其次是抗弯强度，对顺纹抗剪强度影响小，影响最小的是顺纹抗拉强度，如图 10-8 所示。

(2) 负荷时间。木材在长期外力作用下，只有在应力远低于强度极限的某一定范围时，才可避免因长期负荷而破坏。而它所能承受的不致引起破坏的最大应力，称为持久强度。木材的持久强度仅为极限强度的 50%～60%。木材在外力作用下会产生塑性流变，当应力不超过持久强度，变形到一定限度后趋于稳定；若应力超过持久强度，经过一定时间后，变形急剧增加，从而导致木材破坏。因此，在设计木结构时，应考虑负荷时间对木材强度的影响，一般应以持久强度为依据。

(3) 环境温度。温度对木材强度有直接影响，当温度从 25℃升至 50℃时，将因木纤维和其间的胶体软化等原因，木材抗压强度降低 20%～40%，抗拉和抗剪强度降低 12%～20%。当温度在 100℃以上时，木材中部分组织会分解、挥发，木材变黑、强度明显下降。因此，环境温度长期超过 50℃时，不应采用木结构。

(4) 缺陷。木材在生长、采伐、储存、加工和使用过程中会产生一些缺陷，如木节、裂纹、腐朽和虫蛀等。这会破坏木材的构造，造成材质的不连续性和不均匀性，从而使木材的强度大大降低，甚至可失去使用价值。

3. 木材的力学性质

建筑工程中常用树种的力学性质见表 10-2。

二、木材的腐朽与防止

1. 木材腐朽

木材受到真菌侵害后，其细胞改变颜色，结构逐渐变松、变脆，强度和耐久性降低，这种现象称为木材的腐蚀（腐朽）。

表 10-2 　　　　　　　　　我国常用树种的木材主要物理力学性质

树种		产地	干缩系数		表观密度/(g/cm³)	顺纹抗压强度/MPa	顺纹抗拉强度/MPa	抗弯强度/MPa	横纹抗压强度/MPa				顺纹抗剪强度/MPa	
									局部承压比例极限		全部承压比例极限			
			径向	弦向					径向	弦向	径向	弦向	径向	弦向
阔叶树	白桦	黑龙江	0.227	0.308	0.607	42.0	—	87.5	5.2	3.3	—	—	7.8	10.6
	柞木	长白山	0.199	0.316	0.766	55.6	155.4	124.0	10.4	8.8	—	—	11.8	12.9
	麻栎	安徽肥西	0.210	0.389	0.930	52.1	155.4	128.6	12.8	10.1	8.3	6.5	15.9	18.0
	竹叶青冈	海南吊罗山	0.194	0.438	1.042	86.7	172.0	171.7	21.6	16.5	13.6	10.5	15.2	14.6
	枫香	江西全南	0.150	0.316	0.592	—	—	88.1	6.9	9.7	7.8	11.6	9.7	12.8
	水曲柳	长白山	0.197	0.353	0.686	52.5	138.7	118.6	7.6	10.7	—	—	11.3	10.5
	柏白	湖北崇阳	0.127	0.180	0.600	54.1	117.1	100.5	10.7	9.6	7.9	6.7	9.6	11.1
针叶树	杉木	湖南江华	0.123	0.277	0.371	37.8	77.2	63.8	3.1	3.3	1.8	1.5	4.2	4.9
		四川青衣江	0.136	0.286	0.416	36.0	83.1	63.4	3.1	3.8	2.3	2.6	6.0	5.9
	冷杉	四川大渡河	0.174	0.341	0.433	35.5	97.3	70.0	3.6	4.4	2.4	3.3	4.9	5.5
		长白山	0.122	0.300	0.390	32.5	73.6	66.4	2.8	3.6	2.0	2.5	6.2	6.5
	云杉	四川平武	0.173	0.327	0.459	38.6	94.0	75.9	3.4	4.5	2.9	2.9	6.1	6.1
		新疆	0.139	0.390	0.432	32.0		62.1	6.2	4.3	2.9	2.9	6.1	7.0
	铁杉	四川青衣江	0.149	0.273	0.511	46.3	117.8	91.5	3.8	6.1	3.2	3.6	9.2	8.4
		云南丽江	0.145	0.269	0.449	36.1	87.4	76.1	4.6	5.5	3.5	3.8	7.0	6.9
	红松	小兴安岭及长白山	0.122	0.321	0.440	33.4	98.1	63.5	3.7	3.8			6.3	6.9
	落叶松	小兴安岭	0.169	0.398	0.641	57.6	129.9	118.3	4.6	8.4			8.5	6.8
		新疆	0.162	0.372	0.563	39.0	113.0	84.6	3.9	6.1	2.9	3.4	8.7	6.7
	马尾松	湖南郴县会同	0.152	0.297	0.519	44.4	104.9	91.0	4.0	6.6	2.1	3.1	7.5	6.7
		广西柳州沙塘	0.123	0.277	0.449	31.4	66.8	66.5	4.3	4.1	2.6	2.6	7.4	6.7

侵害木材的真菌，主要有霉菌、变色菌、腐朽菌等。它们在木材中生存和繁殖必须同时具备三个条件：适当的水分、足够的空气和适宜的温度。当空气相对湿度在90％以上，木材的含水率在35％～50％，环境温度在25～30℃时，适宜真菌繁殖，木材最易腐蚀。

此外，木材还易受到白蚁、天牛、蠹虫等的蛀蚀，使木材形成很多孔眼或沟道，甚至蛀穴，破坏木质结构的完整性而使强度严重降低。

2. 木材的防腐

木材防腐基本原理在于破坏真菌及虫类生存和繁殖的条件，常用方法有以下两种：一是将木材干燥至含水率在20％以下，保证木结构处在干燥状态，对木结构物采取通风、防潮、表面涂刷涂料等措施；二是将化学防腐剂施加于木材，使木材成为有毒物质，常用的方法有表面喷涂法、浸渍法、压力渗透法等。常用的防腐剂有水溶性的、油溶性的及浆膏类的。

水溶性防腐剂多用于内部木构件的防腐，常用氯化锌、氟化钠、铜铬合剂、硼氟酚合剂、硫酸铜等。油溶性防腐剂药力持久、毒性大、不易被水冲走、不吸湿，但有臭味，多用于室外、地下、水下，常用蒽油、煤焦油等。浆膏类防腐剂有恶臭，木材处理后呈黑褐色，不能油漆，如氟砷沥青等。

任务三 木材的应用

木材的综合利用就是将木材加工过程中的大量边角、碎料、刨花、木屑等，经过再加工处理，制成各种人造板材，有效提高木材利用率，这对弥补木材资源严重不足有着十分重要的意义。

一、胶合板

胶合板是用原木旋切成薄片，经干燥处理后，再用胶粘剂按奇数层数，以各层纤维互相垂直的方向，黏合热压而成的人造板材。一般为3～13层，工程中常用的是三合板和五合板。针叶树和阔叶树均可制作胶合板。

胶合板的特点是：材质均匀，强度高，无明显纤维饱和点存在，吸湿性小，不翘曲开裂，无疵病，幅面大，使用方便，装饰性好。

胶合板广泛用作建筑室内隔墙板、护壁板、顶棚、门面板以及各种家具和装修。

普通胶合板的胶种、特性及适用范围见表10-3。

表10-3 胶合板分类、特性及适应范围

类别	相当于国外产品代号	使用胶料和产品性能	可使用场所	用途
Ⅰ类（NQF）耐气候、耐沸水胶合板	WPB	具有耐久、耐煮沸或蒸汽处理和抗菌等。用酚醛类树脂胶或其他性能相当的优质合成树脂胶制成	室外露天	用于航空、船舶、车厢、包装、混凝土模板、水利工程及其他要求耐水性、耐气候性好的地方
Ⅱ类（NS）耐水胶合板	WR	能在冷水中浸渍，能经受短时间热水浸渍，并具有抗菌性能，但不能耐煮沸，用脲醛树脂或其他性能相当的胶合剂制成	室内	用于车厢、船舶、家具、建筑内装饰及包装
Ⅲ类（NC）耐潮胶合板	MR	能耐短期冷水浸渍，适于室内常态下使用。用低树脂含量的脲醛树脂、血胶或其他性能相当的胶合剂胶合制成	室内	用于家具、包装及一般建筑用途
Ⅳ类（BNS）不耐潮胶合板	INT	在室内常态下使用，具有一定的胶合强度。用豆胶或其他性能相当的胶合剂胶合制成	室内	主要用于包装及一般用途。茶叶箱需要用豆胶胶合板

注 WPB—耐沸水胶合板；WR—耐水性胶合板；MR—耐潮性胶合板；INT—不耐水性胶合。

二、细木工板

细木工板属于特种胶合板的一种，芯板用木板拼接而成，两面胶粘一层或二层板。细木工板按结构不同，可分为芯板条不胶拼的和芯板条胶拼的两种；按表面加工状况可分为一面砂光、两面砂光和不砂光三种；按所使用的胶合剂不同，可分为Ⅰ类胶细木工板和Ⅱ类胶细木工板两种；按面板的材质和加工工艺质量不同，可分为一、二、三等级。细木工板具有质坚、吸声、绝热等特点，适用于家具和建筑物内装修等。

细木工板的尺寸规格和技术性能见表 10-4 和表 10-5。

表 10-4　　　　　　　　　　　细木工板的尺寸规格　　　　　　　　　　单位：mm

宽度		长度				厚度
915	915		1830	2135		≤16
1220	—	1220	1830	2135	2440	>16

表 10-5　　　　　　　　　　　　细木工板的技术性能

检验项目	指标值
含水率/%	6.0～14.0
横向静曲强度/MPa	≥15.0
浸渍剥离性能/mm	试件每个腔层上的每一边剥离和分层总长度均不超过 25mm
表面胶合强度/MPa	≥0.60
当表板厚度≥0.55mm 时，细木工板不做表面胶合强度	

三、纤维板

纤维板是以植物纤维为主要原料，经破碎、浸泡、研磨成木浆，再加入一定的胶料，经热压成型、干燥等工序制成的一种人造板材。

纤维板的原料非常丰富。如木材采伐加工剩余物（板皮、刨花、树枝等）、稻草、麦秸、玉米秆、竹材等。纤维板是木材综合利用、节约木材的重要途径之一。

纤维板可按原料不同分为木质纤维板和非木质纤维板。木质纤维板是由木材加工废料经进一步加工制成的纤维板；非木质纤维板是由草本纤维或竹材纤维制成的纤维板。

纤维板按密度分类是国际分类法，通常分为三大类。

1. 硬质纤维板

密度在 $0.8g/cm^3$ 以上的称为硬质纤维板，又称高密度纤维板。一等品的密度不得低于 $0.9g/cm^3$，二、三等品的密度不得低于 $0.8g/cm^3$。具有强度大、密度高的特点，广泛用于建筑、车辆、船舶、家具、包装等方面。

2. 软质纤维板

密度 $0.4g/cm^3$ 以下的称为软质纤维板，又称低密度纤维板。其强度不大，导热性也较小，适于作保温和隔声材料。

3. 半硬质纤维板

密度 $0.4～0.8g/cm^3$ 的称为半硬质纤维板，通常称为中密度纤维板。其强度较大，性能介于硬质纤维板和软质纤维板之间，易于加工。主要用作建筑壁板、家具，产品可以贴纸和涂饰。

四、刨花板、木丝板、木屑板

刨花板、木丝板、木屑板是利用木材加工中产生的大量刨花、木丝、木屑为原料，经干燥，与胶结料拌和，热压而成的板材，所用胶结料有动植物胶（豆胶、血胶）、合成树脂胶（酚醛树脂、脲醛树脂等）、无机胶凝材料（水泥、菱苦土等）。

这类板材表观密度小，强度较低，主要用作绝热和吸声材料。经饰面处理后，还可用作吊顶板材、隔断板材等。

五、关于人造木板材的甲醛释放量控制问题

人造木板材是装修材料中使用最多的材料之一，改革开放以来，我国几种主要的人造木板材（刨花板、胶合板、细木工板、纤维板等）工业年均增长速度达16%，1997年产量已达1648万 m^3。

人造木板材在我国普遍采用的胶粘剂是酚醛树脂和脲醛树脂，两者皆以甲醛为主要原料，使用中会散发有害、有毒气体，影响环境质量。一般情况下，脲醛树脂中的游离甲醛浓度约3%，酚醛树脂中也有一定的游离甲醛，由于脲醛树脂胶粘剂价格较低，故许多厂家均采用脲醛树脂胶，但由于这类胶粘剂强度较低，加之以往胶合板、细木工板等人造木板材国家没有甲醛释放量限制，所以许多人造木板生产厂就采用多掺甲醛这种低成本的方法来提高黏接强度，据有关部门抽查，甲醛释放量超过欧洲EMB工业标准的几十倍。人造木板材中甲醛的释放持续时间往往很长，所造成的污染很难在短时间解决。

为控制民用建筑工程使用人造木板材及饰面人造木板材的甲醛释放，必须测定其游离甲醛含量或释放量。

《民用建筑工程室内环境污染控制标准》（GB 50325—2020）规定：人造木板及其制品可采用环境测试舱法或干燥器法测定甲醛释放量。环境测试舱法测定的游离甲醛释放量≤0.124mg/ m^3，干燥器法测定的游离甲醛释放量≤1.5mg/L。

【应用案例与发展动态】

新型环保、节能建材——水泥木丝板❶

研发绿色建筑材料已被国家有关部门列为重大项目。水泥木丝板（以下简称"木丝板"）是一种理想的绿色建筑材料，在欧美已广泛应用于建筑工程上。木丝板是以天然木材、硅酸盐水泥为原料，经特殊工艺处理、混合、压制而成的板状材料。它的主要特点是：绿色环保、节能保温。①环保性：木丝板是将木材切削成细长木丝，用硅酸盐水泥作黏合剂而制成的，无任何有害身体健康成分。不同于目前市场上的木质人造板材（胶合板、刨花板、密度板、细木工板等）均含有严重危害人们健康的甲醛、苯酚等化合物。木丝板所采用的木材是人工速生林（杨木、落叶松）小径材，而不耗用优质天然木材。原料来源广泛，可采用造林-加工一体化的产业模式，能更加有利于生态环境的保护。②保温性：木材本身属于一种绝热材料，而木丝板在制造成型过程中又产生出很多空隙，这样就赋予它具有很好的绝热保温性。近些年又研制出一种专门用作保温材料的产品，称之为复合保温木丝板，该产品两表层（或单面）为水泥木丝板，芯层（或另一面）为聚苯乙烯板、岩棉板、玻璃纤维板等。复合保温木

❶ 摘自：周正宇. 新型环保，节能建材——水泥木丝板［J］. 中国住宅设施，2005（2）：30-31.

丝板具有更好的保温效果。③防火性：经检测木丝板的防火等级为 B1 级，可用作高层建筑材料。由于硅酸盐水泥渗入与包裹木材纤维，这样阻止了木材的燃烧氧化。④抗冻融性：木丝板对水和冰冻不敏感，不会因冰冻而产生膨胀和破裂，经冻融试验后木丝板无损伤变化。⑤耐久性：硅酸盐水泥渗入木材纤维之间，起到了很好地保护木材纤维免遭生化腐蚀的作用，大大延长了木丝板的使用寿命。⑥耐潮性：木丝板具有优良的耐潮性能，可用于室外或潮湿环境下（如厨房、卫生间、地下室等），可以露天存放。⑦其他性能：木丝板可用水泥灰沙与其他建材黏合，可锯割、可钉钉；优雅的外表面可直接使用（本色），也可着色、涂饰、粉刷、覆贴等。

随着我国推广绿色建筑进程加快，木丝板的市场前景将会十分美好。目前，木丝板的用途有：①吸声材料：用于公共场所的吸声与装饰，如影剧院、体育馆、会议室、候车室等；用于消声降噪，如高速公路、铁路的噪声屏障，工业降噪机房。②装饰材料：用于公寓、住宅、写字楼、学校等建筑的装饰与吸声；家具用板材、地板等。③保温材料：用于各种建筑物外墙、屋顶的保温，隔墙板、活动板房等。④混凝土模板：在混凝土施工中，木丝板与混凝土浇筑成一体，既当模板又不再拆除并起装饰作用，一举两得。

总之，木丝板确属绿色环保产品，是建材领域的一位新成员，用途十分广泛，但还有待深度开发、利用。

【本章小结】

木材是传统的三大建筑材料（水泥、钢材、木材）之一。但由于木材生长周期长，大量砍伐对保持生态平衡不利，且因木材也存在易燃、易腐以及各向异性等缺点，所以在工程中应尽量以其他材料代替，以节省木材资源。

思 考 题

1. 木材的纤维饱和点、平衡含水率、标准含水率各有什么实用意义？
2. 施工现场木材的储存需要注意哪些问题？
3. 试述木材综合利用的实际意义。
4. 木材从宏观构造观察有哪些主要组成部分？
5. 木材含水率的变化对其性能有什么影响？
6. 影响木材强度的因素有哪些？如何影响？
7. 简述木材的腐蚀原因及防腐方法。

项目十一 土 工 合 成 材 料

【学习目标】

①掌握土工织物和土工膜的作用；②了解土工合成材料的种类；③了解土工合成材料的作用及用途。

【能力目标】

①掌握土工织物性能检测试验；②规范编写试验报告和试验记录。

任务一 土工合成材料的种类

根据《土工合成材料应用技术规范》（GB/T 50290—2014），土工合成材料是工程建设中应用的与土、岩石或其他材料接触的聚合物材料（含天然的）的总称，包括土工织物、土工膜、土工复合材料、土工特种材料（图11-1）。即以人工合成或天然的聚合物（如塑料、化纤、合成橡胶等）为原料，制成各种类型的产品，置于土体内部、表面或各种土体、岩石之间，发挥加强或保护土体、岩石的作用。

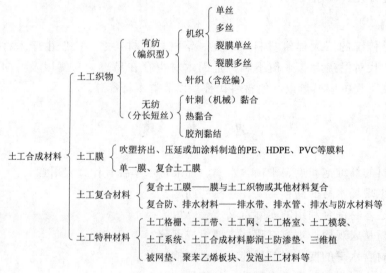

图 11-1 土工合成材料的分类

一、土工织物

土工织物是具有透水性的土工合成材料，俗称"土工布"，是新材料土工合成材料其中的一种，成品为布状，一般宽度为 4～6m，长度为 50～100m。按制造方法不同可分为有纺土工织物和无纺土工织物。有纺土工织物是由纤维纱或长丝按一定方向排列机织的土工织物。无纺土工织物是由短纤维或长丝随机或定向排列制成的薄絮垫，经机械结合、热黏合或化学黏合而成的土工织物。

土工织物由高分子聚合物通过纺丝制成纤维而合成，是各种聚合材料的总称，也称为土工合成材料或土工聚合物。土工织物有多种形式，如以聚合物材料丝编而成的土工网，以聚合物体冲孔并拉伸制成的土工格栅，以及工程上要求不透水的土工膜等。

土工织物在工程中的应用始于 20 世纪 50 年代末，随着土工合成材料研究的不断深入，其物理、力学性能不断得到改善，应用于工程中可以产生多种作用（效果），因此已在我国的水利、铁路、公路、港口、建筑、矿冶和电力等领域中逐步推广应用。

土工织物的种类很多，其分类方法也很多，目前尚没有一个统一的分类标准，习惯上的分类方法有以下几种：

（1）按原料的种类分类，可分为天然纤维土工布和合成纤维土工布。天然纤维土工布主要有棉纤维土工布和麻纤维（黄麻）土工布。合成纤维土工布是由合成纤维通过针刺或编织而成的透水性土工合成材料。

（2）按形状分类，可分为平面状、管状、带状、格栅状（或网状、蜂窝状）、绳索状和其他异型土工布。

（3）按加工方法分类，可分为机织土工布、编织土工布和非织造土工布。

（4）按其用途分类，可分为滤水型土工布、不透水型土工布及保温型土工布。滤水型土工织物允许水通过，而阻止细粒土随水流失。其用途可以代替管道作为排水盲沟；道路中作为渗滤层，以防止翻浆冒泥；软弱地基上作为堤坝的垫层，以提高地基的稳定性；或隔离两种不同粒径的土粒，以免混合。土工织物表面敷以不透水的涂层即成为防水型，可以作为渠道的防渗漏铺面，也可作为房屋基础中的防潮层。保温型土工织物，用于寒冷地区作为地基的保温隔层。

二、土工膜

土工膜是由聚合物（含沥青）制成的相对不透水膜，主要分为低密度聚乙烯（LDPE）土工膜、高密度聚乙烯（HDPE）土工膜和乙烯-醋酸乙烯共聚物（EVA）土工膜。

三、复合土工膜

复合土工膜是土工膜和土工织物（有纺或无纺）或其他高分子材料两种或两种以上材料的复合制品。与土工织物复合时，可生产出一布一膜、二布一膜（二层织物间夹一层膜）等规格，记为××g（布）/××mm（膜）/××g（布）。

四、土工格栅

土工格栅是由抗拉条带单元结合形成的有规则网格型式的加筋土工合成材料，其开孔可容填筑料嵌入（图 11-2）。分为塑料土工格栅、玻纤格栅、聚酯经编格栅和由多条复合加筋带黏接或焊接成的钢塑土工格栅等。

五、土工带

土工带指经挤压拉伸或再加筋制成的带状抗拉材料。

六、土工格室

土工格室是由土工格栅、土工织物或具有一定厚度的土工膜形成的条带通过结合

图 11-2 土工格栅

相互连接后构成的蜂窝状或网格状三维结构材料（图 11-3）。

图 11-3 土工格室

七、土工网

土工网是由条带部件在结点连接而成有规则的网状土工合成材料（图 11-4 和图 11-5），可用于隔离、包裹、排液、排气。

由高密度聚乙烯（HDPE）等聚合物材料加抗紫外线助剂加工而成的土工网，具有抗老化、耐腐蚀等特征，被广泛应用在路基铺设、边坡防护以及堤坝防护、海岸工程和隧道工程中。在公路、铁路路基中使用土工网可有效地分配荷载，提高地基的承载能力及稳定性，延长寿命。在公路边坡上铺设，可防止滑坡，保护水土，美化环境。在水库、河流堤坝防护铺设土工网可有效防止塌方，降低水土流失；在海岸工程中用其柔韧性好、渗透性好的特点来缓冲海浪溃冲击能量。

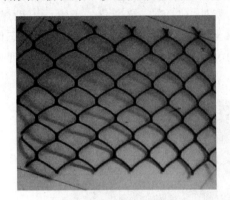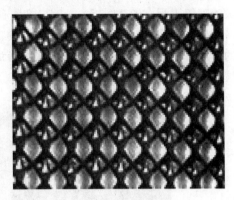

图 11-4　单层土工网　　　　　　　　图 11-5　多层土工网

八、土工模袋

土工模袋指由双层的有纺土工织物缝制的带有格状空腔的袋状结构材料（图 11-6）。充填混凝土或水泥砂浆等凝结后形成防护板块体。

图 11-6　土工模袋

土工模袋具有以下优点：

（1）施工采用一次喷灌成型，施工简便、速度快。

（2）可直接水下施工，机械化程度高，所护坡面面积大、整体性强、稳定性好，使用寿命长。

（3）透水性较好，在混凝土或水泥砂浆灌入以后，多余的水分通过织物空隙渗出，可以迅速降低水灰比，加快混凝土的凝固速度，增加混凝土的抗压强度。

　　土工模袋作为一种新型的建筑材料可广泛用于江、河、湖、海的堤坝护坡、护岸、港口、码头等防护工程。

　　土工袋是由土工织物经过针刺、热烫、裁剪、缝纫制成的，主要用于边坡防护、边坡治理等工程（图 11-7）。土工袋具有抗紫外（UV）、抗老化、无毒、不助燃、裂口不延伸的特点。土工袋具有防洪护坡、水土保持、抗冲刷以及生态环保、生态修复的作用。广泛应用于边坡防护绿化，是荒山、矿山修复、高速公路边坡绿化、河岸护坡、内河整治中重要的施工方法之一。

图 11-7　土工袋

九、土工网垫（geomat）

　　土工网垫是由热塑性树脂制成的三维结构，亦称三维植被网垫（图 11-8）。其底部为基础层，上覆泡状膨松网包，包内填沃土和草籽，供植物生长。

（a）

（b）

图 11-8　土工网垫

十、盲沟、速排龙

盲沟是在路基或地基内设置的充填碎、砾石等粗粒材料并铺以倒滤层（有的其中埋设透水管）的排水、截水暗沟。现在盲沟也有以土工合成材料建成的地下排水通道，以无纺土工织物包裹的带孔塑料管、在沟内以无纺土工织物包裹透水粒料形成的连续排水暗沟。速排龙是我国自制的以聚乙烯制成的耐压多孔块排水材料的商品名称。塑料盲沟是将热塑性合成树脂加热熔化后通过喷嘴挤压出纤维丝叠置在一起，并将其相接点熔结而成的三维立体多孔材料（图 11-9～图 11-11）。在主体外包裹土工布作为滤膜，有多孔矩形、中空矩形、多孔圆形、中空圆形四种结构形式，具有多种尺寸规格。国外已使用二十多年，广泛应用于隧道防渗排水，铁路公路的路基

图 11-9 塑料盲沟

排水，软基筑堤，挡土墙反滤，坡面与坡内排水，地下建筑的排水防潮，草坪的集排水系统，天台花园集排水，污水处理厂与垃圾填埋场等各类工程，受到工程界的普遍欢迎。

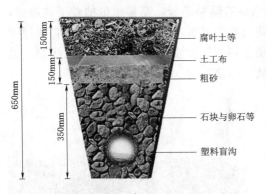

150mm	腐叶土等
	土工布
150mm	粗砂
650mm	石块与卵石等
350mm	塑料盲沟

图 11-10 塑料盲沟施工

图 11-11 塑料盲沟铺设

十一、软体排

软体排也被称为连锁软体排或者砂肋软体排、沙肋软体排。它是利用土工织物缝接成一定尺寸的排布，在排布上加铰链接混凝土预制板块作为压重而形成的一种防冲护岸结构（图 11-12），也是土工合成材料在江河岸坡、丁坝护底（护脚）中常用的一种结构形式。它覆盖在有水流冲刷处，既能削减冲击能量，又可利用土工织物的反滤作用，使覆盖面下的土粒不被水流冲走。软体排是用于取代传统梢石料沉排的防护结构。单层排上系扣预制混凝土块，或抛投砂袋或块石等作为压重。双层排采用两层土工布，用土工织物按一定间距和型式将两片缝合在一起。两条联结缝间尼成管带状或格状空间，充填透水料而构成压重砂肋。两类软体排均需要纵横向以绳网加固，并

供牵拉排体定位之用。土工布软体排，用人工合成聚烯烃材料制成的塑料布进行护岸的建筑物。通常采用聚乙烯编织布、网绳和混凝土压块等组成排体，铺设于河岸水下部分，并于排上抛铺一层压载块石，以防排体松动移位。亦常用于堤坝、丁坝和顺坝等建筑物的护底。

(a)

(b)

图 11-12　软体排

十二、塑料排水带

塑料排水带也称塑料排水板，是常用的一种软地基处理材料。有波浪形、口琴形（图 11-13）等多种形状。中间是挤出成型的塑料芯板，是排水带的骨架和通道，其断面呈并联十字，两面以非织造土工织物包裹作滤层，芯带起支撑作用并将滤层渗进来的水向上排出，是淤泥、淤质土、冲填土等饱和黏性及杂填土运用排水固结法进行软基处理的良好垂直通道，大大缩短了软土固结时间（图 11-14）。

图 11-13　口琴形塑料排水带

图 11-14　塑料排水带布设

十三、格宾

格宾是以覆盖聚氯乙烯（PVC）等的防锈金属铁丝、土工格栅或土工网等材料捆扎成的管状、箱状笼体（箱笼），内填块石或土袋（图 11-15）。

十四、土工系统

土工系统是以土工合成材料作为包裹物将分散的土石料聚拢成大、小体积和形状

(a)

(b)

(c)

图 11-15 格宾网

的块体。包括小体积的土工袋、长管状的土工管袋、大体积的土工包等，它们都以土工织物制成。土工袋中亦可包裹混凝土或水泥砂浆形成土工模袋。

任务二 土工合成材料的技术性能

土工织物在各项工程中应用时，虽然由于应用目的、工程地质条件、工程结构设计等各种因素不同，对土工织物类型的选择及技术指标要求有所不同，但总的来说对土工布的性能要求不外乎以下几个方面。

一、物理性能

土工布应具有各向同性和均质性，各个方向的强度、刚度、弹性、弹性伸长率、渗透性能等要基本相同，其厚度和单位面积质量等要均匀。

（1）厚度。指在承受一定压力的条件下，织物两个平面之间的距离，单位以 mm 表示。

（2）单位面积质量。指单位面积土工织物具有的质量，即每平方米土工织物具有的质量，单位以 g/m² 表示。

237

二、力学性能

土工织物应具有较好的力学性能，其力学性能越好，用途就越广。这些性能主要有抗拉强度、梯形撕裂强度、顶破强度、刺破强度、动态穿孔、接头（接缝）强度、抗磨损性、抗蠕变性等。

（1）抗拉强度。指土工织物试样在无侧限条件下，受拉力作用至拉伸撕裂时，所获得的单位宽度的土工织物承受的最大拉力，单位以 kN/m 或 N/m 表示。抗拉强度和伸长率是土工织物力学性能的最重要指标。

（2）梯形撕裂强度。指采用梯形撕裂法对已剪有裂口的试样施加拉力，使其裂口扩展至试样破损所需的最大拉力，单位以 N 表示。

（3）顶破强度。指土工织物在垂直于平面方向上的顶压荷载作用，使之产生变形直至破坏时，所需的最大顶破压力，单位以 N 表示。

（4）刺破强度。指试样受垂直于平面方向上的小面积高速率的集中荷载作用，直至将土工织物刺破，此时所需要的最大力，单位以 N 表示。

（5）动态穿孔。指金属锥体从垂直织物平面上部一定高度处自由落下时，锥尖穿透土工织物的孔眼大小，单位以 mm 表示。

（6）接头（接缝）强度。指由缝合或结合两块或多块平面结构材料所形成的联结处的最大拉伸强力，单位以 kN/m 表示。

（7）抗磨损性。指土工织物受其他表面摩擦而产生的损耗，用摩擦前后试样的损失表示。

（8）拉伸蠕变和拉伸蠕变断裂性能。土工布在工程结构中的主要作用之一是加强，土工布的一个重要特性是在恒定负荷下其变形是时间的函数，即表现出明显的蠕变特性，作为加强作用的土工布应具有良好的抗蠕变功能，否则由于长期荷载下土工布产生较大的变形会使结构失去稳定，甚至土工布可能产生极限断裂而导致工程结构的塌陷，因此研究土工布的蠕变性能很有必要。拉伸蠕变指在规定的条件下，对土工布分挡施加小于断裂强力的拉伸负荷，且长时间作用，直至达到规定的时间或试样断裂，以此测定土工布应力与应变的关系。由于该试验耗时长，且步骤复杂，因此《土工布及其有关产品拉伸蠕变和拉伸蠕变断裂性能的测定》（GB/T 17637—1998）建议不作为日常质量控制试验，故在这里不做详细介绍，如需测试可参照国家标准。

三、水力学性能

（1）土工织物的孔径。

（2）土工布的孔隙率。

（3）土工布的渗透性能。

四、其他与使用环境有关的性能

（1）老化特性。土工织物在使用中，要受到阳光辐射、温度变化、生物侵蚀、化学腐蚀、水分作用等各种外界因素的影响，使其强度和性能逐渐减弱，直至失去功能和作用，这一过程即是土工织物的老化。测定土工合成材料老化性能的试验有自然老化试验与人工老化试验两类。

（2）抗化学腐蚀性。

（3）耐热性。土工布在施工时，往往会与热沥青接触，因此土工布的耐热性也是需要检验的一个重要参数。耐热性试验可通过将试样在一定温度的干热空气中放置3h，测试它的强力保持率。对于在低温中使用的试样，要进行低温试验，了解材料在低温时的脆性。

（4）摩擦特性（直接剪切试验）。使用直剪仪对砂土与土工布接触面进行直接剪切试验，测定砂土与土工布接触面的摩擦特性。

任务三　土工合成材料的功能

土工织物之所以能在各项工程中得以广泛的应用，主要是由土工织物本身所具有的功能所决定的，土工织物是一种多功能的材料，在土木工程中的功能可以概括为加固、隔离、排水、过滤、防护、防渗等作用。

一、加固作用

土工织物的加固功能是利用土工布的拉伸性能来改善土壤层的机械性能。由于土工织物具有较高的抗拉强度，在土体中可增强地基的承载能力，同时可以改善土体的整体受力情况。主要用在软弱地基处理、斜坡、挡土墙等边坡稳定方面。

二、隔离作用

将土工织物放在两种不同的材料之间或同一材料不同粒径之间，防止相邻的异质土壤或填充料的相互混合，使各层结构分离，形成稳定的界面，按照要求发挥各自的特性及整体作用。

隔离用的土工织物必须有较高的强度来承受外部荷载作用时产生的应力，保证结构的整体性。主要用在铁路、机场、公路路基、土石坝工程、软弱基础处理以及河道整治工程。

三、排水作用

排水是将雨水、地下水或其他流体在土工织物或土工织物相关产品平面的收集和传输。土工织物是良好的透水材料，无论是织物的法向或水平面，均具有较好的排水能力，能将土体内的水积聚到织物内部形成一排水通道排出土体。

土工织物主要用在土坝、路基、挡土墙、运动场地下排水及软土基础排水固结等方面。

四、过滤作用

过滤是使流体通过的同时，保持住受液力作用的土壤或其他颗粒。作为滤层材料必须具备两个条件：一是必须有良好的透水性能，当水流通过滤层后，水的流量不减小；二是必须有较多的孔隙，其孔径又比较小，以阻止土体内土颗粒的大量流失，防止产生土体破坏现象。土工织物完全具备上述两个条件，不仅有良好的透水、透气性能，而且有较小的孔径，孔径又可根据土的颗粒情况在制作时加以调整，因此当水流垂直土工织物平面方向流过时，可使大部分土颗粒不被水流带走，起到了过滤作用。

过滤作用是土工织物的主要功能，主要用在水利、铁路、公路、挡土墙等各项工程中，特别是水利工程中做堤坝基础或边坡反滤层已极为普遍。在砂石料紧缺的地区，用土工织物做反滤层，更显出它的优越性。

五、防护作用

土工织物可以将比较集中的应力扩散开予以减小，也可由一种物体传递到另一种物体，使应力分解，防止土体受外力作用破坏，起到对材料的防护作用。防护分两种情况：一是表面防护，即将土工织物放置于土体表面，保护土体不受外力影响破坏；二是内部接触面保护，即将土工织物置于两种材料之间，当一种材料受集中应力作用时，而不使另一种材料破坏。主要用于护岸、护坡、河道整治、海岸防护等工程方面。

六、防渗作用

防渗作用是防止水和有毒液体的渗漏，这类用途的土工织物一般都采用涂层土工布或高分子聚合物制成的土工膜。涂层土工布一般在布上涂一层树脂或橡胶等防水材料，土工膜以薄型非织造布与薄膜复合较多，非织造布与薄膜厚度按要求而定。涂层土工布、土工膜主要应用在水利工程堤坝、水库中起防渗作用，也可用在渠道、蓄水池、污水池、游泳池等作为防渗、防漏、防潮材料。

在土工布的各种应用中，往往都是几种功能同时发挥作用，但在不同的场合，往往是其中的一种功能起主导作用，其他功能起次要作用或不起作用。

任务四　土工合成材料的储存与保管

土工合成材料是以高分子聚合物为原料的化纤产品，在阳光照射下易老化，使其强度降低。尽管在制造时采取了一些防止老化的措施，在地下或水下能正常使用几十年，但和其他物质一样老化是不可避免的，对永久性建筑物而言，当然寿命越长越好，因此在各个环节都应注意保护，使其老化速度尽可能地减慢。

对于防汛用土工合成材料，应提前备料，需要加工的，如各种型号尺寸的软体排、滤水软体排等，要在汛前加工完毕，存放在专门的仓库中备用，并要避免阳光的直接照射。因土工织物质地柔软，存放在仓库时，易被老鼠咬，要注意防鼠；苇根等植物会穿破土工织物，因此仓库地坪要平整，注意清除杂草。

产品在工地存放时，一般应搭设临时存放遮棚，如果工期较长，或由于某种原因，土工合成材料较长时间受阳光照射，应用前要进行必要的物理性能指标测试，合格后才能使用。当土工合成材料的种类较多、用途不一时也应分别存放，并标明性能指标和用途等。存放时还要注意防火等。

任务五　土工合成材料试验——CBR 顶破试验

CBR 顶破强度是指用一直径 50mm 的圆柱顶压杆垂直顶入试样过程中，直至试样顶破的最大顶压力。

1. 试验目的和适用范围

通过试验，测定土工织物 CBR 顶破强度，用以评定土工织物的质量。本试验适用于各类型土工织物、土工膜及土工复合材料。

2. 试验设备

CBR 顶破试验仪器应符合下列规定。

(1) 试验仪：最大出力应大于 50kN，行程应大于 150mm，顶压速率为 60mm/min。

(2) 环形夹具：夹具内径 150mm，夹具中心应在圆柱顶压杆的轴线上，如图 11-16 和图 11-17 所示。

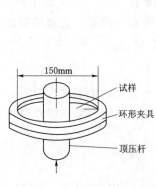

图 11-16 CBR 顶破示意

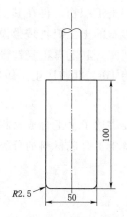

图 11-17 顶压杆示意

3. 试样准备

(1) 按相关规程的规定裁剪试样。

(2) 每组试验应取 6～10 块试样，试样直径为 230mm。

4. 操作步骤

(1) 将试样放入环形夹具内，呈自然绷紧状态时拧紧夹具。

(2) 将夹具放在加压系统的底座上，调整高度，使试样与顶压杆刚好接触。

(3) 顶压速率设定为 60mm/min，开动机器。

(4) 记录顶压过程中顶力-变形曲线，直至试样破坏，读出最大顶力。

(5) 停机，取下已破坏试样。

(6) 重复步骤 (1)～(5)，对其余试样进行试验。

5. 试验结果处理

(1) CBR 顶破强度 T_c：计算全部试样最大顶力的平均值，单位为 N。

(2) 按相关规程的规定计算全部试样标准差 σ 和变异系数 C。

【案例分析 11-1】

用土工织物加固挡土墙软土地基的方法

现象：拟建挡土墙采用重力式毛石挡土墙，墙高为 6m，要求地基土的承载力为 250kPa，而基底的地质情况自上而下为：①黏土，厚 0.7～2m，饱和，软塑；②淤泥质土，厚 22～24m，饱和，流塑为主，局部软塑；③细砂层，厚 5～10m，含淤泥质土及有机质，饱和，稍湿；④卵石层，厚度分布不均，0～2.2m，稍密；⑤风化中砂岩。其中，黏土及淤泥质土承载力为70kPa，显然地基要做加固处理。

原因分析：加固可采用换填法，用砂砾石进行换土处理。但由于垫层的松散性，根据以往经验，用砂石垫层处理的地基时常存在沉降大、均匀性差的特点，往往造成上部结构裂缝、不均匀沉降的现象。本工程为6m高的毛石挡土墙，高度大，墙上又有3m高的围墙，如果出现挡土墙不均匀沉降、裂缝，将会造成较为严重的后果，故用换填法不合适。经过经济技术分析，决定采用对砂砾石垫层进行加筋强化处理。加筋处理的方法为：首先开挖至基底设计标高，并铺一层200mm厚的碎石垫层，然后在其上铺一层土工织物，再在其上铺200mm厚砂砾石，用黄砂找平后用压路机压实；第二层用装砂石的土工织物袋敷设，其空隙用矿渣填平，土工袋上铺100mm厚的碎石，压路机压实。其上再重复铺设土工织物→碎石→压实，直至垫层的设计厚度。本工程垫层厚为1m，共四层土工织物，两层袋装砂石。

【本章小结】

本章主要讲述了土工合成材料：土工布、土工膜、土工复合材料、土工特种材料等，主要讲解土工合成材料的分类、作用、物理性能、力学性能及使用范围等。

思　考　题

1. 合成高分子化合物如何制备？
2. 热塑性树脂与热固性树脂的主要不同点是什么？
3. 塑料的组分有哪些？它们在塑料中所起的作用如何？
4. 建筑塑料有何优缺点？工程中常用的建筑塑料有哪些？
5. 土工织物有哪些作用？

项目十二　水利工程及环境改造新材料

【学习目标】

①了解水利工程新材料的发展方向；②了解水利工程新材料涂塑铁丝、三维网垫、膨润土、膨润土防水毯、蜂巢系统、海绵城市系统的组成、性能及应用。

【能力目标】

①能够进行新材料的检测；②操作水利工程新材料的安装与应用。

【思政小贴士】

2019 年《水利部关于印发新时代水利精神的通知》，将忠诚、干净、担当，科学、求实、创新定义为新时代水利精神。在治水矛盾发生深刻变化、治水思路需要相应调整转变的新形势下，迫切需要进一步传承和弘扬"忠诚、干净、担当，科学、求实、创新"的新时代水利精神，为不断把中国特色水利现代化事业推向前进提供精神支撑。

新时代水利精神在做人层面倡导"忠诚、干净、担当"。

忠诚——水利人的政治品格。水利关系国计民生。在新时代，倡导水利人忠于党、忠于祖国、忠于人民、忠于水利事业，胸怀天下、情系民生，致力于人民对优质水资源、健康水生态、宜居水环境的美好生活向往，承担起新时代水利事业的光荣使命。

干净——水利人的道德底线。上善若水。在新时代，倡导水利人追求至清的品质，从小事做起，从自身做起，自觉抵制各种不正之风，不逾越党纪国法底线，始终保持清白做人、干净做事的形象。

担当——水利人的职责所系。水利是艰苦行业，坚守与担当是水利人特有的品质。在新时代，倡导水利人积极投身水利改革发展主战场，立足本职岗位，履职尽责，攻坚克难，在平凡的岗位上创造不平凡的业绩。

新时代水利精神在做事层面倡导"科学、求实、创新"。

科学——水利事业发展的本质特征。水利是一门古老的学科，治水要有科学的态度。在新时代，倡导水利工作坚持一切从实际出发，尊重经济规律、自然规律、生态规律，坚持按规律办事，不断提高水利工作的科学化、现代化水平。

求实——水利事业发展的作风要求。水利事业不是空谈出来的，是实实在在干出来的。在新时代，倡导水利工作求水利实际之真、务破解难题之实，发扬脚踏实地、真抓实干的作风，察实情、办实事、求实效，以抓铁有痕、踏石留印的韧劲抓落实，一步一个脚印把水利事业推向前进。

创新——水利事业发展的动力源泉。水利实践无止境，水利创新无止境。在新时代，倡导水利工作解放思想、开拓进取，全面推进理念思路创新、体制机制创新、内容形式创新，统筹解决好水灾害频发、水资源短缺、水生态损害、水环境污染的问题，走出一条有中国特色的水利现代化道路。

发展水利工程要与时俱进，要应用新材料和新技术解决当今水利问题，就必然需要水利工作者秉承新时期水利精神，推进水利事业现代化。水利事业的发展需要一代代人不断努力创新。

随着经济的发展，建筑新材料越来越多，新材料大多出现集成化，复合化、配套化、功能化、新型化的趋势。

在土木工程领域，通常和具有保温性能的材料相关。目前的新材料相对较多：在水利工程领域，大多与海绵城市及基础处理方向比较多。本项目重点研究水利工程及环境改造新材料。

任务一 膨 润 土

一、膨润土简介

膨润土是以蒙脱石为主要矿物成分的非金属矿产，蒙脱石结构是由两个硅氧四面体夹一层铝氧八面体组成的 2：1 型晶体结构，由于蒙脱石晶胞形成的层状结构存在某些阳离子，如 Cu^{2+}、Mg^{2+}、Na^+、K^+ 等，且这些阳离子与蒙脱石晶胞的作用很不稳定，易被其他阳离子交换，故具有较好的离子交换性。国外已在工农业生产 24 个领域 100 多个部门中应用，有 300 多个产品，因而人们称之为"万能土"。膨润土具有强的吸湿性和膨胀性，可吸附 8～15 倍于自身体积的水量，体积膨胀可达数倍至 30 倍；在水介质中能分散成胶凝状和悬浮状，这种介质溶液具有一定的黏滞性、触变性和润滑性；有较强的阳离子交换能力；对各种气体、液体、有机物质有一定的吸附能力，最大吸附量可达 5 倍于自身的重量；它与水、泥或细沙的掺合物具有可塑性和黏结性；具有表面活性的酸性漂白土（活性白土、天然漂白土-酸性白土）能吸附有色离子。

膨润土也称斑脱岩、皂土或膨土岩。我国开发使用膨润土的历史悠久，原来只是作为一种洗涤剂（四川仁寿地区数百年前就有露天矿，当地人称膨润土为土粉），真正被广泛使用却只有百来年历史。美国最早发现是在怀俄明州的古地层中，呈黄绿色的黏土，加水后能膨胀成糊状，后来人们就把具有这种性质的黏土，统称为膨润土。其实膨润土的主要矿物成分是蒙脱石，含量在 85%～90%，膨润土的一些性质也都是由蒙脱石所决定的。蒙脱石可呈各种颜色，如黄绿、黄白、灰、白色等。可以成致密块状，也可为松散的土状，用手指搓磨时有滑感，小块体加水后体积胀大数倍至 20～30 倍，在水中呈悬浮状，水少时呈糊状。蒙脱石的性质和它的化学成分和内部结构有关。

二、膨润土的分类

层间阳离子为 Na^+ 时称钠基膨润土；层间阳离子为 Ca^{2+} 时称钙基膨润土；层间阳离子为 H^+ 时称氢基膨润土（活性白土、天然漂白土-酸性白土）；层间阳离子为有机阳离子时称有机膨润土。

钠质蒙脱石（或钠膨润土）的性质比钙质的好。但世界上钙质土的分布远广于钠质土，因此除了加强寻找钠质土外，就是要对钙质土进行改性，使它成为钠质土。

三、膨润土的性质性能

膨润土是一种黏土岩，亦称蒙脱石黏土岩，膨润土常含少量伊利石、高岭石、埃洛石、绿泥石、沸石、石英、长石、方解石等；一般为白色、淡黄色，因含铁量变化又呈浅灰、浅绿、粉红、褐红、砖红、灰黑色等；具蜡状、土状或油脂光泽；膨润土有的松散如土，也有的致密坚硬。主要化学成分是二氧化硅、三氧化二铝和水，还含有铁、镁、钙、钠、钾等元素，Na_2O 和 CaO 含量对膨润土的物理化学性质和工艺技术性能影响颇大。蒙脱石矿物属单斜晶系，通常呈土状块体，白色，有时带浅红、浅绿、淡黄等色。光泽暗淡。硬度 $1\sim2$，密度 $2\sim3g/cm^3$。

1. 折叠吸附性、膨胀性

膨润土遇水就膨胀，这种自然现象产生的主要原因是膨润土矿物晶层间距加大，水分子进入矿物的晶层，另外引起膨润土膨胀的原因还有膨润土矿物的阳离子交换作用。膨胀性与膨润土的属性和蒙脱石含量关系极大，钠质膨润土的膨胀性明显比钙质膨润土要强，另外纯度较高、蒙脱石含量高的膨润土的膨胀性要强。

2. 折叠造浆性

造浆率是膨润土颗粒在水中分散形成悬浮液，并且这种悬浮液的表观黏度为 $15\times10^{-3}Ps \cdot s$ 时每吨膨润土造浆的立方数，是衡量膨润土质量的一项重要指标，一般钠质膨润土的造浆性能比钙质膨润土要好。计其选浆率公式是：

$$造浆率（m^3/t）＝水的体积（mL）/土的质量（g）＋1/土的密度$$

一般在测试表观黏度时，配制表观黏度在 $(10\sim25)\times10^{-3}Pa \cdot s$ 范围内三杯泥浆，经过搅拌静止放置 16h，再搅拌，测试黏度，然后在单对数坐标纸上标出三点的位置，进行连线，在坐标上求出表观黏度为 $15\times10^{-3}Pa \cdot s$ 时的加土量。

四、折叠应用

蒙脱石的性质和层间的交换性阳离子种类有很大关系。根据层间主要交换性阳离子的种类，通常蒙脱石分为钙蒙脱石和钠蒙脱石。

蒙脱石有吸附性和阳离子交换性能，可用于石油毒素的去除、汽油和煤油的净化、废水处理；由于有很好的吸水膨胀性能以及分散和悬浮及造浆性，因此用于钻井泥浆、阻燃（悬浮灭火）；还可在造纸工业中做填料，可优化涂料的性能，如附着力、遮盖力、耐水性、耐洗刷性等；由于有很好的黏结力，可代替淀粉用于纺织工业中的纱线上浆，既节粮，又不起毛，浆后还不发出异味。

总体而言，钠质蒙脱石（或钠膨润土）的性质比钙质的好。

膨润土（蒙脱石）由于有良好的物理化学性能，可做净化脱色剂、黏结剂、触变剂、悬浮剂、稳定剂、充填料、饲料、催化剂等，广泛用于农业、轻工业及化妆品、药品等领域，所以蒙脱石是一种用途广泛的天然矿物材料。

膨润土可用来作防水材料，如膨润土防水毯、膨润土防水板及其配套材料，采用机械固定法铺设。应用于 pH 值为 $4\sim10$ 的地下环境，含盐量较高的环境应采用经过改性处理的膨润土，并应检测合格后使用。

我国尚无统一的鉴定膨润土的国家标准。多数矿山执行一机部关于铸造用膨润土、黏土的部颁标准和企业标准。主要测定吸蓝量、水分、胶质介、通过率、湿压强度、膨胀系数、pH 值等，测定方法和标准这里就从略了。

膨润土工业指标：膨润土矿石质量的一般工业要求以矿石中蒙脱石含量来衡量：

边界品位：≥40%；

工业平均品位：≥50%。

蒙脱石含量一般是用吸蓝量换算，即

$$M=\frac{B}{K}\times 100$$

式中　M——膨润土矿石中蒙脱石相对含量，%；

　　　B——吸蓝量，毫克当量/100g 样；

　　　K——换算系数，150。

可采厚度：1～2m；

夹石剔除厚度：≥1m。

任务二　膨润土防水毯

水利工程中，膨润土应用最普遍的是膨润土防水毯（图 12-1）。

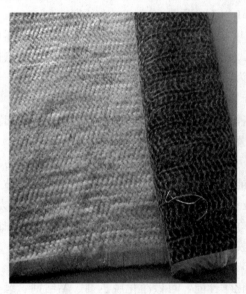

图 12-1　膨润土防水毯

膨润防水毯是一种专门用于人工湖泊水景、垃圾填埋场、地下车库、楼顶花园、水池、油库及化学品堆场等防渗漏的土工合成材料，它是由高膨胀性的钠基膨润土填充在特制的复合土工布和无纺布之间，用针刺法制成的膨润土防渗垫可形成许多小的纤维空间，使膨润土颗粒不能向一个方向流动，遇水时在垫内形成均匀高密度的胶状防水层，有效地防止水的渗漏。

一、防水毯中重要的组成部分——土工膜的性能

其主要机理是以塑料薄膜的不透水性隔断土坝漏水通道，以其较大的抗拉强度和伸长率承受水压和适应坝体变形；而无纺布亦是一种高分子短纤维化学材料，通过针刺或热黏成形，具有较高的抗拉强度和延伸性，它与塑料薄膜结合后，不仅增大了塑料薄膜的抗拉强度和抗穿刺能力，而且由于无纺布表面粗糙，增大了接触面的摩擦系数，有利于复合土工膜及保护层的稳定。同时，它们对细菌和化学作用有较好的耐侵蚀性，不怕酸、碱、盐类的侵蚀，在避光使用情况下，使用寿命长。

二、基质

膨润防水毯是一种介于 GCL（现场厚压实黏土防渗衬垫）和高分子材料——土工膜之间的一种防渗衬垫。主要应用于环境工程中的废弃物填埋场、地下水库、地下基础设施建设等工程中，解决密封、隔离、防渗漏问题，效果好，抗破坏性强。

膨润土防水毯按生产工艺可分为：针刺法钠基膨润土防水毯、针刺覆膜法钠基膨润土防水毯以及胶粘法钠基膨润土防水毯。针刺覆膜法钠基膨润土防水毯是在针刺钠基膨润土防水毯的非织造土工布的外表面上复合一层高密度聚乙烯土工膜。胶粘法钠基膨润土防水毯是用胶粘剂把膨润土颗粒黏结到高密度聚乙烯板上，压缩生产的一种钠基膨润土。

三、防水毯的优点

膨润土为天然无机材料，对人体无害无毒，对环境没有特别的影响，具有良好的环保性能。性价比高，用途非常广泛。

适用范围及应用条件：适用于市政（垃圾填埋）、水利、环保、人工湖及建筑地下防水、防渗工程。产品幅度可达 6m，大大提高了施工效率。在传统防水材料无法施工的负温下（-20℃）仍可施工；在潮湿的基层（无明水）上也可施工；在雨雪天气下不能施工；不适合强酸、强碱性溶液防渗；由于膨润土系无机材料，故其耐久性好于有机防水材料。

1. 密实性

钠基膨润土在水压状态下形成高密度横膈膜，厚度约 3mm 时，它的透水性很小，相当于 100 倍的 30cm 厚度黏土的密实度，具有很强的自保水性能。

2. 永久的防水性能

因为钠基膨润土系天然无机材料，即使经过很长时间或周围环境发生变化，也不会发生老化或腐蚀现象，因此防水性能持久。

3. 施工简便工期短

和其他防水材料相比，施工相对比较简单，不需要加热和粘贴，只需用膨润土粉末和钉子、垫圈等进行连接和固定。施工后不需要特别的检查，如果发现防水缺陷也容易维修。GCL 是现有防水材料中施工工期最短的。

4. 不受气温影响

在寒冷气候条件下也不会脆断。

5. 集成一体化

防水材料和对象的一体化：钠基膨润土遇水时，具有 20～28 倍的膨胀能力，即

使混凝土结构物发生震动和沉降，GCL 内的膨润土也能修补 2mm 以内混凝土表面的裂纹。

四、技术指标

膨润土膨胀系数≥24mL/2g；

GCL 单位面积质量≥4000g/m²；

GCL 纵向断裂强度≥6kN/m；

GCL 横向断裂强度≥6kN/m；

GCL 纵向断裂伸长率≥10%；

GCL 横向断裂伸长率≥10%；

GCL 垂直渗透系数≤$5×10^{-11}$cm/s；

GCL 剥离强度≥40N/100mm；GCL 抗静水压试验 0.4MPa，1h，无渗漏。

五、膨润土防水毯的分类与鉴别

《钠基膨润土防水毯》（JG/T 193—2006）中按生产工艺将膨润土防水毯分为三种：针刺法膨润土防水毯（GCL－NP）、针刺覆膜法膨润土防水毯（GCL－OF）和胶粘法膨润土防水毯（GCL－AH）。市售的膨润土防水毯，产品规格以长度、宽度或膨润土防水毯单位面积质量区分。按照幅宽 1m 到 6m，长度从 20m 到 60m 不等，还可以根据设计要求生产；按照膨润土防水毯单位面积质量一般分为 4000g/m²、4500g/g/m²、5000g/m²、5500g/m²、6000g/m² 等几种规格。防水、防渗工程使用以钠基膨润土为主要原料，采用针刺法、针刺覆膜法或胶粘法生产的膨润土防水毯。

天然钠基膨润土和人工钠基膨润土的鉴别方法：鉴于工程上应用的技术指标还无法判断 GCL 采用的是天然钠基膨润土还是人工钠基膨润土，在还没有找到检测人工钠基膨润土老化的方法和设备前，建议用以下方法进行鉴别。

（1）用试纸测膨润土水溶液的 pH 值，一般天然钠基膨润土的 pH 值为 8～9，人工钠基膨润土的 pH 值在 9～10 以上。

（2）在天然钠基膨润土和人工钠基膨润土中同时分别加水后，用手搓，人工钠基膨润土比天然钠基膨润土黏性感强，原因是 Na_2CO_3 附着在人工钠基膨润土表面。

（3）可采用"看、尝、捏、浇、洗"的方法鉴别是天然钠基膨润土原矿还是天然钙基膨润土原矿："看"，天然钠基膨润土绝大多数颜色较深（深灰、黑灰、蓝灰、绿灰等），而天然钙基膨润土绝大多数颜色较浅（白、灰白、浅黄、浅灰、粉红等）；"尝"，用舌舔天然钠基膨润土有苦涩味道，而天然钙基膨润土无苦涩味道；"捏"，用手拈捏天然钠基膨润土较重、有一定硬度，而天然钙基膨润土较轻、较软；"浇"，膨润土浇上稀酸，天然钠基膨润土原矿起泡明显，天然钙基膨润土原矿仅起微细小泡，而人工钠基膨润土反应强烈、气泡很多；"洗"，用中性水将土样进行不少于 4 次漂洗，直至水溶液的 pH 值为 7，凡天然钠基膨润土漂洗后的膨胀指数/漂洗前的膨胀指数之比大于 80%，而人工钠基膨润土则小于 50%。若有条件，可将漂洗样烘干后作 X 衍射，测蒙脱石的 d（001），天然钠基膨润土仍显示出钠蒙脱石的特征峰值 d（001）为 12.5Å，而人工钠基土则为 15Å（1Å＝10^{-10}m）。

（4）追踪 GCL 所用膨润土的来源，判断所使用的是天然钠基膨润土还是人工钠基膨润土，或者是在人工钠基膨润土中掺加了少量的天然钠基膨润土。一般的膨润土矿，国土资源部门均有较详细的地质勘探资料，都检测过膨润土的矿物组成、化学组成、物化指标。一般天然钠基膨润土原矿的 Na_2O 含量都高于 1‰，钙基膨润土原矿的 Na_2O 含量都低于 1‰；而人工钠基膨润土的 Na_2O 含量比天然钠基膨润土则高得多。

六、膨润土防水毯的施工方法

（1）膨润土防水毯材料自重较大，宜采用铲机配合防水毯吊装工具搬运、铺设。

（2）膨润土防水毯材料的连接采用搭接的方式。

（3）膨润土防水毯在大于 10％的坡度上铺设时应尽量减少沿坡长方向的搭接数量，坡上的膨润土垫必须超过坡脚线 1500mm 以上。

（4）用于铺放膨润土防水毯的任何设备不能在已铺设好土工合成材料上面行驶。安装膨润土防水毯时，户外空气温度不能低于 0℃或高于 40℃。

（5）所有外露的膨润土防水毯边缘必须立刻用沙袋或者其他重物压紧，以防止膨润土防水毯被风吹或被拉出周边锚固沟。膨润土防水毯不能在大风的天气情况下展开，以防止被风吹起。

（6）膨润土防水毯的铺设方式必须保证膨润土防水毯与下面地基直接接触，排除褶皱。任何褶皱、折叠或拱起都可能会造成土层其他的土工材料发生同样的情况，为了避免褶皱、折叠和拱起，根据技术说明的要求通过对膨润土防水毯的重新铺放或者切割和修补来消除这些问题。

（7）膨润土防水毯的设备必须要得以监理工程师的批准才能使用，不允许使用没有保护的剃刀或者"快速刀"。可能损伤到膨润土防水毯的施工设备不能直接作用在膨润土防水毯上。可行的铺设方法是推土向后行驶，将吊前推土机前端的膨润土防水毯铺开。如果推土机在地基土上留下了车印，应在铺设工作继续前恢复原状。

（8）铺设膨润土防水毯时尽量减少膨润土防水毯在地基上的拖拉，以免引起膨润土防水毯与地面接触面的损坏。如有需要，可以地面上加放一层临时的土工织物，以减少膨润土防水毯在铺设过程中因摩擦引起的损坏。

（9）膨润土防水毯的铺设和搭接应当与斜坡倾斜的方向平行，如果坡度大于 4：1，在距坡顶或坡度 1m 内，膨润土防水毯不能有横向搭接。

七、膨润土防水毯的施工要求

（1）膨润土防水毯施工前应检查基层，基层应夯实平整、无坑洼积水、无石子树根及其他尖锐物。

（2）膨润土防水毯在搬运和施工过程中要尽量避免震动和冲击，避免毯体有较大的弯曲度，最好一次到位。

（3）在 GCL 安装、验收以后，要尽快进行回填工作，如果是配合 HDPE 土工膜使用的工程应及时对土工膜铺装焊接，以防被雨淋湿或弄破。

防水机理为：膨润土防水毯所选用的钠基粒子膨润土遇水可膨胀 24 倍以上，使其形成均匀的黏性高且滤失量低的胶体系统，在两层土工布限制作用下，膨润土从无序变为有序的膨胀，持续的吸水膨胀结果是让膨润土层自身达到密实，从而具有防水作用。

八、膨润土防水毯（GCL）施工注意事项

（1）膨润土防水毯（GCL）的储运应防水、防潮、防强烈阳光暴晒。储存时地面应采取架空方法垫起，运至现场的膨润土防水毯（GCL）应在当日用完。

（2）在进行下道工序或相邻工程施工时，应对已完成工序的膨润土防水毯（GCL）妥善保护，不得有任何人为损坏。

（3）应尽量避免穿钉鞋、高跟鞋在膨润土防水毯（GCL）上踩踏；车辆等机械不得碾压膨润土防水毯（GCL）。

（4）在 GM/GCL 复合衬垫的施工中，已铺完成的 GCL 应在当日完成 HDPE 膜的施工或铺设 300mm 厚黏土保护层，当日不能完成 HDPE 膜或黏土保护层的施工，应对 GCL 进行覆盖，以防下雨下雪而使 GCL 先进行水化及强烈阳光对 GCL 的暴晒。

（5）对 GCL 单层衬垫的防渗、防水施工工程，在施工结束并验收合格后，应迅速用比重大于 2.0 的土、砂子或石粒进行回填。回填时为防止 GCL 的损坏，回填土中不能含有粒径大于 10mm 的碎石，回填土厚度不应少于 30cm。回填土应分级回填夯实，压实度不能低于 85％。

九、膨润土防水毯的成品保护

（1）膨润土防水毯铺设完毕后应及时铺设土工膜，以避免承受风雨的侵蚀。

（2）膨润土防水毯铺设完毕后如不能及时铺设土工膜，则应该用彩条布或薄膜覆盖，以避免承受风雨的侵蚀。

（3）膨润土防水毯铺设完毕后应避免车辆碾压和其他异物损坏。

（4）施工完毕后的膨润土垫上不得有泥块、污物、杂物等可能损坏防渗层的异物存在。

（5）膨润土防水毯（GCL）卷应该堆放于经平整不积水的地方，堆高不超过四卷的高度，并能看到卷的识别牌。由不恰当的储存和操作而造成膨润土防水毯（GCL）的损坏，应避免。

（6）在运输过程中（包括现场从材料存储地到工作的运输），膨润土防水毯（GCL）卷应避免受到损坏。

（7）受到物理损坏的膨润土防水毯（GCL）卷必须要修复，受损坏严重的膨润土垫（GCL）不能使用。

（8）任何接触到泄漏化学溶剂的膨润土（GCL）材料，不允许使用。

（9）如果膨润土防水毯在安装过程中损坏（撕裂、刺穿等），可以从一卷新的膨润土防水毯上切割一块"补丁"盖在破损的地方来进行修补。补丁的四边距离破损的地方长度不能小于 300mm，铺放"补丁"前应在破损周围撒一些颗粒状膨润土或膨润土浆。如有必要也可以使用一些黏合剂以防止"补丁"移位，或者在破损的地方下面垫一小块膨润土防水毯。

任务三 其他新材料

一、涂塑铁丝

自从有了水利工程，就有了石笼，最早的石笼仅仅是用竹子篾条编制，耐久性差，随着金属工艺的发展，出现了竹石笼和铅丝石笼并存的现象，铅丝石笼所用镀锌铁丝加工以后折弯处又存在锈蚀破坏，耐久性也不能满足需要，因此，很多耐久性要求比较高的石笼就采用焊接加工的钢筋石笼，但钢筋石笼成本比较高，因此在塑料加工技术发展到一定程度以后出现了镀塑技术，在铁丝表面加工一层耐磨抗腐蚀耐久性好的涂层。广泛用于护坡、堤防、边坡基础等石笼制作，耐久性好，使用寿命远远超过竹石笼和普通铅丝石笼，能超过 50 年。

1. 铁氟龙涂料

铁氟龙涂料（油漆），英文名称为 teflon，是一种以聚四氟乙烯为基体树脂的氟涂料，因为发音的缘故，通常又被称之为铁氟龙、特氟龙、特富龙、特氟隆、铁弗隆等（皆为 teflon 的译音）。铁氟龙涂料是一种特殊性的高性能涂料（油漆），结合了耐热性、化学惰性和优异的绝缘稳定性及低摩擦性，具有其他涂料无法抗衡的综合优势，它灵活的应用性使得它广泛应用于炊具、餐具、家具、模具、家电、汽车、机械、医药等。铁氟龙分为 PTFE、FEP、PFA、ETFE 四种类型。

铁氟龙 PTFE：PTFE（聚四氟乙烯）不粘涂料可以在 260℃高温下连续使用，最高使用温度可达 290～300℃，具有极低的摩擦系数、良好的耐磨性和极好的化学稳定性。

铁氟龙 FEP：FEP（氟化乙烯丙烯共聚物）不粘涂料在烘烤时熔融流动形成无孔薄膜，具有卓越的化学稳定性、极好的不粘特性，最高使用温度为 200℃。

铁氟龙 PFA：PFA（过氟烷基化物）不粘涂料与 FEP 一样在烘烤时熔融流动形成无孔薄膜，PFA 的优点是具有更高的连续使用温度 260℃，更强的刚韧度，适合在高温条件下的防粘和耐化学性使用领域。

铁氟龙 ETFE：ETFE 是一种乙烯和四氟乙烯的共聚物，是最坚韧的氟聚合物树脂，可以形成一层高度耐用的涂层，具有卓越的耐化学性，并可在 150℃下连续工作。

经铁氟龙涂料喷涂后，产品更高档，性能更完美。铁氟龙涂层具有以下特性：

（1）不黏性：几乎所有物质都不与铁氟龙涂膜粘合。很薄的膜也显示出很好的不黏附性能。

（2）耐热性：铁氟龙涂膜具有优良的耐热和耐低温特性。短时间可耐高温到 300℃，一般在 240～260℃可连续使用，具有显著的热稳定性，它可以在冷冻温度下工作而不脆化，在高温下不融化。

（3）滑动性：铁氟龙涂膜有较低的摩擦系数。负载滑动时摩擦系数产生变化，数值仅在 0.05～0.15 之间。

（4）抗湿性：铁氟龙涂膜表面不沾水和油质，生产操作时也不易沾溶液，如粘有少量污垢，简单擦拭即可清除。停机时间短，节省工时并能提高工作效率。

（5）耐磨损性：在高负载下，具有优良的耐磨性能。在一定的负载下，具备耐磨损和不黏附的双重优点。

（6）耐腐蚀性：铁氟龙几乎不受药品侵蚀，可以保护零件免于遭受任何种类的化学腐蚀。

（7）安全性能：由于本涂料的固体组分无毒，不含全氟辛酸铵，形成工艺合理，因此涂层无毒，广泛用于炊具、医药、食品容器等。

2. 铁氟龙涂层的表面处理

一般表面处理分为以下四类：

（1）表面机械处理，包括喷砂、抛丸、磨光、抛光、滚光、刷光等。

（2）表面化学处理，包括化学抛光、氧化和磷化等处理方法。

（3）表面电化学处理，包括电解抛光、电化学氧化和电镀等。

（4）现代表面处理，包括无机涂层、有机涂层、真空镀膜、离子镀、喷镀、电泳扩散、气相沉积等。

二、三维土工网垫

随着社会对环境的重视，植草护坡等生物固土措施成为主流，但是很多水土流失严重区域，植草仍然难以抵御较大地面径流，这样三维土工网垫就应运而生。在植草区域土表，三维土工网垫与草皮立体交叉结合，草茎、网垫、草根，使得与土壤形成一个相对稳定的柔性整体，能有效抵御较大地面径流冲刷，成为水土流失和重要区域水保工程的新宠。

三维土工网垫出现以后，人们把关注点又集中到生态停车场等有一定承载力的生物改造措施上，加筋三维土工网垫是加了铁丝的三维土工网垫，能使植草的生态停车场植草率达到100%。

三、蜂巢约束系统

蜂巢约束系统的灵感来自昆虫界蜜蜂的蜂巢，它的外观像蜜蜂居住的蜂巢，能很大程度上增加土体的整体性、连贯性及坡面路面的稳定性。它的主要特点就是从平面和垂直高度上进行三维限制土体。该产品是在高分子塑料基础上改性而成的新型高分子合成材料，经超声波焊接而成的三维网状物，通过在巢室中填充泥土、沙石或混凝土等材料，使其构成具有强大侧向限制和刚度的结构，从而代替钢筋水泥等传统材料，对地表土壤进行永久性固定和修复。

蜂巢约束系统为露天河渠和水力设施提供多种经济、柔性的保护方法。该系统为暴露在流量范围从低到高间歇性或连续性水流冲蚀下的河渠提供稳定性和保护。由于蜂巢结构的约束，大大提高了集料、抛石及植物等传统保护材料的水力性能。相比铰链模块系统，混凝土填充所形成柔性且耐久的护甲式衬砌的成本更低。综合考虑当地的环保、生态与审美要求、最小预期流量，以及相关水力应力等特定现场情况而设计。改变衬砌系统的表面粗糙度和水力效率，可控制水流。解决了路基排水要求及内部结构潜在变形问题。

目前护坡工程应用常用的土工材料当属蜂巢格室，是根据普通土工格室研究出的更直接更有效的一种新型的蜂巢格室。最早在美国开始研究与使用，我国从20世纪90年代初开始进行研究，在吸收国外经验的基础上，开始了对蜂巢格室的开发及研究工作，并在固定松散介质、道路基床防治等方面取得了重大尝试使用。蜂巢格室是一种新型的高强度土工合成材料，是采用高分子纳米复合材料经超声波针式焊接而成的一种三维立体网状格室结构。

1. 蜂巢格室技术原理

蜂巢格室基本原理的关键是"三维限制"，将变形集中在三维的空间内，蜂格的柔性结构特点可以承受外在荷载及所引起的变形。这是由于当荷载作用在地基表面的时候，依据泰勒和普朗特尔理论可以得到：在集中荷载作用下，地基的主动区受压后下沉，同时将作用向两侧进行分解并传递给过渡区，然后再传给被动区，因此，被动区就很容易在力的作用下发生形变进而隆起。在集中载荷的作用下，主动区受力后仍然会将所受到的外力传递给过渡区，但是由于格室侧壁的限制和临近格室之间的反作用力、格室壁与填料之间的摩擦力形成的横向阻力，从而抑制了被动区和过渡区横向移动，结果是路基承载能力得到了提高。经过检测和试验，在格室相互之间的限制作用下，中密砂的黏聚力可增加30多倍。这也说明，通过增加路基材料整体的抗剪力或抑制主动区、过渡区和被动区三个区域的移动可以有效提高地基承载力，这就是蜂巢格室的基本原理。

2. 蜂巢格室的特点

蜂巢格室材料具有良好的力学性能。蜂巢格室具有很高的耐热老化性能，在经过热氧化试验之后，在70℃条件下其拉伸屈服强度可下降30％，使得其使用寿命可达50年以上，适合于不同填筑材料。具体特点如下：

（1）良好的力学性能，具有较高的承载能力和良好的动力学性能，抗冲蚀能力强，在较高的侧向限制作用下，可以使得整个结构防滑、防变形，从而有效地提高路基承载能力以及分散荷载作用的能力。

（2）柔性结构，可适应地形的轻微起伏，可适应一定的不均匀沉降，极大限度地保留自然形态的地形，结构安全性好，且工程痕迹少。

（3）节能环保：可就地取材，使用当地材料或者低成本的材料作为格室填料，很少使用混凝土，从而可大幅度降低材料费用以及可能的运输费用，进而降低成本。

（4）生态美观：填充合适的填料，可种植不同的植物，外形美观，景观性好。

（5）用工量少，不需要特别的机械设备，施工中连接简单易行，施工工艺简单，工程效率高，且可以反复使用。

（6）耐久性好：其材质较轻，具有良好的耐磨性，化学性质较为稳定，耐老化性、耐酸碱腐蚀性能良好，使用时间长。

（7）蜂巢格室的高度、长度、宽度、焊炬都可以根据项目的实际需要进行调整。

四、海绵城市微循环系统

海绵城市微循环系统其实已经超出了材料范围，属于一个成本专用系统，专为海绵城市而出现，目前在国内应用还比较少。

1. 微循环系统组成

微循环系统主要包括蓄水箱、循环管道、提水加压设备、灌溉系统。

蓄水箱专为集雨而设，增加蓄水能力而减少地面径流，从而达到城市防洪毛细血管部位的蓄水能力。

循环管道将蓄水设备以虹吸方式相连，形成一个蓄水设备的循环体。

提水加压设备一般采用小型泵，在地表以上设置，便于控制，与蓄水箱的循环管道相连，为园区灌溉系统提供有压水源。

灌溉系统乏善可陈，都采用传统的喷灌设备，主要包括管道喷头及土壤含水量检测探头。

2. 微循环系统目前困境

（1）由于没有精准设计，很多微循环系统未能计算园区植物需水量，加之年际年内降雨不平衡，地表渗水能力不尽相同，目前基本没有设置较大蓄水池的设计，因此大多时段还是其他水灌溉的比较多。一旦遇见连续降雨，微循环系统将变得饱和蓄水，难以减弱地表产流，未来改造方向应该也要进行小区域内调度，与区域内河流形成更紧密的联系，如果规范设计，纳入防汛系统，将会在未来大大降低城市内涝及河流洪水的烈度，真正达到海绵城市的功能。

（2）目前没有一个固定的规范，因此虽然百家争鸣百花齐放都在做这些，但是品质和效果没有一个标准。

（3）投资过高，效果未必尽如人意。大多系统做的时候高大上，建完以后被忽略。

3. 微循环系统发展展望

气候及降雨年内年际变化是不均衡的，没有进行深入分析设计很多时候起到的作用不是太大，比如渗透能力、蓄水能力，是否考虑到连续持续降雨饱和蓄水的后续防洪技术措施及运行措施，保证能起到小雨保留，中雨截留，大雨减流，连续降雨联动消流或者滞流，并且在非降雨时段，能真正有一定灌溉保证率，在一定时间段从经济效益上比较可观，这才是微循环系统发展的源动力。

进行比较周全的调查分析及计算，区域内所有地表、建筑、墙体、地下等工程应该如何布局、如何施工，用生物措施要用到什么植物，充分考虑植物的生长习性及作物需水量，计算投入成本、社会效益及节水经济效益。可持续发展的核心就是截流水利用的经济效益及灌溉保证率。

【本章小结】

本章主要讲述了膨润土及膨润土防水毯的组成及性能、用途等，介绍了蜂巢约束系统、海绵城市微循环系统等新兴水利工程及环境改造材料。

思 考 题

1. 膨润土防水毯都有哪几种？
2. 简述膨润土防水毯的应用及施工方法。
3. 什么是蜂巢约束系统？它有哪些用途？
4. 简述对于海绵城市微循环系统的认识。

参 考 文 献

［1］ 中国建筑材料科学研究总院. 通用硅酸盐水泥：GB 175—2020［S］. 北京：中国标准出版社，2020.

［2］ 邓访印. 建筑材料实用手册［M］. 北京：中国建筑工业出版社，2007.

［3］ 高琼英. 建筑材料［M］. 武汉：武汉理工大学出版社，2009.

［4］ 建设部信息中心. 绿色节能建筑材料选用［M］. 北京：中国建筑工业出版社，2008.

［5］ 魏鸿汉. 建筑材料［M］. 北京：中国建筑工业出版社，2012.

［6］ 陈宝璠. 土木工程材料［M］. 北京：中国建材工业出版社，2008.

［7］ 崔长江. 建筑材料［M］. 郑州：黄河水利出版社，2006.

［8］ 钱觉时. 建筑材料学［M］. 武汉：武汉理工大学出版社，2007.

［9］ 傅凌云，郑睿，李新猷. 建筑材料［M］. 北京：中国水利水电出版社，2005.

［10］ 住房和城乡建设部工程质量安全监督司. 建筑业 10 项新技术（2010）［M］. 北京：中国建筑工业出版社，2010.

［11］ 方培育. 生态水泥的研究进展［J］. 科技信息（学术版），2008（15）：421.

［12］ 湖南大学，天津大学，同济大学. 土木工程材料［M］. 北京：中国建筑工业出版社，2011.

［13］ 全国一级建造师执业资格考试用书编写委员会. 建筑工程管理与实务［M］. 北京：中国建筑工业出版社，2016.

［14］ 中国石油大学（华东）重质油研究所. 建筑石油沥青：GB/T 494—2010［S］. 北京：中国标准出版社，2011.

［15］ 陈宇翔，陈瑾，杨玉泉. 建筑材料与检测技术［M］. 郑州：黄河水利出版社. 2018.

［16］ 许明丽，张志，崔成建. 建筑材料［M］. 武汉：华中科技大学出版社，2014.

［17］ 刘进宝，张梦宇，余学发. 建筑材料科与检测技术［M］. 郑州：黄河水利出版社，2010.

［18］ 何雄. 建设工程见证类建筑材料质量检测［M］. 2 版. 北京：中国广播电视出版社，2009.

［19］ 高军材，李念国，杨群敏. 建筑材料与检测［M］. 北京：中国电力出版社，2008.

［20］ 丁凯，曹征齐. 水利水电工程质量检测人员从业资格考核培训系列教材——混凝土工程类［M］. 郑州：黄河水利出版社，2008.

［21］ 孟祥礼，高传彬. 建筑材料实训指导［M］. 郑州：黄河水利出版社，2009.

［22］ 武桂芝，张守平，刘进宝. 建筑材料［M］. 郑州：黄河水利出版社，2009.

［23］ 陈宇翔. 建筑材料［M］. 北京：中国水利水电版社，2005.

［24］ 中华人民共和国水利部. 水工混凝土施工规范：SL 677—2014［S］. 北京：中国水利水电出版社，2014.

［25］ 中国水力发电工程学会混凝土面板堆石坝专业委员会. 混凝土面板堆石坝接缝止水技术规范：DL/T 5115—2016［S］. 北京：中国电力出版社，2017.

［26］ 孙建青，王江涛. 不锈钢止水材料在黑泉工程上的应用［J］. 水利水电施工，2002（4）：61 - 63.

［27］ 姚元成. 不锈钢止水材料在引子渡面板堆石坝的应用［J］. 水电勘测设计，2002（1）：5 - 8.

［28］ 中国水利水电科学研究院，南京水利科学研究院. 水工混凝土试验规程：SL 352—2006［S］. 北京：中国水利水电出版社，2006.

［29］ 中华人民共和国国家技术监督局. 建筑石膏 净浆物理性能的测定：CB/T 17669.4—1999

［S］. 北京：中国标准出版社，1999.

［30］ 中华人民共和国国家技术监督局. 建筑石膏 力学性能的测定：GB/T 17669.3—1999 ［S］. 北京：中国标准出版社，1999.

［31］ 南京水利科学研究院，中国土工合成材料工程协会. 土工合成材料测试规程：SL 235—2012 ［S］，北京：中国水利水电出版社，2012.

［32］ 中华人民共和国国家质量监督检验检疫总局，中国国家标准化管理委员会. 弹性体改性沥青防水卷材：CB 18242—2008 ［S］. 北京：中国标准出版社，2008.

［33］ 中华人民共和国国家质量监督检验检疫总局，中国国家标准化管理委员会. 塑性体改性沥青防水卷材：GB 18243—2008 ［S］. 北京：中国标准出版社，2008.

［34］ 中华人民共和国国家建筑材料工业局. 建筑石灰试验方法 第1部分：物理试验方法：JC/T 478.1—2013 ［S］. 北京：中国建材工业出版社，2013.

［35］ 许明丽，高亚威. 水工建筑材料与检测 ［M］. 郑州：黄河水利版社，2021.

［36］ 中华人民共和国国家市场监督管理总局，中国国家标准化管理委员会. 蒸压加气混凝土砌块：GB/T 11968—2020 ［S］. 北京：中国标准出版社，2020.

［37］ 中华人民共和国国家市场监督管理总局，中国国家标准化管理委员会. 水泥胶砂强度检验方法（ISO法）：GB/T 17671—2021 ［S］. 北京：中国标准出版社，2021.

［38］ 中华人民共和国国家市场监督管理总局，中国国家标准化管理委员会. 建设用砂：GB/T 14684—2022 ［S］. 北京：中国标准出版社，2022.

［39］ 中华人民共和国国家市场监督管理总局，中国国家标准化管理委员会. 低合金高强度结构钢：GB/T 1591—2018 ［S］. 北京：中国标准出版社，2018.

试 验 记 录 表

一、细骨料表面含水率试验

（一）试验目的

（二）试验方法与步骤

（三）试验要求

取两份质量相当的湿样进行试验。

（四）试验记录

试验日期_____　试样名称_____　试样产地_____

次数	铝盒质量/g	湿砂样、铝盒总质量/g	湿砂样质量/g	烘干以后砂样质量/g	表面含水率/%
1					
2					
平均值					

（五）结果计算与评定

1. 以两次试验平均值作为测定值，如两次结果之差值大于 0.5%，应重新取样进行试验。

2. 结论：砂的表面含水率为_____%。

二、细骨料堆积密度试验

（一）试验目的

（二）试验方法与步骤

（三）试验要求

1. 漏满试样的容量筒严禁移动。

2. 容量筒容积为 1L、2L、3L。

3. 以两次试验的平均值作为最后结果。

（四）试验记录

试验日期_____　试样名称_____　试样产地_____

次数	容量筒体积 /cm³	容量筒质量 /g	筒+砂质量 /g	砂样质量 /g	堆积密度 ρ /(g/cm³)	堆积密度平均值 /(g/cm³)
1						
2						

（五）结果计算与评定

1. 堆积密度的计算，精确至 0.01g/m^3。

2. 堆积密度取两次试验结果的算术平均值，精确至 0.01g/m^3。

3. 结论：砂的堆积密度为_____ g/m^3。

三、水泥细度检验（负压筛法）

（一）试验目的

（二）试验方法与步骤

（三）试验要求

1. 筛析试验前，调节负压至 4000～6000Pa 范围内。

2. 80μm 筛析称试样 25g，45μm 筛析称试样 10g，置于洁净的负压筛中，连续筛析 2min。

3. 称取试样精确至 0.01g。

（四）试验记录

水泥品种_____ 强度等级_____

出厂单位_____ 出厂日期_____ 试验日期_____

试验次数	试样质量/g	筛余后质量/g	筛余百分数/%	筛余平均值
1				
2				

（五）结果计算与评定

1. 结果计算至 0.1%。

2. 结论（细度是否合格）：_____。

四、水泥标准稠度用水量试验

(一) 试验目的

(二) 试验方法与步骤

(三) 试验要求

1. 水量精确至 0.1mL，整个操作应在搅拌后 1.5min 内完成。

2. 不变用水量法，按公式 $P（\%）=33.4-0.185S$（$S\geqslant13$mm）计算出标准稠度用水量。

3. 调整用水量法，试杆沉入净浆并距底板（6±1）mm 的水泥净浆为标准稠度水泥净浆。

(四) 试验记录

水泥品种_____ 标号_____ 水温_____℃

出厂单位_____ 出厂日期_____ 试验日期_____

次数	水泥试样/g	加水量/mL	试锥下沉深度 S/mm	标准稠度用水量/%

(五) 结果计算与评定

1. 固定用水量法，按公式 $P（\%）=33.4-0.185S$（$S\geqslant13$mm）计算出标准稠度用水量。

2. 调整用水量法，按公式 $P（\%）=\dfrac{水}{灰}\times100\%$，计算出标准稠度用水量。

3. 结论：该种水泥，标准稠度用水量为_____%。

五、水泥凝结时间试验

（一）试验目的

（二）试验方法与步骤

（三）试验要求

1. 标准水泥稠度水泥净浆一次装入圆模排出气体，刮平。

2. 初凝：试针距底板（4±1)mm（临近初凝每隔5min测一次）。

3. 终凝：试针沉入试体0.5mm（试模连同浆体以平移的方式从玻璃板取下，翻转180°，直径大的端面朝上，直径小的端面向下放在玻璃板上），即环行附件开始不能在试体上留下痕迹。临近终凝每隔15min测一次。

（四）试验记录

水泥品种＿＿＿＿＿＿＿＿＿＿＿＿　标号＿＿＿＿＿＿＿＿＿＿＿＿＿

出厂单位＿＿＿＿＿＿　出厂日期＿＿＿＿＿＿　试验日期＿＿＿＿＿＿

试样编号	标准稠度用水量 $P/\%$	加水时刻	初凝时刻	终凝时刻	凝结时间	
					初凝/min	终凝/min

（五）结果计算与评定

1. 由水泥全部加入水中至初凝状态的时间为水泥的初凝时间。

2. 由水泥全部加入水中至终凝状态的时间为水泥的终凝时间。

3. 结论：（初凝是否合格）＿＿＿＿＿＿＿＿＿＿＿＿＿＿＿＿＿＿。

六、水泥体积安定性试验（雷氏夹法）

（一）试验目的

（二）试验方法与步骤

（三）试验要求

1. 将拌制好的标准稠度净浆装满雷氏夹圆环，一只手轻扶雷氏夹，另一只手用约 10mm 宽小刀插捣数次，然后抹平，立即将上下盖有玻璃板的雷氏夹移到养护箱中养护。

2. 在沸煮前，用雷氏夹膨胀值测定仪测量试件指针尖端的距离 A。

3. 在 (30 ± 5)min 内加热至沸腾，并恒沸 (180 ± 5)min。

（四）试验记录

水泥品种＿＿＿＿＿＿＿＿＿＿＿＿＿＿ 出厂日期＿＿＿＿＿＿＿

出厂单位＿＿＿＿＿＿ 强度等级＿＿＿＿＿ 试验日期＿＿＿＿＿＿

试样编号	沸煮后雷氏夹指针尖端的距离 C/mm	沸煮前雷氏夹指针尖端的距离 A/mm	雷氏夹膨胀值 $C-A$/mm	$C-A$ 平均值/mm
1				
2				

（五）结果评定

结论：该水泥体积安定性＿＿＿＿＿＿＿＿＿＿＿＿＿＿＿＿。

262

七、粗骨料表面含水率试验

（一）试验目的

（二）试验方法与步骤

（三）试验要求

1. 将称好的湿石子用拧干的湿毛巾擦至饱和面干状态，称出饱和面干试样的质量。

2. 以两次平均值作为结果。

（四）试验记录

石子种类_____ 试样状态_____ 试样产地_____

次数	湿试样质量 m_1/g	饱和面干试样质量 m_2/g	含水质量 m_w/g	表面含水率/%	平均值/%
1					
2					

（五）结果计算与评定

1. 以两次试验结果的算术平均值作为测定值，两次测值相差大于0.5%时，应重新做试验。

2. 结论：该石子的表面含水率为_____%。

八、粗骨料颗粒级配试验

（一）试验目的

（二）试验方法与步骤

（三）试验要求

1. 当每号筛上筛余层的厚度大于试样的最大粒径值时，应将该号筛上的筛余分成两份，再次进行筛分，直至各筛每分钟的通过量不超过试样总量的0.1%。

2. 分计筛余质量之和与筛底剩余的总和与筛前试样总量相差不得超过1%。

（四）试验记录

产地_____ 种类_____ 规格_____

筛孔/mm	筛余量/g	分计筛余/%	累计筛余/%
90.0			
75.0			
63.0			
53.0			
37.5			
31.5			
26.5			
19.0			
16.0			
9.50			
4.75			
2.36			
筛底			

（五）结果计算与评定

1. 由各筛上的筛余量除以试样总质量计算得出该号筛的分计筛余百分数（精确至0.1%）。

2. 每号筛计算得出的分计筛余百分数与大于该号筛各筛的分计筛余百分数相加，计算得出其累计筛余百分数（精确至1%）。

3. 根据各筛的累计筛余百分数，评定该试样的颗粒级配。

4. 结论：该碎石或卵石的颗粒级配_____。

九、细骨料颗粒级配试验

（一）试验目的

（二）试验方法与步骤

（三）试验要求

1. 称取烘干试样 500g，机摇 10min 后，再手筛至每分钟通过量小于试样总量 0.1％为止。

2. 试验结果为两次平均值，筛余总和与原试样之差不大于 1％。

（四）试验记录

试验日期_____ 产地_____ 种类_____

方孔筛/mm		第一次筛分			第二次筛分			平均累计筛余
		筛余量/g	分计筛余/％	累计筛余/％	筛余量/g	分计筛余/％	累计筛余/％	
颗粒级配	9.5							
	4.75							
	2.36							
	1.18							
	0.6							
	0.3							
	0.15							
	筛底							
	合计							
	细度模数							

（五）结果计算与评定

1. 分计筛余百分率、累计筛余百分率计算精确至 0.1％。

2. 每号筛的筛余量与筛底的剩余量之和同原试样质量之差超过 1％时，须重新试验。

3. 累计筛余百分率取两次试验结果的算术平均值，精确至 1％。细度模数取两次试验的算术平均值，精确至 0.1，如两次试验的细度模数之差超过 0.20，须重新试验。

4. 结论：该砂为_____砂，级配属_____区。

十、混凝土坍落度试验

（一）试验目的

（二）试验方法与步骤

（三）试验要求

1. 整个坍落度试验应连续进行，并应在 2～3min 内完成。
2. 坍落度值精确至 1mm。

（四）试验记录

水泥品种、强度等级 _____　混凝土设计等级 _____

施工稠度 _____　拌和方法 _____　试验日期 _____

和 易 性 调 整

次数	材料用量（12L）					坍落度 /mm	黏聚性	含砂情况	析水情况
	水/g	水泥/g	砂/g	石/g	外加剂				
1									
2									
3									

混凝土拌合物表观密度测定

编号	容量筒质量/kg	容量筒体积/L	混凝土＋容量筒总质量/kg	混凝土拌合物质量/kg	表观密度 /(kg/m³)
1					
2					

（五）结果计算与评定

结论：该混凝土和易性 _____，其表观密度为 _____ kg/m³。

十一、混凝土立方体抗压强度试验

（一）试验目的

（二）试验方法与步骤

（三）试验要求

1. 试件尺寸测量精确至 1mm，并据此计算试件的承压面积 A。

2. 把试件安装在试验机下压板中心，试件的承压面与成型时的顶面垂直。

（四）试验记录

试验编号	成型日期	试验日期	试件编号	设计强度等级	龄期/d	试件尺寸/mm³	换算系数	破坏荷载/kN 强度/MPa	代表值/MPa	占设计强度百分率/%
1										
2										
3										

（五）结果计算与评定

1. 混凝土立方体抗压强度计算应精确至 0.1MPa。

2. 以 3 个试件测值的算术平均值作为该组试件的抗压强度值。3 个测值中单个测值与平均值允许差值 ±15%，超过时应将该测值剔除，取余下 2 个试件值的平均值作为试验结果。如一组中可用的测值少于 2 个，该组试验应重做。

3. 结论：该混凝土强度＿＿＿＿＿＿＿＿＿＿＿＿混凝土设计要求。

十二、砂浆稠度、分层度试验

（一）试验目的

（二）试验方法与步骤

（三）试验要求

1. 试锥下沉 10s 后，应立即固定螺钉，读数精确至 1mm。

2. 圆锥筒内砂浆只允许测定一次稠度，重复测定时应重新取样。

（四）试验记录

砂浆种类_____　　设计强度等级_____　　试验日期_____

项目	编号	水泥	白灰	砂	水	拌合物密度 /(kg/m³)	稠度/mm			分层度 /mm
							1	2	平均	
每盘用量/kg	1									
	2									
	3									
每立方米用量/kg	1									
	2									
	3									

（五）结果计算与评定

1. 稠度

（1）取两次试验结果的算术平均值，计算精确至 1mm。

（2）两次试验值之差如大于 20mm，则应另取砂浆搅拌后重新测定。

2. 分层度

（1）两次测得的稠度之差，为砂浆分层度值，即 $\Delta = K_1 - K_2$。

（2）取两次试验结果的算术平均值作为该砂浆的分层度值。

（3）两次分层度试验值之差如果大于 21mm，应重做试验。

3. 结论

该砂浆的和易性_____工程施工要求。

十三、钢筋机械性能试验

（一）试验目的

（二）试验方法与步骤

（三）试验要求

1. 测量断后标距的量具最小刻度值应不大于 0.1mm。

2. 测力度盘的指针首次停止转动的恒定力对应的应力为屈服点应力。

3. 原则上只有断裂处与最接近的标距标记的距离不小于原始标距的 1/3 的情况方为有效，但断后伸长率大于或等于规定值时，不管断裂位置处于何处，测量均为有效。

（四）试验记录

钢筋试验原始记录见下表。

试验编号	试验日期	原件编号	强度等级规格	钢筋直径/mm	公称横截面面积/mm²	原始标距/mm	屈服点荷载/mm	屈服点/MPa	破坏荷载/kN	抗拉强度/MPa	断后标距/mm	伸长率/%	冷弯		结论	$\Delta_b - \Delta_s$	$\Delta_s - \Delta_{s标}$	试验审核
													$d=a$	结果				

（五）试验结果处理

1. 出现下列情况之一时其试验结果无效，应重做同样数量试样的试验：

（1）试样断裂在标距外或断在机械刻划的标距标记上，而且断后伸长率小于规定最小值。

（2）试验期间设备发生故障，影响了试验结果。

2. 试验后试样出现两个或两个以上的颈缩以及显示出肉眼可见的冶金缺陷（例如分层、气泡、夹渣、缩孔等），应在试验记录和报告中注明。

十四、沥青试验

(一) 试验目的

(二) 试验方法与步骤

(三) 试验记录

工程名称		工程部位	
牌号		代表批量	
检验项目	针入度/(1/10mm)	软化点/℃	延度/mm
检测结果			
结论